U0320152

"十三五"国家重点出版物出版规划项目

中国生态环境演变与评估

松花江流域生态系统评估

邓红兵　曹慧明　沈　园等　著

科学出版社

北京

内 容 简 介

　　本书以松花江流域生态系统现状、变化及其驱动力为核心，研究了松花江流域生态系统类型、格局及变化，评估了生态系统质量、服务及其变化，总结了水资源、水环境及水旱灾害的变化特征，探讨了湿地退化特征及原因，识别并评价了水环境污染潜在风险源，分析了城镇化动态特征及环境效应。

　　本书适合生态学、环境科学、水文学等专业的科研和教学人员阅读，也可为流域生态系统管理和水文水资源管理人员提供参考。

图书在版编目（CIP）数据

松花江流域生态系统评估／邓红兵等著 . —北京：科学出版社，2017.1

（中国生态环境演变与评估）

"十三五"国家重点出版物出版规划项目　国家出版基金项目

ISBN 978-7-03-050403-6

Ⅰ.①松…　Ⅱ.①邓…　Ⅲ.①松花江-流域-区域生态环境-评估

Ⅳ.①X321.23

中国版本图书馆 CIP 数据核字（2016）第 262886 号

责任编辑：李　敏　张　菊　刘　超／责任校对：邹慧卿
责任印制：肖　兴／封面设计：黄华斌

科学出版社 出版

北京东黄城根北街 16 号

邮政编码：100717

http://www.sciencep.com

中国科学院印刷厂 印刷

科学出版社发行　各地新华书店经销

*

2017 年 1 月第　一　版　　开本：787×1092　1/16
2017 年 1 月第一次印刷　　印张：18 1/4
字数：467 000

定价：168.00 元

（如有印装质量问题，我社负责调换）

《中国生态环境演变与评估》编委会

主　编　欧阳志云　王　桥

成　员　(按汉语拼音排序)

总　序

我国国土辽阔，地形复杂，生物多样性丰富，拥有森林、草地、湿地、荒漠、海洋、农田和城市等各类生态系统，为中华民族繁衍、华夏文明昌盛与传承提供了支撑。但长期的开发历史、巨大的人口压力和脆弱的生态环境条件，导致我国生态系统退化严重，生态服务功能下降，生态安全受到严重威胁。尤其 2000 年以来，我国经济与城镇化快速的发展、高强度的资源开发、严重的自然灾害等给生态环境带来前所未有的冲击：2010 年提前 10 年实现 GDP 比 2000 年翻两番的目标；实施了三峡工程、青藏铁路、南水北调等一大批大型建设工程；发生了南方冰雪冻害、汶川大地震、西南大旱、玉树地震、南方洪涝、松花江洪水、舟曲特大山洪泥石流等一系列重大自然灾害事件，对我国生态系统造成巨大的影响。同时，2000 年以来，我国生态保护与建设力度加大，规模巨大，先后启动了天然林保护、退耕还林还草、退田还湖等一系列生态保护与建设工程。进入 21 世纪以来，我国生态环境状况与趋势如何以及生态安全面临怎样的挑战，是建设生态文明与经济社会发展所迫切需要明确的重要科学问题。经国务院批准，环境保护部、中国科学院于 2012 年 1 月联合启动了"全国生态环境十年变化（2000—2010 年）调查评估"工作，旨在全面认识我国生态环境状况，揭示我国生态系统格局、生态系统质量、生态系统服务功能、生态环境问题及其变化趋势和原因，研究提出新时期我国生态环境保护的对策，为我国生态文明建设与生态保护工作提供系统、可靠的科学依据。简言之，就是"摸清家底，发现问题，找出原因，提出对策"。

"全国生态环境十年变化（2000—2010 年）调查评估"工作历时 3 年，经过 139 个单位、3000 余名专业科技人员的共同努力，取得了丰硕成果：建立了"天地一体化"生态系统调查技术体系，获取了高精度的全国生态系统类型数据；建立了基于遥感数据的生态系统分类体系，为全国和区域生态系统评估奠定了基础；构建了生态系统"格局－质量－功能－问题－胁迫"评估框架与技术体系，推动了我国区域生态系统评估工作；揭示了全国生态环境十年变化时空特征，为我国生态保护与建设提供了科学支撑。项目成果已应用于国家与地方生态文明建设规划、全国生态功能区划修编、重点生态功能区调整、国家生态保护红线框架规划，以及国家与地方生态保护、城市与区域发展规划和生态保护政策的制定，并为国家与各地区社会经济发展"十三五"规划、京津冀交通一体化发展生态保护规划、京津冀协同发展生态环境保护规划等重要区域发展规划提供了重要技术支撑。此外，项目建立的多尺度大规模生态环境遥感调查技术体系等成果，直接推动了国家级和省级自然保护区人类活动监管、生物多样性保护优先区监管、全国生态资产核算、矿产资源开发监管、海岸带变化遥感监测等十余项新型遥感监测业务的发展，显著提升了我国生态环境保护管理决策的能力和水平。

《中国生态环境演变与评估》丛书系统地展示了"全国生态环境十年变化（2000—2010年）调查评估"的主要成果，包括：全国生态系统格局、生态系统服务功能、生态环境问题特征及其变化，以及长江、黄河、海河、辽河、珠江等重点流域，国家生态屏障区，典型城市群，五大经济区等主要区域的生态环境状况及变化评估。丛书的出版，将为全面认识国家和典型区域的生态环境现状及其变化趋势、推动我国生态文明建设提供科学支撑。

因丛书覆盖面广、涉及学科领域多，加上作者水平有限等原因，丛书中可能存在许多不足和谬误，敬请读者批评指正。

《中国生态环境演变与评估》丛书编委会

2016 年 9 月

前　　言

松花江流域是我国重要的工业基地和农业基地，在我国社会经济发展中具有重要的战略地位。但是长期以来不合理的开发和利用，导致该流域存在一系列水资源、水环境和水生态问题，严重影响松花江流域的可持续发展。科学评价流域生态环境质量，明确流域生态环境变化的程度和方向，揭示影响流域生态环境的直接和间接因素，进而协调好流域内社会经济发展与环境保护之间的关系，在保证经济稳定增长的同时，制定合理的环境保护目标，处理好短期与长期的利益、区域发展与整体发展的关系，走可持续发展的道路是十分必要的。

针对松花江流域生态系统服务降低、湿地萎缩、地下水位下降、河口生态恶化、农业面源污染严重及不确定性因素导致的突发性环境风险增大等一系列生态环境问题，本书系统研究了松花江流域生态系统类型、格局及变化，评估了生态系统质量、服务及其变化，总结了水资源、水环境及水旱灾害的变化特征，探讨了湿地退化特征及原因，识别并评价了水环境污染潜在风险源，分析了城镇化动态特征及其环境效应。

全书共分 10 章。第 1 章主要介绍了松花江流域自然地理概况；第 2 章介绍了松花江流域社会经济特征及变化；第 3 章全面分析了松花江流域生态系统类型、格局及变化；第 4 章全面评估了松花江流域生态系统质量；第 5 章系统评估了松花江流域生态系统服务及变化；第 6 章系统分析了松花江流域水资源、水环境与水旱灾害的变化；第 7 章评价了松花江流域湿地变化，分析了湿地退化原因；第 8 章综合评价了水环境生态威胁，识别及评价了松花江流域水环境污染潜在风险源；第 9 章全面阐述了松花江流域 20 年来城镇化动态特征，揭示其变化规律，并分析了城镇化发展的环境效应；第 10 章总结了本书主要结论，并有针对性地提出松花江流域生态系统管理建议。

本书写作分工如下：

第 1 章：邓红兵、王绍先、许嘉巍、曹慧明；

第 2 章：曹慧明、沈园、吴钢；

第 3 章~第 5 章：邓红兵、曹慧明、沈园、董仁才、付晓、唐明方；

第 6 章、第 7 章：曹慧明、谭立波、单鹏、李善麟、邱莎；

第 8 章、第 9 章：沈园、邓红兵；

第 10 章：邓红兵、王绍先、许嘉巍；

全书由邓红兵、曹慧明、沈园统稿、校稿。

由于作者研究领域和学识的限制，书中难免有不足之处，敬请读者不吝批评、赐教。

作　者

2016 年 4 月

目　　录

第1章 松花江流域自然地理概况

松花江位于我国东北部，是中国七大河之一，也是黑龙江在中国境内的最大支流。松花江流域范围辽阔，流域面积为 55.68 万 km^2，涵盖黑龙江、吉林、辽宁、内蒙古等东北四省（自治区）。独特的自然地理条件造就了松花江流域独有的特征和资源优势。松花江流域不仅是我国重要的工业和粮食基地，也是我国对俄罗斯、东欧及东北亚开放的前沿基地之一，在我国社会经济发展中具有重要的战略地位。

1.1 地 理 位 置

松花江流域位于中国东北地区的北部，地理坐标为 41°42′N~51°38′N，东经 119°52′E~132°31′E，东西长为 920 km，南北宽为 1070 km，流域面积为 55.68 万 km^2，占东北地区总面积的 44.8%，占全国陆地领土面积的 5.8%（图 1-1）。松花江是黑龙江右岸最大的支流，由嫩江、西流松花江和松花江干流三部分构成，其流域面积占黑龙江总流域面积（184.3 万 km^2）的 30.2%，流域范围全部在中国境内。松花江发源于长白山天池，源头支流来自白山市和延边朝鲜族自治州境内，在白山市和吉林市交界处始称松花江（管正信等，1995）。

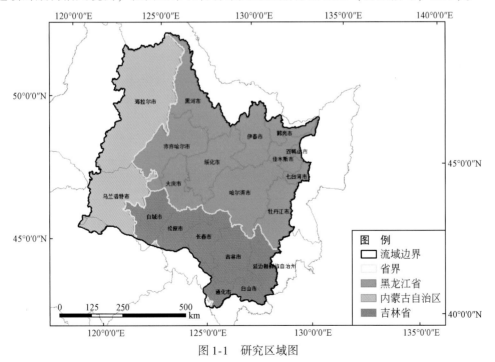

图 1-1 研究区域图

松花江流域地跨黑龙江省、吉林省、内蒙古自治区和辽宁省，嫩江右岸大部分在内蒙古自治区范围，约占全流域面积的27%，西流松花江水系全部、嫩江右岸支流洮儿河下游和嫩江干流下游右岸，松花江干流上段的右岸一小段，牡丹江河源区和拉林河左岸大部分属吉林省范围，约占全流域面积的22%；西流松花江上游一小块面积约540.8 km² 属辽宁省清源县，其余嫩江左岸，松花江干流两岸大部地区均属黑龙江省范围，约占全流域面积的51%。全流域包括24个地级市（盟）共109个县（区、旗、市）（图1-1）。

松花江流域由松花江干流、嫩江和西流松花江3个子流域构成（图1-2）。嫩江为松花江的北源，发源于大兴安岭支脉伊勒呼里山中段南侧，源头称南瓮河。西流松花江为松花江的南源，又称南源松花江（曾用名第二松花江；因西流松花江即松花江吉林省段本为松花江这一名词的历史根源，强称为第二，有悖历史。1988年2月25日，吉林省人民政府决定废止第二松花江的名称，恢复松花江原称），发源于长白山天池。嫩江与西流松花江在吉林省扶余县的三岔河附近会合后称松花江，干流东流至同江附近由右岸注入黑龙江。

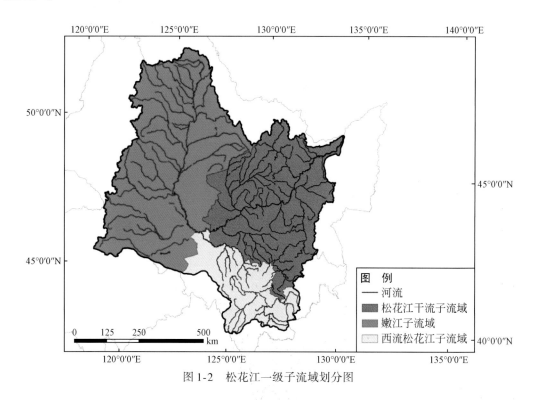

图1-2 松花江一级子流域划分图

本书中将各子流域进一步分为上、中、下游，据此将松花江流域划分为9个分区。嫩江子流域的三个分区分别为：①从河源至嫩江县为嫩江上游区，全长约为661 km；②由嫩江县至莫力达瓦旗为嫩江中游区，全长为122 km；③从莫力达瓦旗起至三岔河河段为嫩江下游区，全长为589 km。西流松花江子流域的三个分区分别为：①吉林市以上的河段为西流松花江上游区；②自吉林市至长滨线铁路松花江桥段为西流松花江中游区；③自长滨线铁路桥到三岔河间为西流松花江下游区。松花江干流子流域的三个分区分别为：①三岔河（汇流口）至哈尔滨河段为松花江干流上游区；②哈尔滨至依兰河段为松花江干流中游区；③依兰至同江河段为松花江干流下游区（图1-3）。

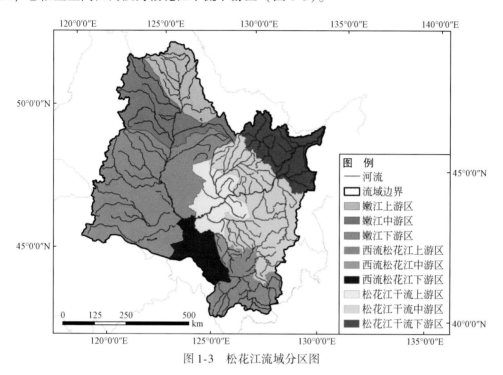

图 1-3　松花江流域分区图

1.2　地　形　地　貌

1.2.1　流域地形地貌特征

　　松花江流域西部以大兴安岭与额尔古纳河（黑龙江的南源）流域分界，海拔为700～1700m；北部以小兴安岭与黑龙江流域为界，海拔为1000～2000m；东南部以张广才岭、老爷岭、完达山脉与乌苏里江、绥芬河、图们江和鸭绿江等流域为界，海拔为200～2700m；西南部是松花江和辽河的松辽分水岭，海拔为140～250m，是东西向横亘的条状沙丘和内陆湿洼地组成的丘陵区；流域中部是松嫩平原，海拔为50～200m，是流域内的主要农业区。松花江在同江市附近注入黑龙江后，其流域与黑龙江、乌苏里江下游的广大平原组成著名的三江平原（水利部松辽水利委员会，2004）。

　　流域以中部松嫩平原为核心，流域可分为东西两部分，东部为长白山、老爷岭、张广才岭西段中低山、丘陵区，西部为大兴安岭东段中低山及丘陵区，诸山脉、平原的走向均大致呈北北东或北东向分布。嫩江、西流松花江、牡丹江多呈北西、北北西或北北东向展布，而松花江干流则呈北东和北东方向延伸。可见，这些山脉、河流的展布方向与本流域的地质构造轮廓密切相关，是受流域的地质构造所控制的。按照高程变化，松花江流域整体呈四周高、中间低的趋势。南部海拔最高处位于长白山，高程为2691 m，西部的大兴安岭支脉伊勒呼里山区域海拔约为1000m。中部的广大平原和丘陵地区海拔多在300 m以下（图1-4）。

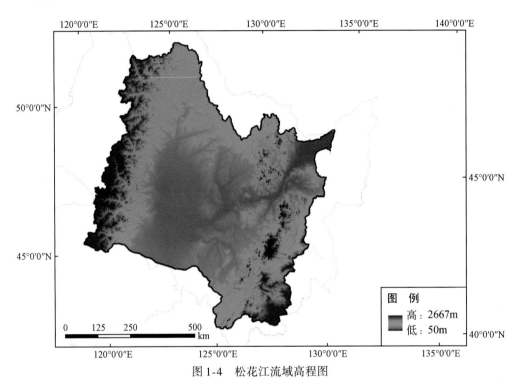

图 1-4 松花江流域高程图

松花江流域地质地貌状况极其复杂。松花江流域横跨两个一级地层区，大致以43°N为界，南为华北地层区，北为天山和兴安地层区。流域内各时代的地层均有分布。由于受大规模岩浆侵入与喷出的影响，地层出露较零星，分布较广的是花岗岩、中酸性火山岩及玄武岩。

流域山川河流的展布方向，在不同程度上能够反映其地质构造的基本轮廓。综观流域地貌景观不难发现，松花江流域就其大地构造来说，其位于阴山至天山巨型纬向构造带以北，新华夏第二隆起带与第三隆起带之间。自太古代以来，流域内各时代，不同规模、不同类型的地质体的展布特点，地震活动特征，地下水的形成及储存，运移条件等，无一不受流域构造格局的控制和影响。

1.2.2 子流域地形地貌特征

嫩江子流域北部、西部和南部三面地势较高，东部地势较低，形成著名的松嫩平原。

嫩江发源于大兴安岭伊勒呼里山的中段南侧，伊勒呼里山自西向东，山势逐渐低缓，由高程 1000 m 下降到 300 m。嫩江干流由北向南流经黑河市、大兴安岭地区、嫩江县、讷河市、富裕县、齐齐哈尔市、大庆市等市县区，后在吉林省扶余县三岔河与西流松花江汇合，流入松花江干流，河道全长为 1370 km，子流域面积为 29.7 万 km² (管云江等，1997)。大兴安岭地势较高，地形发育舒展，坡面广大，嫩江各大支流均发育在此坡面上，水网多呈树枝状。但左右两侧支流发育不对称。嫩江右侧坡陡多山，支流发育众多；左侧多低山丘陵，支流较小。右岸支流主要有甘河、诺敏河、雅鲁河、淖尔河、洮儿河、那都里河、多布库尔河、阿伦河等；左岸有纳谟尔河、乌裕尔河、门鹿河、科洛河等 (图 1-5)。

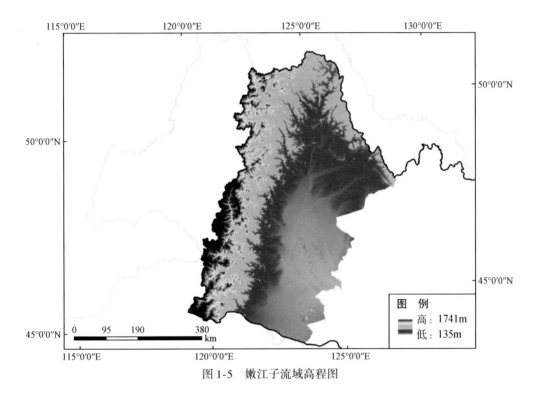

图 1-5　嫩江子流域高程图

整体上，西流松花江子流域地势东南高，向西北逐渐低下，吉林市以上的河段为高山区，是河流的上游，海拔大多超过 500 m，中部丘陵和平原区海拔在 200~500 m，下游地区海拔多在 200 m 以下 (图 1-6)。

松花江干流子流域上游海拔多在 200 m 以下，干流中段，河道长为 432 km，穿行于断崖、低丘和草地之间，河谷较狭窄。河道两侧为高平原和丘陵区，海拔高程多超过 300 m，最高的南部山区海拔超过 1600 m。在下游区，河道两侧的平原区海拔为 50~80 m，地势低平，历来是防洪重点地区之一 (图 1-7)。

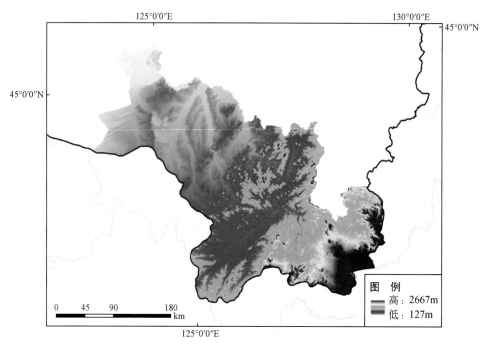

图 1-6　西流松花江子流域高程图

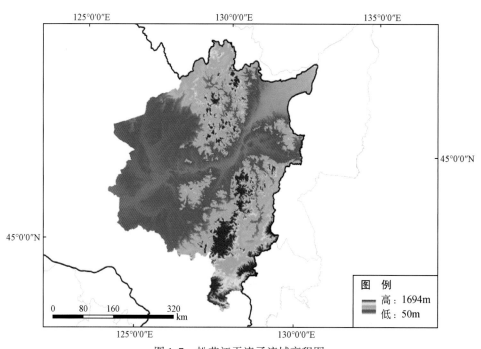

图 1-7　松花江干流子流域高程图

1.3 河 流 水 系

松花江有南北两源，南源为西流松花江，北源为嫩江。南源发源于长白山天池，习惯上以此作为松花江的正源。嫩江发源于大兴安岭支脉伊勒呼里山中段南侧，源头称南瓮河。嫩江与西流松花江在吉林省扶余县的三岔河附近会合后称松花江，干流东流至同江附近由右岸注入黑龙江。以嫩江为源，松花江河流总长为 2309 km，以西流松花江为源，则为 1897 km（图 1-8）。

图 1-8　松花江流域河流水系格局

1.3.1　嫩江子流域水系

嫩江发源于大兴安岭伊勒呼里山的中段南侧，正源称南瓮河（又称南北河）。西侧以大兴安岭分水岭为界，北侧以伊勒呼里山为界，南侧以霍林河南部的分水岭为界，东侧大部分以嫩江为界。嫩江干流流经黑龙江省的嫩江镇、齐齐哈尔市、内蒙古自治区的莫力达瓦达旗与吉林省的大赉镇，最后在吉林省扶余县三岔河与西流松花江汇合，嫩江全长为 1370 km，子流域面积为 29.7 万 km²。嫩江子流域内包括内蒙古自治区的呼伦贝尔盟、兴安盟，黑龙江省的大兴安岭、黑河、嫩江、绥化等地区和齐齐哈尔市以及吉林省的白城地区。嫩江流域内面积大于 1 万 km² 的主要支流有 8 条，包括甘河、讷谟尔河、诺敏河、乌裕尔河、雅鲁河、绰尔河、洮儿河、霍林河。洮儿河是嫩江下游右侧的一大支流。东为嫩江，西为大兴安岭，南为霍林河，北与绰尔河相邻，流经内蒙古自治区兴安盟的科右前旗、突泉县和吉林省的白城、洮南、镇赉、大安等地区，总面积约为3万km²。洮儿河及其主要支流——归流河和蛟流河都发源于大兴安岭东南麓，自西北向东南流入嫩江，干流总长为395 km（图1-9）。

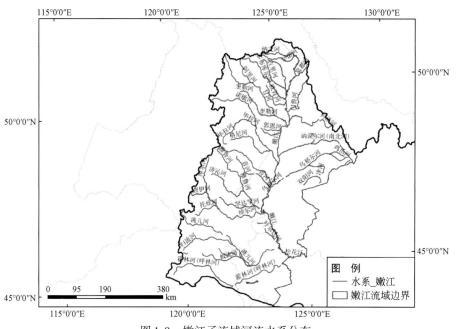

图1-9　嫩江子流域河流水系分布

1.3.2　西流松花江子流域水系

西流松花江发源于长白山天池。子流域在行政区划上分属吉林省延边、通化、吉林、四平、长春、白城6个地区，包括2个市和23个县，是吉林省人口集中、工农业较发达、交通方便的地区。河源区地势较高，近2700 m，流域面积为7.34万km²，河流总长为958 km，天池水下行衔接二道白河，至安图县有五道白河来汇。后与古洞河等支流汇合成二道松花江。其后与左岸的大支流头道松花江相汇合。河流自东南向西北流，沿途兴建多座水电站。自吉林市至长滨铁路松花江桥段的中游区，地势开阔，河谷较宽，左岸有支流鳌龙河汇入。长滨铁路桥至三岔河段，沿途有较大支流饮马河汇入（图1-10）。

1.3.3　松花江干流子流域水系

松花江在吉林省扶余三岔河附近由南流的嫩江和北流的西流松花江汇合后，折向东流至同江镇河口这段河道，亦称松花江干流。西流松花江与嫩江汇合口海拔为128.22 m。由汇合口至通河，干流流向东，通河以下，流向东北，经肇源、扶余、双城、哈尔滨、阿

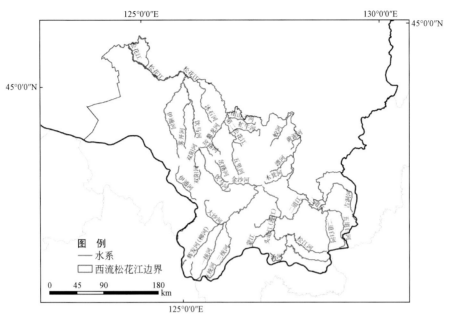

图 1-10　西流松花江子流域河流水系分布

城、巴彦、木兰、通河、方正、依兰、汤原、佳木斯、桦川、绥滨、富锦、同江，于同江东北约 7 km 处由右岸注入黑龙江，河口海拔为 57.16 m。干流全长为 939 km，子流域面积为 18.64 万 km²。松花江干流两岸河网发育，支流众多，河流坡降比较平缓，右岸有拉林河、蚂蚁河、牡丹江、倭肯河等主要支流注入，左岸汇入的支流有呼兰河、汤旺河、梧桐河、都鲁河等（图 1-11）。

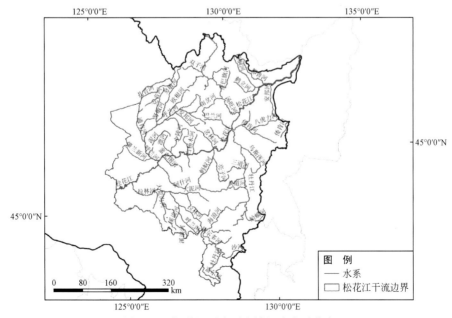

图 1-11　松花江干流子流域河流水系分布

1.4　水　文　情　势

松花江流域由于边缘是山地，中央是平原，水文特征明显受地形的影响，加之该流域气温低，因此，流域在水文上有其特殊之处。具体包括：一是河流一年的冰冻期一般超过150天（11月中旬到4月中旬），向北逐渐延长到180天。二是气温低，蒸发弱，径流的消耗减少，流量相对增加，微弱的蒸发也促成了沼泽的产生，愈靠北愈显著。三是流域内的山地和平原之间，是突然相接，而不是逐渐递变的，这增加了河床的纵坡，加上水量的丰富，提供了优厚的水力资源。四是平原上的河道纵坡微弱，流速小，航行便利；五是流域年径流深一般为100～300 mm，其中山区最大可达400～600 mm，松嫩平原最小，只有20～25 mm。六是流域内的来水量主要靠降水补给，故年内分布特征与降水量相似。各河来水量90%以上集中在畅流期的4～10月。七是流域洪水多发生在7月和8月，干流有时延长到9月。

松花江流域大部分处于中温带气候，小部分属于北温带气候，降水量虽然不大，但是因气温低，蒸发小，径流尚较充沛。流域河川的多年平均径流量为762亿 m³，在我国七大流域内排第四位，其中嫩江年径流量为251亿 m³，约占全流域年径流量的32.9%；西流松花江年径流量为165亿 m³，占全流域年径流量的21.7%；松花江干流年径流量为346亿 m³，占全流域年径流量的45.4%。流域天然径流量的变化主要受降水量影响。

松花江流域的历史洪水年份有1794年、1851年、1856年、1862年、1886年、1896年、1908年、1909年、1911年、1914年、1929年、1932年、1934年、1943年、1945年、1953年、1956年、1957年、1960年、1969年、1981年、1985年、1998年共23个年份。其中，1998年洪水波及范围最广。1998年入汛之后，松花江上游嫩江流域降水量明显偏多，6～8月连续发生了三次大洪水，且降水过程一次比一次范围广、强度大、持续时间长。受各支流来水影响，嫩江干流水位迅速上涨，同盟、齐齐哈尔、江桥和大赉水文站最高水位分别超过历史实测最高水位0.25m、0.69m、1.61m、1.27 m。在嫩江堤防6处漫堤决口的情况下，齐齐哈尔、江桥、大赉站的洪峰流量都超过了1932年。松花江干流哈尔滨8月22日出现最高水位120.89 m，超过历史实测最高水位0.84 m，流量为16 600 m³/s，为20世纪第一位大洪水。松花江流域洪水的产生有两种情况：其一是汛期笼罩面积较大的暴雨所产生；其二是汛期在流域内某个地区出现连阴雨天气，时间可长达1个月或以上，在这连阴雨天中出现暴雨而形成洪水。松花江流域的洪水包括春汛和夏汛两种洪水，春汛洪水与初春河流开江时的凌汛洪水时间基本上相同，约发生在每年的4～5月，凌汛洪水经常出现冰坝。据依兰站统计，1956～1976年的21年中，有13年发生冰坝，冰坝高度一般为4～6 m，最高达15 m，冰坝长度为5～10 km。夏秋大汛洪水则出现在6～8月，有时延期到9月（刘清仁等，1999）。

1.5 气候土壤条件

1.5.1 气候条件

气候因子是塑造松花江流域独特自然环境的重要因素。松花江流域的水资源主要来自降水，降水的时空变化制约水资源的空间分布格局，进而对流域的水资源利用造成直接影响。温度和风速直接影响流域内植被的种类和时空分布格局。总之，气候因子是影响流域生态环境的关键因素。

本章利用松花江流域气象监测站点的统计数据分析了气候因子的空间分布特征（图 1-12）。

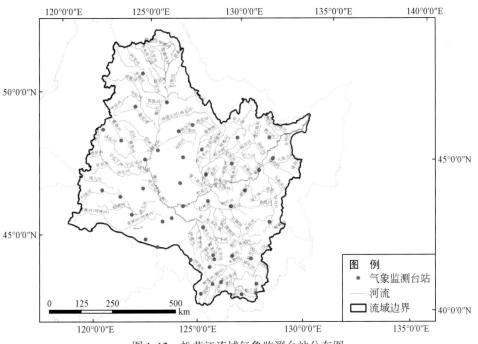

图 1-12　松花江流域气象监测台站分布图

1.5.1.1　降水的空间分布特征

2000～2010 年松花江流域多年平均降水量约为 300～800 mm，降水的时空分布极不均匀，由东南向西北递减，西流松花江、拉林河流域雨量最多可达 800 mm；一般地区为 500 mm 左右；嫩江子流域降水量最少，为 400 mm 左右。总的趋势是山丘区大，平原区小；南部、中部稍大，东部次之，北部和西部最小（图 1-13）。降水量年内分布不均，汛期 6～9 月的降水量占全年的 60%～80%，冬季 12～2 月的降水量仅为全年的 5% 左右。降水的年际变化也较大，最大与最小年降水量之比在 3 倍左右，连续数年多雨和连续数年少雨的情况时有出现，使该流域成为洪灾、涝灾、旱灾多发地区。

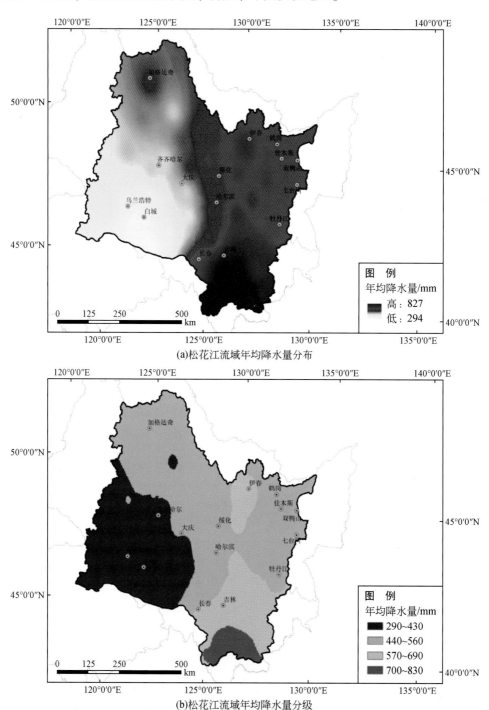

(a)松花江流域年均降水量分布

(b)松花江流域年均降水量分级

图 1-13　松花江流域年均降水量分布及分级图

1.5.1.2　气温的空间分布特征

松花江流域面积辽阔，纬度南北差异较大，加以地势起伏，使流域内气候不但有独特的个性，而且各地之间也有很大的差异。松花江流域地处中温带季风气候区，大陆性气候特点十分明显，冬季严寒漫长，夏秋降雨集中，春季干燥多风，年内温差较大，多年平均气温变化范围为-3～5℃。年内7月温度最高，日平均可达20～25℃，最高曾达40℃以上；1月温度最低，月平均气温在-20℃以下，最低气温嫩江扎兰屯附近曾达-42.6℃。

流域内多年均温分布基本呈现南部温度高，向北递减，长春年平均气温为4.8℃，哈尔滨为3.2℃，齐齐哈尔为2.6℃，兴安岭一带地势较高，冬季易被极地大陆气团侵袭，格外寒冷，年均温受其影响可达摄氏零度以下。流域西部平原区等温线密集，山地稀疏。南北年均温相差7℃。年平均气温的低温中心在北部大兴安岭地区，高温中心在松嫩平原西部白城、泰来一带（图1-14）。

1.5.1.3　风速的空间分布特征

松花江流域因位于西风带大陆的东部，所以风向的季节性变化仍很明显，冬季偏西北，而夏季偏西南，过度季节则西南与西北交替出现。由于流域范围广大，各地的盛行风向因环流形势与地理位置而有差别，如哈尔滨全年以南风与西南风为最多，1月以西南风为最多，西风次之，盛夏7月则东风最多，南风次之。流域内多年的平均风速，一般大于国内的其他地区，大都在2.0～3.0 m/s，一年中以春季平均风速最大，4月居首位，该月平均风速皆在4.0～6.5 m/s；夏季风速最小，尤其是8月。流域全年平均可有40～60天以上出现超过6级的大风，超过8级的大风一般也有5～20天，各地的最大风速皆超过20 m/s，个别地区则更大。内蒙古草原区、中部平原区和松花江干流的依兰、通河等地风速较大，风速较小的区域呈零星分布（图1-15）。

1.5.2　土壤条件

土壤条件通过制约土壤中生长的植物的初级生产力对流域的生态环境起作用。按照土壤土纲类型划分，松花江流域内主要有9种类型：淋溶土、半淋溶土、钙层土，初育土、半水成土、水成土、盐碱土、人为土、高山土。这9种类型的面积占松花江流域总面积的99%以上，其中淋溶土、半水成土、钙层土及半淋溶土共占流域土壤总面积的88%。土壤的空间分布特征大致是流域四周山区多为淋溶土，中部平原区主要为钙层土和半水成土，山地向平原的过渡地带主要是淋溶土。流域土壤土纲类型图如图1-16所示。

土壤类型以暗棕壤、草甸土、黑土和黑钙土为主，上述四类约占流域土壤总面积的79%。从空间分布上来看，流域四周山区主要是以暗棕壤为主，零星分布棕色针叶林土、草甸土、沼泽土、灰色森林土等。西北部山区与东南部山区相比，前者的棕色针叶林土明显高于后者，后者有较多的白浆土。中部平原区以黑钙土和草甸土为主。山地向平原的过渡地带黑土为具有绝对优势的主要土壤类型。流域土壤亚纲类型图如图1-16所示。

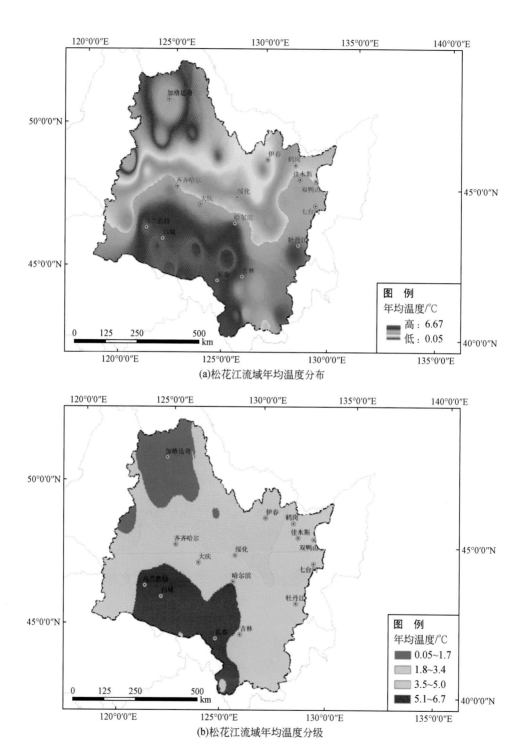

(a)松花江流域年均温度分布

(b)松花江流域年均温度分级

图1-14 松花江流域年均温度分布及分级图

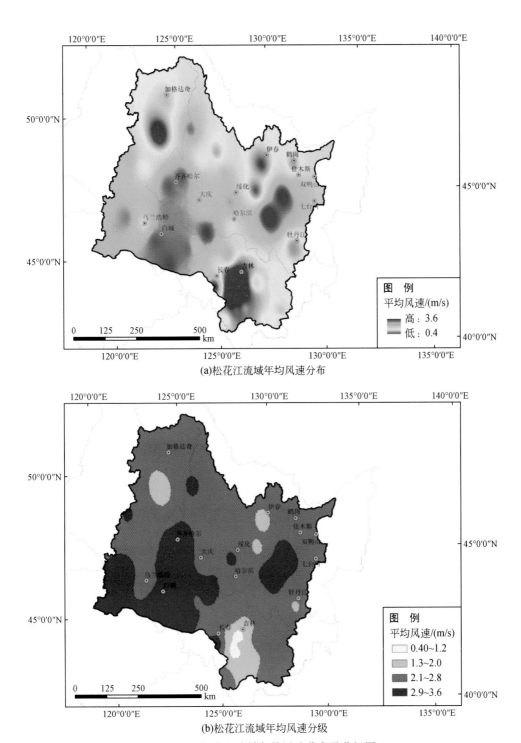

(a)松花江流域年均风速分布

(b)松花江流域年均风速分级

图 1-15　松花江流域年均风速分布及分级图

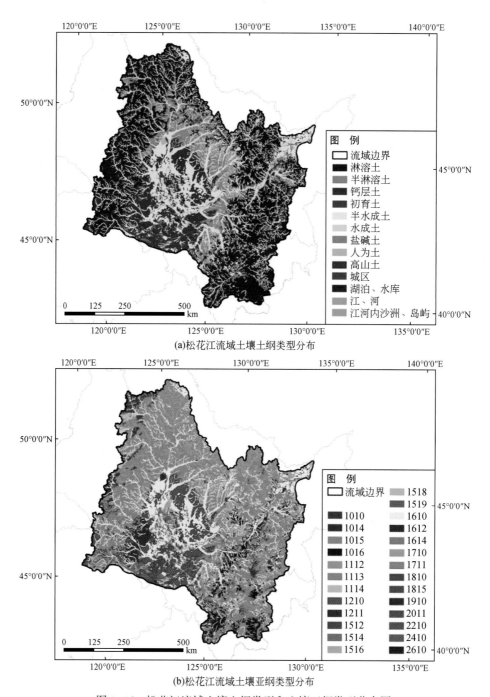

(a)松花江流域土壤土纲类型分布

(b)松花江流域土壤亚纲类型分布

图1-16　松花江流域土壤土纲类型和土壤亚纲类型分布图

注：1010：棕色针叶林土；1012：棕壤；1015：暗棕壤；1016：白浆土；1112：灰褐土；
1113：黑土；1114：灰色森林土；1210：黑钙土；1211：栗钙土；1512：新积土；1514：风沙土；
1516：火山灰土；1518：石质土；1519：粗骨土；1610：草甸土；1612：山地草甸土；1614：潮
土；1710：沼泽土；1711：泥炭土；1810：盐土；1815：碱土；1910：水稻土；2011：黑毡土；
2210：城区；2410：湖泊、水库；2610：江河内沙洲、岛屿。

1.6 自然资源

1.6.1 植物资源

松花江流域林业资源丰富，林区面积广阔，森林茂密，素有"红松之乡"和"林海"之称，木材蓄积在大兴安岭、小兴安岭、长白山等山脉上，活立木总蕴藏量为15.8亿 m³，森林覆盖率为26.9%（佟才，2004）。流域内林木种类繁多，森林资源丰富。主要存在的森林类型包括针叶林、针阔混交林、阔叶林。林木种类有100多种，其中有50多种树质优良且经济价值较高，尤其是红松、白皮松、水曲柳、黄波罗等是国内外稀有的珍贵树种。除森林资源外，松花江流域的草原资源也很丰富，主要分布在大兴安岭南北两侧的呼伦贝尔盟、兴安盟、吉林和黑龙江两省西部的广大地区和三江平原等地。特别值得一提的是科尔沁大草原是目前欧亚大陆较为优良的草原之一。科尔沁草原以草甸草原为主，多禾本科和豆科牧草，草的种类繁多。松花江流域内草原的牧草蛋白质含量较高，草质较好，适合大型牲畜生长，出产了三河牛、草原红牛、科尔沁细毛羊等优良的牲畜品种，是我国重要的肉类食品和羊毛产品的生产基地之一。松花江流域的食用植物资源丰富，流域内的木耳、猴头菇等驰名中外。除了质量优良的食用植物资源外，中草药也是该流域的重要资源，包括人参、山参、柴胡、防风等，其中人参、五味子、党参等16种被列为国家保护资源，其药材的产量和质量位居全国首位（表1-1）。

表1-1 流域主要植物资源

资源类型	主要类型	主要种类
森林	针叶林 针阔混交林 阔叶林	白皮松、红松、落叶松、云杉、樟子松、冷杉、水曲柳、赤松、黄波罗、胡桃楸、花曲柳、杨树、桦树、椴树、色树、柞树、柳树等
草原	松嫩草原	羊草、野古草、贝加尔针茅、兔毛蒿、落草、糙隐子草、星星草、野豌豆、剪股颖、冰草、虎尾草、寸草、早熟禾等
	三江草原	小叶章、大叶章、乌拉苔草、修氏苔草、狭叶甜茅、拂子草、漂筏苔草、牛鞭草、毛果苔草、柴桦等
草甸	中生植物优势种	小叶章、广布野豌豆、小白花地榆、黄花菜、银莲花、凿叶风毛菊、蚊子草、紫菀、走马芹、水毛茛、驴蹄草等
	沼生植物优势种	苔草、小叶章、芦苇、沼柳等
苇塘		芦苇

续表

资源类型	主要类型	主要种类
食用植物	食用真菌类	松茸、黑木耳、猴头蘑、元蘑、榛蘑等
	野菜类	蕨菜、黄瓜香、山落、山芹、黄花菜、山韭菜等
	野果类	山核桃、毛榛、刺玫果、山葡萄、树莓、草莓、蓝莓、山丁子、山里红、狗枣、软枣等
药用植物		人参、山参、防风、龙胆草、黄芪、黄柏、五味子、党参、平贝、甘草、刺五加、桔梗、柴胡、山龙、山杏、满山红、黄芩、知母、远志、大力子、公英、玉竹、赤芍、苍术、寄生、车前子、芡实、紫菀、独活、细辛等

1.6.2 动物资源

松花江流域内得天独厚的自然条件为大量动物的生存与繁衍提供栖息地。主要野生动物可以分为五大类，包括大型哺乳动物、啮齿类动物、两栖爬行类、鸟类和鱼类。流域内哺乳动物种类繁多，分布广泛，大型兽类集中分布在山区，其中东部山区种属最为丰富。分布范围最窄的是驼鹿、棕熊、貂熊，一般见于大兴安岭地区。东北虎主要分布在东部山地。鸟类资源在长白山东部山区及平原地区种类最多，如三江平原有192种，东部山区有153种，大小兴安岭有204种，其中丹顶鹤和天鹅等被列入国家珍贵水禽一级保护对象；流域水面辽阔，江河沟渠纵横，湖泊、池塘、苇塘、水库、闸坝星罗棋布，水产资源丰富，蕴藏着丰富的鱼类资源，包括温水型和冷水型鱼类100多种，还有虾、贝类等。由于流域所处的地理环境和特殊的水域条件，区域内的鱼类区系较为复杂，呈现出南北交互的特点，既有典型的平原鱼类、北方冷水鱼类、南方暖水鱼类，又有源于国外的鱼类（表1-2）。

表1-2 流域主要动物资源

主要类型		主要种类
哺乳动物	大型动物	马鹿、驼鹿、麝、梅花鹿、棕熊、紫貂、貂熊、猞猁、赤狐、野猪、水獭、獾、狍、青羊、黄羊、东北虎、黑熊、狼、狐等
	啮齿动物	莫氏田鼠、黄鼬、黑线鼠、林姬鼠、林旅鼠、棕背鼱、飞鼠、花鼠、黑线仓鼠、长尾黄鼠、伶鼬、红背鼱、松鼠、大林姬鼠、香鼠、麝鼠、巢鼠、东方田鼠、普通田鼠、小家鼠、褐家鼠、达乌利亚黄鼠、五趾跳鼠、艾虎、东北兔、草兔等
两栖爬行类		极北小鲵、无斑雨蛙、花背蟾蜍、东北雨蛙、铃蟾、哈蟆、皱皮蛙、黑龙江林蛙、青蛙、鳖、蝮蛇、红点锦蛇、枕纹锦蛇、灰链游蛇、虎斑游蛇、黄背游蛇、黑镶锦蛇、棕黄锦蛇、麻蜥、白条草蜥、龙江草蜥等

续表

主要类型	主要种类
鸟类	䴙䴘、鸬鹚、鹭、鹳、鸭、鹰隼、松鸡、雉鸡、三趾鹑、秧鸡、鸨、蛎鹬、鸻、鹬、反嘴鹬、瓣蹼鹬、鸥、海雀、沙鸡、鸠鸽、杜鹃、鸱鸮、夜鹰、雨燕、翠鸟、百灵、戴胜、啄木鸟、燕、鹡鸰、山椒鸟、鹎、太平鸟、伯劳、黄鹂、卷尾、椋鸟、鸦、鹟鹟、岩鹨、鹀、攀雀、绣眼鸟、文鸟、雀、山雀等
鱼类	鳇鱼、鲟鱼、大麻哈鱼、哲罗鱼、细鳞鱼、狗鱼、雅罗鱼、青鱼、草鱼、鲫鱼、鲤鱼、白鲢、花鲢、鲶鱼、鳜鱼、江鳕、乌鳢等

1.6.3 矿产及水力资源

松花江流域矿产资源丰富，种类多、分布广、储藏量大，多种矿产储量居全国前列，特别是煤、铁、石油等矿产资源在全国具有重要地位。流域主要包括五大类的矿产资源：能源矿产、黑色金属矿产、有色金属及贵金属矿产、化工原料矿产、建设原料及其他非金属矿产等。矿产资源类型及分布见表1-3。

表1-3　流域矿产资源

资源类型	主要类型	主要分布区域
能源矿产	煤	鸡西、鹤岗、双鸭山、勃利、宝清、通化、舒兰、蛟河等地
	石油	大庆、海拉尔、方正、泰康、肇东、肇州、肇源、富拉尔基、扶余、前郭、大安、乾安、镇赉
	油页岩	桦甸、依兰、牡丹江、农安、北安
黑色金属矿产	铁	双鸭山、鹤岗、依兰、伊春、嫩江、甘南、桦甸、辉南、乌兰浩特
	钒	敦化
有色金属及贵金属矿产	黄金	桦南、萝北、桦甸、永吉、安图
	银	铁力、伊春、嫩江
	铜	桦甸、永吉、伊通、磐石、嫩江、宾县
	钼	永吉、磐石、敦化
化工原料矿产	伴生硫	永吉、磐石、伊春等地
建设原料及其他非金属矿产	石墨	萝北、穆棱、勃利、敦化、磐石
	沸石	九台
	大理岩	敦化
	火山渣	靖宇、辉南、安图

此外，流域水力资源丰富，并以三大子流域干流和松花江干流的支流牡丹江较为集中。水能资源理论蕴藏量为6599 MW，其中松花江干流子流域水能资源理论蕴藏量为

2929 MW，嫩江子流域水能资源理论蕴藏量为 2271 MW，西流松花江子流域水能资源理论蕴藏量为 1398 MV。流域可开发的水能资源装机容量为 6413 MW，丰富的水能资源使松花江成为东北地区的一条大动脉（水利部松辽水利委员会，2004）。流域水力资源理论蕴藏量见表 1-4。

表 1-4　松花江流域水力资源理论蕴藏量

子流域	河流	河道长/km	天然落差/m	理论蕴藏量/MW
嫩江	干流	1370	442	567
	支流那都里河	186	450	18
	多布库尔河	278	635	60
	门鲁河	142	255	13
	甘河	447	726	232
	诺敏河	448	810	252
	绰尔河	514	914	292
	毕拉河	216	520	81
	洮儿河	553	1165	152
	其他支流	—	—	604
	小计	—	—	2271
西流松花江	干流	958	1556	803
	支流松江河	140	1356	87
	二道江	293	1836	228
	头道花园河	47	315	9
	蒙江	69	288	10
	三道白河	86	1254	6
	富尔河	128	644	26
	其他支流	—	—	229
	小计	—	—	1398
松花江干流	支流	939	79	1475
	干流牡丹江	725	1007	517
	拉林河	411	450	81
	汤旺河	402	435	242
	梧桐河	169	269	25
	其他支流	—	—	590
	小计	—	—	2929
合计		—	—	6599

资料来源：水利部松辽水利委员会，2004。

1.7 主要生态环境问题

松花江流域存在着因森林质量下降引起的流域部分生态系统服务降低、湿地萎缩、地下水位下降、河口生态恶化、农业面源污染严重及不确定性因素导致的突发性环境风险增大等一系列生态环境问题。主要呈现以下特点。

1）尽管由于国家的环保措施积极实行使得流域内森林的面积并没有减少，但森林的质量依然呈下降趋势，从而导致部分区域水土流失严重，水土涵养等生态系统服务降低。

2）松花江流域，尤其是嫩江下游和三江平原区，湿地萎缩与退化程度持续加剧，对湿地生态系统及其生物多样性产生严重影响。

3）地下水资源在 2003 年急剧减少，并多年保持较低水平。地下水位持续下降主要是由于人类过度开发利用地下水资源，使得漏斗中心区沉降达 1m 以上。

4）尽管大部分水体的水质呈现改善的趋势，但部分水域及城市水体污染依然严重，尤其是河口区域，检测表明多个断面多年一直为劣 V 类。

5）流域化肥、农药施用总量大，而利用效率低，大量残留的化肥农药污染地表水及地下水。此外，大部分规模化畜禽养殖场的粪便尚未得到有效处理处置，对水体水质影响较大。大型灌区农田退水污染问题突出，农业面源污染有加重趋势。

6）松花江流域内重化工发达，流域冰封期污水处理设施负荷率及污染物去除率低，工业废水尚未得到有效处理。工业集聚导致不确定性因素引发环境突发事件的风险处于高位，尤其是突发性水污染事故，将严重危及人民生活和社会安全。

|第2章| 松花江流域社会经济特征及变化

2000～2010 年，松花江流域的社会经济持续发展。松花江流域人口数量增长较平缓，在空间上聚集于三个子流域汇合的平原区，尤以城市市区为中心呈聚集分布。城镇化发展方面，松花江流域的城镇化发展整体不及全国平均发展速度。经济发展方面松花江流域整体经济获得长足发展，主要表现为以大型城市市辖区为中心带动周边地区经济发展，但仍是"以工业生产为主，以服务业为辅"的产业结构格局。

东北地区是中国强大的工业基地，工业发展历史悠久，基础良好，新中国成立后在国家的统一规划下，工业布局更加合理，发展更加迅速，已形成以机械、化工、造纸等为主的长春-吉林中部工业区，以电机、石油、机械等为主的哈尔滨-大庆-齐齐哈尔工业区，以煤炭-森林工业为主的黑龙江西部工业区等（卢时雨和鞠晓伟，2007）。其中，以大城市为中心的工业基地发展模式尤其突出，如长春市以第一光学厂、客车厂和拖拉机厂等骨干企业为支撑，形成了以机械工业为代表的优势产业和以光学、轻纺等为代表的特色产业；吉林市以化学工业为依托，形成了以化学工业为优势兼具铁合金、碳素制品、造纸等特点的工业产品群；齐齐哈尔市逐步形成了以冶金设备、机床和车辆制造为主的产品群；牡丹江市、佳木斯市逐步形成了以化工、造纸、纺织工业为主的产品群；大庆市逐步形成了以石油化工为主的工业产品群；伊春市逐步形成了以木材为主的工业产品群；鸡西、鹤岗、双鸭山市逐步形成了以煤炭工业为主的工业产品群。另外，吉林省西部白城地区工业基础比较薄弱，但发展畜产品加工工业和开发能源工业的潜力很大。总之，上述这些城市工业群的崛起在带动整个流域工业发展上起到举足轻重的作用（李丹，2007；李鹤和张平宇，2012）。

松花江流域得天独厚的自然条件使其成为了全国重要商品粮基地和重要的经济作物、林业产品、畜牧业基地（李琦珂，2014）。松花江流域耕地中有一半以上是黑土，肥力较高，有机质含量一般在3%左右，而且作物生长季节气温较高，日照时数长，雨量比较充沛，适于粮食作物和经济作物生长，为流域内的农业生产创造了优越的条件。主要粮食作物有大豆、玉米、高粱、谷子、水稻、小麦、甜菜以及薯类和其他杂粮（管正信等，1995）。流域内的农业分布概况为：①黑龙江省农业主要分布在东西两大平原（即松嫩平原、三江平原）和东北两大山区（即大小兴安岭、老爷岭和张广才岭）的山间平原；②吉林省农业主要分布在松辽平原腹部的长春、四平地区。松花江流域森林面积大，资源丰富，是国家重点林区之一。流域内主要林区分布在长白山、大小兴安岭、张广才岭等地，这些林区各种自然条件适宜林木的生长，又经过人类的长期经营活动，形成了独有的森林环境。松花江全流域拥有草原面积近 1133.33 万 hm²，主要集中分布在西部的松嫩平原和东部的三江平原，由于所处的地理环境较好，牧草质量优良，分布集中连片，畜牧业资源优异（水利部松辽水利委员会，2004）。松花江也是中国东北地区的一大淡水鱼产区，流域淡水水面约 3234 万亩[①]，江河湖沼水质肥沃，为鱼类和芦苇的生长提供了良好条件，每年供应的鲤、鲫、鳇、哲罗鱼等，达 4000 万 kg 以上（孙莹，2012）。

松花江流域的交通运输，有铁路、公路、内河水运、民航空运和管道等多种运输形式，形成了流域内四通八达的交通运输网络（中华人民共和国交通运输部，2007）。流域的上游地区以公路、铁路为主，辅以内河水运；中下游地区除了铁路、公路交通外，季节性的风河航运也占有重要的地位。流域内哈尔滨铁路局为东北北部最大的铁路枢纽，也是北方铁路大动脉的汇合点，集结铁路干线数居全国第一位，有铁路干支线 32 条。流域内公路交通以黑、吉两省省会哈尔滨、长春为中心，沟通了省内各地（州）、市、县及大部分乡镇，形成了通达的公路网。松花江流域也是我国北方内河航运最发达的地区，水系流贯黑龙江省中部，把主要的工业中心齐齐哈尔、哈尔滨、佳木斯连接成为统一的整体。流域内通里程约 2476 km。哈尔滨港是我国八大内河港口之一，也是东北地区最大的内河港口（水利部松辽水利委员会，2004）。东北地区公路水路交通快速发展，高速公路、高等级航道、专业化码头等基础设施建设成绩显著，这都明显缓解了社会经济发展的"瓶颈"制约。

2.1 数据指标与来源

本书社会经济统计数据来自不同地区 2000～2010 年各年份统计年鉴，涉及哈尔滨、齐齐哈尔、大庆、长春、吉林等 24 个地级市（盟）下设的 109 个县（区、旗、市）。基本情况涵盖流域行政区域划分与民族概况，主要社会经济数据分为人口与城镇化、教育情况和宏观经济三大类。人口与城镇化数据包括总人口、非农业人口和城镇化率；教育情况数据包括小学在校学生数和普通中学在校学生数；宏观经济数据包括地区生产总值（GDP）、三次产业产值和农林牧渔业产值（产值均取当年价）（表 2-1）。

表 2-1 经济社会数据基本情况

数据类别	人口与城镇化	教育	宏观经济
指标项目	总人口、非农业人口、城镇化率	小学、普通中学在校学生数	GDP、三次产业产值、农林牧渔业产值
数据分辨率	以县级行政区为基本统计单元		
来源及年份	黑龙江省、吉林省和内蒙古自治区及流域主要城市 2000～2010 年统计年鉴		

注：具体参考了 2000～2010 年黑龙江统计年鉴，2000～2010 年吉林统计年鉴，2000～2010 年内蒙古统计年鉴，2000～2010 年哈尔滨统计年鉴，2000～2010 年齐齐哈尔统计年鉴，2000～2010 年长春统计年鉴，2000～2010 年吉林市社会经济统计年鉴，2000～2010 年四平统计年鉴，2010 年辽源统计年鉴，2001～2009 年大庆统计年鉴，2001～2009 年牡丹江统计年鉴，2004～2008 年佳木斯统计年鉴。

---

① 1 亩 ≈ 666.67m²

2.2 行政区划与民族

2.2.1 行政区划

松花江流域在行政区划上，分属于黑龙江省、吉林省和内蒙古自治区所辖的呼伦贝尔盟、兴安盟、通辽市。全流域涉及 24 个地级市（盟）的 109 个县（区、旗、市），其中，嫩江子流域涉及 40 个县（区、旗、市），西流松花江子流域涉及 23 个县（区、旗、市），松花江干流子流域涉及 46 个县（区、旗、市），具体划分情况及子流域所辖行政区见表 2-2。松花江流域大城市较集中，主要城市有长春、吉林、哈尔滨、齐齐哈尔、大庆、牡丹江、伊春、佳木斯市等。

表 2-2　松花江子流域行政辖区

子流域	所辖行政区
嫩江	通辽市、呼伦贝尔市、兴安盟、白城市、松原市、大庆市、黑河市、齐齐哈尔市、绥化市及大兴安岭地区所辖的区县，包括霍林郭勒市、扎鲁特旗*、科尔沁左翼中旗*、扎兰屯市、鄂伦春自治旗、阿荣旗、莫力达瓦达斡尔族自治旗、牙克石市*、乌兰浩特市、科尔沁右翼中旗*、科尔沁右翼前旗*、阿尔山市*、突泉县、扎赉特旗、洮北区、大安市、洮南市、通榆县*、镇赉县、乾安县、长岭县*,**、大庆市辖区、杜尔伯特蒙古族自治区、肇源县**、林甸县、爱辉区*、北安市、五大连池市*、嫩江县、齐齐哈尔市辖区、龙江县、富裕县、讷河市、依安县、克山县、拜泉县、克东县、甘南县、泰来县、安达市、呼玛县*
西流松花江	长春市、吉林市、四平市、松原市、辽源市、通化市、延边朝鲜族自治州、白山市及牡丹江市所辖的区县，包括长春市辖区、农安县、德惠市、九台市、吉林市辖区、永吉县、磐石市、桦甸市、蛟河市、伊通满族自治县*、公主岭市*、宁江区、前郭尔罗斯蒙古族自治县、长岭县*,**、东丰县*、辉南县*、柳河县*、梅河口市、安图县*、抚松县*、江源区*、靖宇县*、和龙市*
松花江干流	哈尔滨市、大庆市、长春市、吉林市、松原市、延边朝鲜族自治州、鹤岗市、双鸭山市、伊春市、佳木斯市、七台河市、牡丹江市及绥化市所辖的区县，包括哈尔滨市辖区、呼兰县、阿城市、双城市、五常市、宾县、尚志市、延寿县、方正县、通河县、巴彦县、木兰县、依兰县、肇源县**、肇州县、榆树市、舒兰市、扶余县、敦化市、鹤岗市辖区*、绥滨县*、萝北县*、双鸭山市辖区*、集贤县*、伊春市辖区*、铁力市、佳木斯市辖区、桦川县*、桦南县、汤原县、富锦市*、同江市、七台河市辖区*、勃利县、牡丹江市辖区*、海林市、宁安市、林口县、北林区、肇东市、兰西县、青冈县、明水县、望奎县、绥棱县、海伦市、庆安县

注：以上子流域行政辖区以 2000 年内蒙古自治区、吉林省和黑龙江省的行政区划为准；
＊该区县位于松花江流域边界位置，部分区县未包含在流域境内；
＊＊该区县位于子流域边界位置，涉及两个子流域。

2.2.2 民族概况

松花江流域是一个多民族聚集的地区，故民族构成情况比较复杂，这是流域内的居民特色之一。全流域有汉族、满族、朝鲜族、回族、蒙古族、达斡尔族、锡伯族、鄂伦春族、鄂温克族、赫哲族、柯尔克孜族、俄罗斯族等十余个兄弟民族。少数民族总人口达百万人以上，其中以满族、朝鲜族、回族、蒙古族 4 个兄弟民族的人口为最多（水利部松辽水利委员会，2004）。各兄弟民族的历史发展和经济生产互有不同，因而他们的地区分布与生产习惯也有很大差异。各民族中汉族多从事于农业生产，过去经营旱田为主，现在各地也大量经营水田，尤以和朝鲜族杂居的地区，经营水田者为数更多，历时也较早；另外，在工业人口中也以汉族的比例最大。少数民族大多数居住在农村。例如，朝鲜族移入后即从事农业为主，并有少部分从事伐木或采集业，目前除仍以从事农业生产为主外，从事工矿业的人口也迅速增加，朝鲜族对水稻生产有丰富的经验，他们对流域内水田开发有重大贡献。满族、锡伯族亦以从事农业生产为主，其特点与汉族无大差别。回族多在城镇内从事食品业、商业或工业等生产，也有小部分在农村从事农业生产。蒙古族、达斡尔族、鄂温克族、柯尔克孜族等主要从事畜牧业，而现在则多为农牧兼营，有的则以农业生产为主。鄂伦春族从事农、林、猎业生产；赫哲族从事渔业生产（崔玉范，2009）。

在少数民族中，满族、回族、锡伯族使用汉语、汉文（满族、回族也有自己本民族的文字）；朝鲜族和蒙古族有自己的语言和文字；达斡尔族、鄂伦春族、赫哲族、鄂温克族、柯尔克孜族有本民族语言，无文字，通用汉语。在宗教信仰方面，回族信仰伊斯兰教，蒙古族有一部分人信仰喇嘛教；朝鲜族有一部分人信仰基督教；鄂伦春、赫哲、达翰尔、满、锡伯、柯尔克孜等民族在新中国成立前曾信仰原始的萨满教。流域内少数民族聚居的地区都已先后实现了民族区域自治，成立了各级自治政权，如 1947 年 5 月 1 日我国第一个少数民族自治区——内蒙古自治区在乌兰浩特市宣告成立。吉林省成立了前郭尔罗斯蒙古族自治县；黑龙江省成立了杜尔伯特蒙古族自治县，农牧业有了迅速发展。此外，分散在各地的少数民族还成立了朝鲜族、蒙古族、回族、满族、鄂伦春族、达斡尔族、赫哲族的民族乡和少数民族村，使他们在政治、经济、文化和人民生活等方面都有了显著提高（文敏，2008）。

2.3　人口与城镇化

2.3.1　人口

松花江流域属于典型的地广人稀的区域，平均人口密度远低于国内平均水平，是我国除新疆、西藏等极荒凉地区之外，人口最为稀少的地区。尤其是北部山区，人口极为稀少。近年来，随着东北重工业基地遇到困难，东北地区经济衰退，随之产生的人口流失也限制了流域内人口的增长。

2000～2010 年，松花江流域人口数量增长比较平缓（图 2-1）。松花江流域的总人口数量在逐年增加的同时，增长速率也呈上升趋势，前五年的增长率为 1.99%，后五年则上升到 2.34%，达到 5945.83 万人。但流域非农业人口数量的增长则逐渐放缓。2000 年松花江流域非农业人口数量为 2448.25 万人，到 2005 年增长了 7.07%，达到 2621.34 万人，而后五年仅增加 1.58%，保持在 2662.8 万人。因此，前五年的非农业人口增长率明显高于总人口增长率，但后五年则略低于总人口增长率。

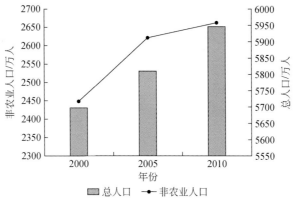

图 2-1　松花江流域人口数量十年变化

　　空间上，流域人口主要聚集于三个子流域汇合的平原区（图 2-2），尤其以齐齐哈尔市、哈尔滨市、大庆市、长春市、吉林市等城市辖区为中心呈聚集分布，并以市辖区为中心呈现辐射状逐级减少的趋势。十年间，流域人口分布格局变化不明显。2000～2005 年，发生明显人口增长的地区主要有嫩江县、呼玛县、扎鲁特旗、洮北区、镇赉县和七台河市辖区，这些地区大多位于流域边缘；2005～2010 年，发生明显人口增长的地区主要有处于流域较中心位置的克山县和兰西县。到 2010 年全流域已有 6 个区域人口数量超过 130 万，分别是哈尔滨市、大庆市、齐齐哈尔市、长春市、吉林市和榆树市的市辖区，其中长春市辖区和哈尔滨市辖区已超过 350 万人。

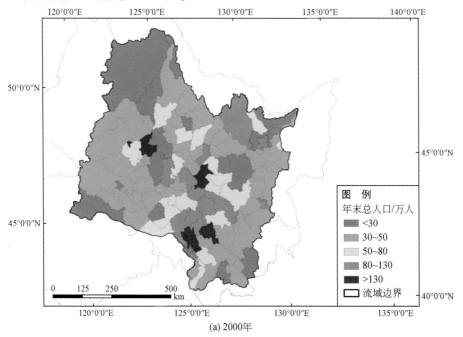

(a) 2000年

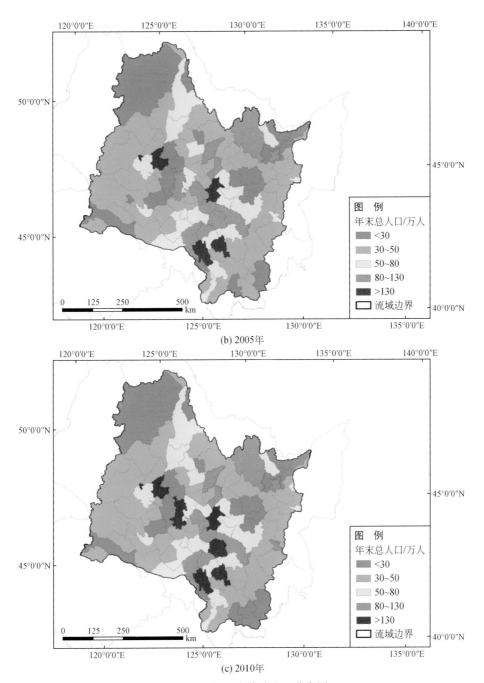

(b) 2005年

(c) 2010年

图 2-2　松花江流域总人口分布图

注：社会经济数据来自各省的统计年鉴，由于统计口径不同，可能与其他机构的统计结果有异，下同。

2000～2010 年，松花江流域人口密度整体变化情况与流域人口数量变化趋势一致，无明显变化（图 2-3）。2000 年，总人口密度和非农业人口的密度分别为 85 人/km² 和 37 人/km²。2010 年，二者分别为 89 人/km² 和 40 人/km²。

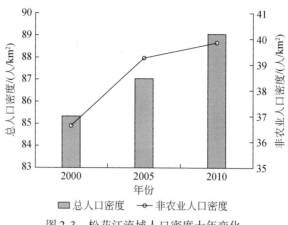

图 2-3　松花江流域人口密度十年变化

人口密度空间分布极不均匀（图 2-4），呈现自流域周边向中心逐渐增大的趋势，山区人口密度明显低于平原区，这与地形对农业生产、交通、城镇布局的限制性有关。嫩江子流域的山区是人口密度较低的区域，很多地区每平方公里少于 30 人。人口密度最少的地区是呼玛县，每平方公里不足 4 人。流域人口在行政中心、农业生产基地和工业生产基地的所在地形成明显的聚集带。在平原区的人口聚集区，人口密度多大于 200 人/km²，其中，中部平原地区哈尔滨市辖区人口密度最高，每平方公里超过 1800 人。2000 ~ 2010 年，流域人口密度分布格局变化不明显，主要的变化发生在流域南部边缘的长白山地区，2000 年该地区人口密度低于 120 人/km²，2005 年抚松县的人口密度曾超过 200 人/km²，而 2010 年又恢复到 2000 年的水平。

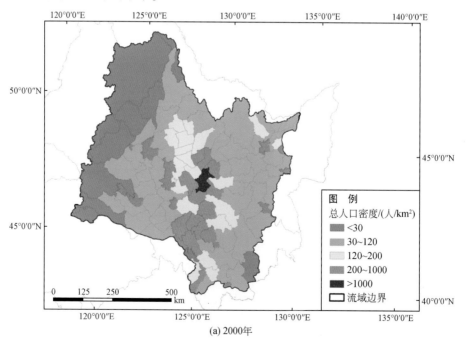

(a) 2000年

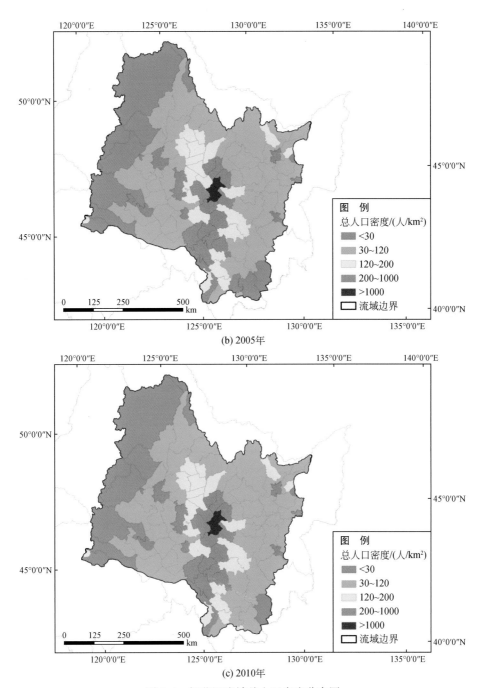

图 2-4　松花江流域总人口密度分布图

　　从各子流域来看，松花江干流子流域总人口最多，占总流域人口的 45% ~ 46%（图 2-5）。嫩江子流域和西流松花江子流域总人口规模相当，各约占松花江流域总人口的 28% 和 26%。从 2000 ~ 2010 年，嫩江子流域的总人口占总流域总人口的比例逐年增加，从

2000 年的 27.88% 增加到 2010 年的 28.32%。松花江干流子流域的总人口占总流域总人口的比例先增加后减少，而西流松花江子流域则呈现先减小后增加的趋势。这一时期，各子流域人口数量均增加，嫩江子流域人口增长最快，增长率为 8.82%，西流松花江子流域和松花江干流子流域分别为 6.32% 和 5.62%。

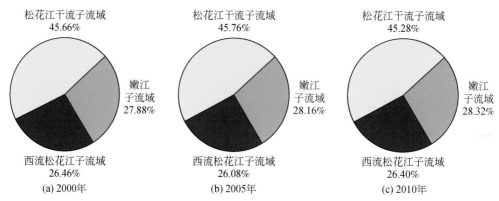

图 2-5　各子流域人口占全流域总人口的比例变化

将人口按照子流域范围进行归类，可以看出 2000 ~ 2010 年三个子流域内人口数量的发展变化情况（表 2-3）。松花江干流子流域是人口最多的地区，它的总人口数占到整个松花江流域的 45% 左右，嫩江子流域比西流松花江子流域的总人口数略高，分别约为 28% 和 26%；十年间，各子流域总人口数占全流域的比例有所波动，但变化不大。

表 2-3　松花江全流域及子流域人口十年变化

年份	项目	全流域	嫩江子流域	西流松花江子流域	松花江干流子流域
2000	人口数量/万人	5696.93	1626.99	1506.37	2563.57
	占上级比例/%	—	28.56	26.44	45.00
2005	人口数量/万人	5810.06	1647.73	1533.19	2629.14
	占上级比例/%	—	28.36	26.39	45.25
2010	人口数量/万人	5945.83	1680.61	1570.37	2694.85
	占上级比例/%	—	28.27	26.41	45.32

对流域各分区进行分析发现，嫩江子流域的人口数量区域差异很大，其人口主要都集中在子流域下游地区（占 82% 左右），且中游总人口数大于上游；西流松花江子流域与嫩江子流域类似，但上游总人口数较中游更大些，且区域差异较嫩江子流域稍小；松花江干流子流域人口数量分布比较均衡，总体上是上游>中游>下游。由此也可以看出，松花江流域人口数量空间上聚集于三个子流域汇合地区。2000 ~ 2010 年，松花江各子流域人口数量整体呈增长趋势。但值得注意的是，西流松花江子流域的上游与中游总人口数量在逐渐减少，该子流域内人口分布有向下游地区聚集的趋势；十年间，嫩江子流域与松花江干流域子流域人口数量空间分布大致稳定（表 2-4）。

表 2-4 松花江流域各分区人口十年变化

年份	项目	嫩江			西流松花江			松花江干流		
		上游	中游	下游	上游	中游	下游	上游	中游	下游
2000	人口数量/万人	100.74	171.8	1354.45	435.19	303.23	767.95	1101.37	866.51	595.69
	占上级比例/%	6.19	10.56	83.25	28.89	20.13	50.98	42.96	33.80	23.24
2005	人口数量/万人	102.68	172.89	1372.16	431.35	294.56	807.28	1156	874.63	598.51
	占上级比例/%	6.23	10.49	83.28	28.14	19.21	52.65	43.97	33.27	22.76
2010	人口数量/万人	103.14	176.95	1400.52	430.77	293.93	845.66	1195.25	891.84	607.77
	占上级比例/%	6.14	10.53	83.33	27.43	18.72	44.36	44.35	33.09	22.55

2000~2010 年，松花江流域及其各子流域的人口密度基本稳定，全流域、嫩江子流域、西流松花江子流域和松花江干流子流域每平方公里增加的人口数量分别为 4 人、1 人、7 人和 6 人。从各子流域总人口密度看，松花江流域人口分布不均（表 2-5）。嫩江子流域总人口密度最低，仅为全流域总人口密度的 1/2 左右。松花江干流子流域次之，总人口密度将近为全流域的 1.5 倍。西流松花江子流域的总人口密度最高，约为全流域的 2 倍。

表 2-5 松花江全流域及子流域人口密度十年变化　　　　（单位：人/km²）

年份	全流域	嫩江子流域	西流松花江子流域	松花江干流子流域
2000	85.33	44.07	169.88	122.22
2005	87.03	44.63	172.91	125.35
2010	89.06	45.52	177.1	128.48

分析松花江各分区人口密度十年变化可知（表 2-6），各子流域内部不同分区人口分布十分不均。嫩江子流域与西流松花江子流域的上游区总人口密度均小于其中游区和下游区，而松花江干流子流域上游区的总人口密度则为其中游区和下游区的 3.5 倍左右；嫩江子流域中游区与下游区的总人口密度分别为其上游区的 5~6 倍，西流松花江子流域中游区与下游区的总人口密度分别为其上游区的 3~4 倍。因此，松花江流域人口数量空间上向三个子流域汇合地区聚集这一点又得到了印证。2000~2010 年，松花江各子流域总人口密度整体上有小幅增长。嫩江子流域各分区总人口密度增长十分缓慢；西流松花江子流域的上游与中游区总人口密度在逐渐减少，而下游区则有明显增加；松花江干流域子流域上游区的总人口密度稳步增加，而中游区与下游区则增长缓慢。

表 2-6 松花江各分区人口密度十年变化　　　　　（单位：人/km²）

年份	嫩江子流域			西流松花江子流域			松花江干流子流域		
	上游	中游	下游	上游	中游	下游	上游	中游	下游
2000	9.72	43.99	59.8	86.77	325.46	263.01	281.09	83.16	89.75
2005	9.91	44.27	60.58	86.01	316.15	276.48	295.03	83.94	90.18
2010	9.95	45.31	61.83	85.89	315.48	289.62	305.05	85.59	91.58

2.3.2 城镇化

从松花江流域的城镇化发展水平看，在 2000 年整个流域的城镇化率平均值显著高于全国平均值（图 2-6），到 2005 年仍略高于全国平均值，而 2010 年则显著低于全国平均值。在十年间，松花江流域的城镇化率平均值呈先上升后缓慢下降的趋势，且整体发展速度不及全国平均发展速度。

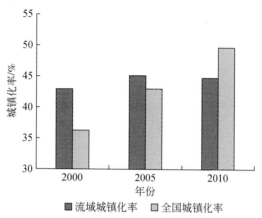

图 2-6　松花江流域城镇化率十年变化

松花江各子流域城镇化发展较不均衡（表 2-7）。西流松花江子流域与松花江干流子流域的城镇化率均高于全流域平均值，且前者略高于后者。嫩江子流域的城镇化率低于全流域平均值，与西流松花江子流域及松花江干流子流域相比，城镇化率平均约低 5 个百分点。

表 2-7　松花江全流域及子流域城镇化率十年变化

年份	项目	全流域	嫩江子流域	西流松花江子流域	松花江干流子流域
2000	总人口/万人	5696.93	1626.99	1506.37	2563.57
	非农人口/万人	2448.25	644.32	675.00	1128.93
	城镇化率/%	42.97	39.60	44.81	44.04
2005	总人口/万人	5810.06	1647.73	1533.19	2629.14
	非农人口/万人	2621.33	688.31	712.34	1220.68
	城镇化率/%	45.12	41.77	46.46	46.43
2010	总人口/万人	5945.83	1680.61	1570.37	2694.85
	非农人口/万人	2662.80	701.24	737.16	1224.40
	城镇化率/%	44.78	41.73	46.94	45.43

从各子流域内部分析，区域间城镇化发展水平差异更为显著。嫩江子流域上游区城镇化率显著高于其他地区，且该子流域内只有上游地区高于流域平均值；西流松花江子流域

的城镇化发展水平较另外两个子流域均衡，且三个区域的城镇化率与平均值相当，中游地区的稍高；松花江干流子流域下游地区的城镇化率显著高于其他地区，且该子流域内只有下游地区高于流域平均值。2000～2010 年，各子流域城镇化发展趋势与全流域发展趋势相近，城镇化率整体上先上升后下降，也有部分地区始终呈上升趋势（表 2-8）。

表 2-8 松花江流域各分区城镇化率十年变化

年份	项目	嫩江子流域			西流松花江子流域			松花江干流子流域		
		上游	中游	下游	上游	中游	下游	上游	中游	下游
2000	总人口/万人	100.74	171.8	1354.45	435.19	303.23	767.95	1101.37	866.51	595.69
	非农人口/万人	54.63	48.58	541.11	178.50	151.18	345.32	439	332.58	357.35
	城镇化率/%	54.23	28.28	39.95	41.02	49.86	44.97	39.86	38.38	59.99
2005	总人口/万人	102.68	172.89	1372.16	431.35	294.56	807.28	1156	874.63	598.51
	非农人口/万人	63.60	51.11	573.60	183.67	153.97	374.70	489.50	340.04	391.14
	城镇化率/%	61.94	29.56	41.80	42.58	52.27	46.42	42.34	38.88	65.35
2010	总人口/万人	103.14	176.95	1400.52	430.78	293.93	845.66	1195.24	891.84	607.77
	非农人口/万人	64.91	52.84	583.49	183.08	156	398.08	487.18	339.78	397.44
	城镇化率/%	62.94	29.86	41.66	42.50	53.07	47.07	40.76	38.10	65.39

2.4 教 育

尽管目前我国的教育基础比较薄弱，但是我国教育自新中国成立以来已经有了巨大发展。全国各省份教育发展水平比较分析的报告指出，流域内的黑龙江省的教育发展属于均衡发展类型，教育机会水平、教育投入水平和教育公平水平均衡发展。而吉林省构成教育发展指数的 3 个方面差异较大，属于教育机会相对薄弱的非均衡发展类型。

2000～2010 年，松花江流域小学在校学生数高于普通中学在校学生数，两者均呈现明显的下降趋势（图 2-7）。2000～2005 年，小学在校学生数减少了 1 379 702 人，降幅为 27.6%；同期，普通中学在校学生数减少了 162 363 人，降幅仅为 4.5%。2005～2010 年，小学在校学生数由减少了 373 748 人，降幅为 10.6%；同期，普通中学在校学生数减少了 940 767 人，降幅为 27.4%。就读小学的学生陆续升入普通中学继续学习可能是后五年普通中学在校学生数的减少幅度与前五年小学在校学生数减少幅度相近的主要原因。另外，松花江流域在校学生数的下降与国家计划生育政策的稳步实施与人口结构的逐步调整有一定关联。

2000～2010 年，松花江流域各子流域小学在校学生数与全流域变化趋势一致，也呈现明显下降的趋势（表 2-9）。松花江干流子流域的在校学生数最多，其占全流域小学在校学生总数的比例在十年间稳步上升，从 42.46% 增加到 45.6%。而嫩江子流域与西流松花江子流域的在校学生数相当，后者在 2000 与 2010 年略高于前者；嫩江子流域占全流域小学在校学生总数的比例在十年间"先升后降"，西流松花江子流域则相反。

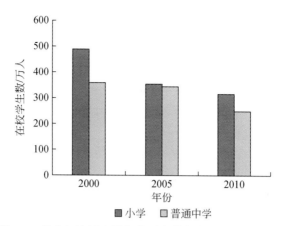

图 2-7　松花江流域小学与普通中学在校学生数十年变化

表 2-9　松花江全流域及子流域小学在校学生数十年变化

年份	项目	全流域	嫩江子流域	西流松花江子流域	松花江干流子流域
2000	人口数量/人	4 885 484	1 315 837	1 495 365	2 074 282
	占上级比例/%		26.93	30.61	42.46
2005	人口数量/人	3 535 782	1 002 299	977 671	1 555 812
	占上级比例/%		28.35	27.65	44.00
2010	人口数量/人	3 162 034	835 369	884 872	1 441 793
	占上级比例/%		26.42	27.98	45.60

对各子流域的上、中、下游分区进行对比分析可知（表 2-10），嫩江子流域的下游区、西流松花江子流域的下游区与松花江干流子流域的上游区的小学在校学生数显著高于其他分区，即松花江流域的小学在校学生多集中于三个子流域交汇的平原区域，这与该区域较高的人口集中程度与较快的经济发展水平息息相关。

表 2-10　松花江流域各分区小学在校生十年变化

年份	项目	嫩江子流域			西流松花江子流域			松花江干流子流域		
		上游	中游	下游	上游	中游	下游	上游	中游	下游
2000	人口数量/人	82 842	135 341	1 097 654	439 492	259 300	796 573	912 375	680 306	481 601
	占上级比例/%	6.29	10.29	83.42	29.39	17.34	53.27	43.98	32.80	23.22
2005	人口数量/人	70 515	96 573	835 211	258 976	173 623	545 072	650 762	506 653	398 397
	占上级比例/%	7.03	9.64	83.33	26.49	17.76	55.75	41.83	32.57	25.61
2010	人口数量/人	55 765	86 382	693 222	254 003	151 351	479 518	631 532	456 327	353 934
	占上级比例/%	6.68	10.34	82.98	28.71	17.10	54.19	43.80	31.65	24.55

2000～2010 年，松花江流域各子流域普通中学在校学生数与全流域变化趋势一致，也呈现明显下降（表 2-11）。松花江干流子流域的在校学生数最多，其次为嫩江子流域，两

者占全流域普通中学在校学生总数的比例在十年间均"先降后升",且2010年所占的比例均高于2000年。而西流松花江子流域的在校学生数最少,其占全流域普通中学在校学生总数的比例在十年间"先升后降",且在2005年曾高于嫩江子流域。

表 2-11 松花江全流域及子流域普通中学在校学生数十年变化

年份	项目	全流域	嫩江子流域	西流松花江子流域	松花江干流子流域
2000	人口数量/人	3 596 330	985 179	909 986	1 701 165
	占上级比例/%	—	27.39	25.30	47.31
2005	人口数量/人	3 433 967	877 169	977 248	1 579 550
	占上级比例/%	—	25.54	28.46	46.00
2010	人口数量/人	2 493 200	718 419	512 999	1 261 782
	占上级比例/%	—	28.82	20.58	50.60

对各子流域的上、中、下游分区进行对比分析可知(表 2-12),嫩江子流域的下游区、西流松花江子流域的下游区与松花江干流子流域的上游区的普通中学在校学生数显著高于其他分区,这与松花江流域的小学在校学生的空间分布情况相似。

表 2-12 松花江流域各分区普通中学在校生十年变化

年份	项目	嫩江子流域			西流松花江子流域			松花江干流子流域		
		上游	中游	下游	上游	中游	下游	上游	中游	下游
2000	人口数量/人	65 931	89 666	829 582	279 126	172 138	458 722	776 304	543 317	381 544
	占上级比例/%	6.69	9.10	84.21	30.67	18.92	50.41	45.63	31.94	22.43
2005	人口数量/人	55 996	77 415	743 758	261 083	190 317	525 848	746 839	479 952	352 759
	占上级比例/%	6.38	8.83	84.79	26.72	19.47	53.81	47.28	30.39	22.33
2010	人口数量/人	40 873	59 413	618 133	144 637	84 459	283 903	576 561	314 747	370 474
	占上级比例/%	5.69	8.27	86.04	28.20	16.46	55.34	45.69	24.94	29.36

2000~2010年,松花江流域小学与普通中学在校学生数占总人口的比重均呈现明显下降趋势(表 2-13 和表 2-14)。这一规律性现象适用于全流域、各子流域以及各子流域的分区,是十年间流域在校学生数明显下降与区域总人口缓慢增加的共同作用结果。同时,流域内普通中学在校学生数占总人口的比重低于小学的所占比重,仅有2005年西流松花江子流域上游区、松花江干流子流域上游区及其全子流域与2010年松花江干流子流域下游区例外,这与九年制义务教育的实施密切相关。此外,随着就读年级的升高,相应的入学人数会有所下降。十年间,西流松花江子流域的小学在校学生数占总人口的比重最高,松花江干流子流域的普通中学在校学生数占总人口的比重最高,而嫩江子流域在校学生数占总人口的平均比重较低,表明该区域的受义务教育的机会在全流域偏低,义务教育强制实施力度还有待加强。同时,对比分析各子流域的上、中、下游分区可知,嫩江子流域在校学生数占总人口比重基本表现为上游>下游>中游,而其他两个子流域均表现为中游区的在校学生数占总人口比重低于上游区和下游区。这反映出子流域内各分区受义务教育机会的

不均等，各分区应根据自身特点加强区域义务教育的实施力度。

表2-13　松花江全流域及子流域在校学生数占总人口比重的十年变化　（单位:%）

年份	项目	全流域	嫩江	西流松花江	松花江干流
2000	小学	8.58	8.09	9.93	8.09
	普通中学	6.31	6.06	6.04	6.64
2005	小学	6.09	6.08	6.38	5.92
	普通中学	5.91	5.32	6.37	6.01
2010	小学	5.32	4.97	5.63	5.35
	普通中学	4.19	4.27	3.27	4.68

表2-14　松花江流域各分区在校学生数占总人口比重的十年变化　（单位:%）

年份	项目	嫩江子流域			西流松花江子流域			松花江干流子流域		
		上游	中游	下游	上游	中游	下游	上游	中游	下游
2000	小学	8.22	7.88	8.10	10.10	8.55	10.37	8.28	7.85	8.08
	普通中学	6.54	5.22	6.12	6.41	5.68	5.97	7.05	6.27	6.41
2005	小学	6.87	5.59	6.09	6.00	5.89	6.75	5.63	5.79	6.66
	普通中学	5.45	4.48	5.42	6.05	6.46	6.51	6.46	5.49	5.89
2010	小学	5.41	4.88	4.95	5.90	5.15	5.67	5.28	5.12	5.82
	普通中学	3.96	3.36	4.41	3.36	2.87	3.36	4.82	3.53	6.10

2.5　宏观经济

2.5.1　生产总值

资源富饶的东北，在计划经济时代曾风光无限，但是改革开放以来，东北的经济改革并非一帆风顺。有学者认为，东北的发展已陷入“资源的诅咒”。而东北的国有企业改革，起步晚、质量低、效果差，严重限制了东北地区的经济发展，其地区生产总值显著低于东部沿海发达地区。

从松花江流域自身来讲，2000～2010年，整体经济获得稳定发展（图2-8）。全流域地区生产总值（GDP）从2000年的5051.9亿元增加到2005年的8360.54亿元，增长了65.5%；到2010年，GDP增幅达到132.4%；其十年间的年均增长率为14.4%。同时，人均生产总值也随之增长，但增幅略小，2000～2005年增长了62.3%，2005～2010年增长了126.6%；其十年间的年均增长率为13.9%（本书中涉及的产值均以当年价计算，未扣除价格变动因素的影响，相关增长率为名义增长率，均高于实际增长率，下同）。

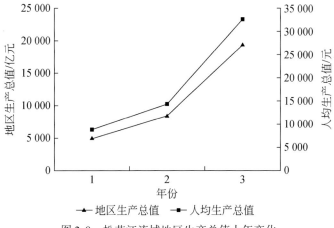

图 2-8　松花江流域地区生产总值十年变化

2000～2010 年，松花江流域地区生产总值空间分布特征及十年变化情况如图 2-9 所示。十年间全流域地区生产总值将近翻了两番，各区县的经济发展也十分显著。流域的主要经济发展模式是以大型城市市辖区为中心带动周边地区发展，其中西流松花江子流域的经济发展在全流域处于领先地位。到 2010 年，除个别地区外，流域内各县（区、旗、市）的 GDP 都超过 30 亿元，大庆、哈尔滨、吉林、长春等市中心的 GDP 更超过 1000 亿元，而以上地区均分布在三个子流域交汇的平原区。

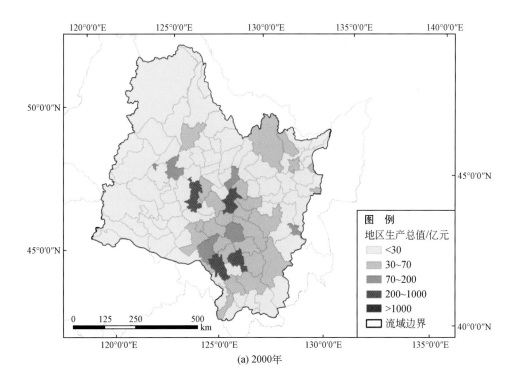

(a) 2000年

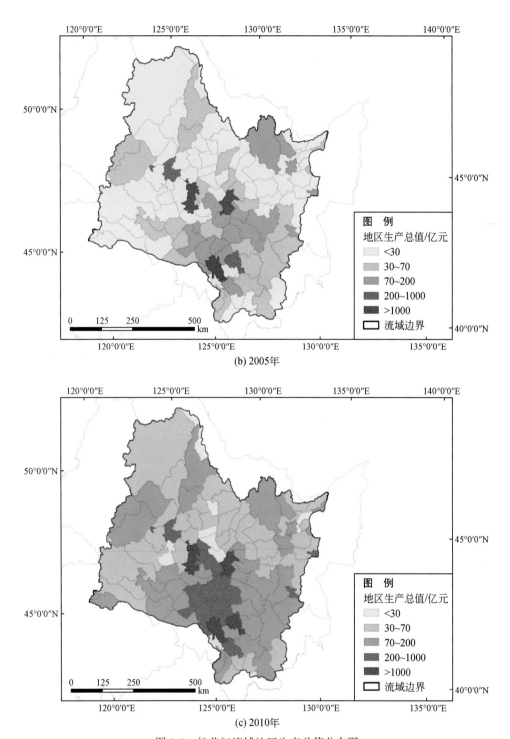

(b) 2005年

(c) 2010年

图2-9　松花江流域地区生产总值分布图

松花江流域各子流域的地区经济水平也都获得了较大发展（表 2-15）。松花江各子流域对全流域的 GDP 贡献率大体上比较均衡，但也有所差异且随时间的改变而变化。2000 ~ 2010 年嫩江子流域的 GDP 贡献率呈逐渐降低趋势，仅 2000 年高于西流松花江子流域；十年间西流松花江子流域的 GDP 在稳步升高；松花江干流子流域的 GDP 贡献率在十年间一直领先于另外两个子流域，其地区生产总值约占全流域的 38% 左右，但后五年有一定程度的降低。

表 2-15　松花江全流域及子流域地区生产总值十年变化

年份	项目	全流域	嫩江子流域	西流松花江子流域	松花江干流子流域
2000	地区生产总值/亿元	5 051.90	1 626.05	1 474.20	1 951.65
	占上级比例/%	—	32.19	29.18	38.63
2005	地区生产总值/亿元	8 360.54	2 506.51	2 611.02	3 243.01
	占上级比例/%	—	29.98	31.23	38.79
2010	地区生产总值/亿元	19 432.87	5 793.15	6 407.45	7 232.27
	占上级比例/%	—	29.81	32.97	37.22

对子流域内部各区域的经济发展进行分析发现（表 2-16），各地区的 GDP 贡献率差异显著。嫩江子流域下游地区的 GDP 贡献率超过了 90%，而其上游和下游地区的均不足 5%；西流松花江子流域下游地区的 GDP 贡献率也显著高于其他地区，其上游与中游的 GDP 贡献率基本相当；松花江干流子流域上游地区的 GDP 贡献率最大，超过了该子流域 GDP 的一半，其次是中游地区。十年间，子流域内部各区域的 GDP 贡献率均有一定幅度的变化，但变化不是十分显著。

表 2-16　松花江流域各分区地区生产总值十年变化

年份	项目	嫩江子流域			西流松花江子流域			松花江干流子流域		
		上游	中游	下游	上游	中游	下游	上游	中游	下游
2000	地区生产总值/亿元	47.32	72.61	1506.11	271.58	277.36	925.26	1036.73	554.27	360.64
	占上级比例/%	2.91	4.47	92.62	18.43	18.81	62.76	53.12	28.40	18.48
2005	地区生产总值/亿元	84.87	144.41	2277.23	444.04	463.24	1703.74	1897.69	734.07	611.25
	占上级比例/%	3.39	5.76	90.85	17.01	17.74	65.25	58.51	22.64	18.85
2010	地区生产总值/亿元	167.20	276.52	5349.43	1214.59	1351.00	3841.87	4172.11	1653.39	1406.77
	占上级比例/%	2.89	4.77	92.34	18.96	21.08	59.96	57.69	22.86	19.45

2000 ~ 2010 年，松花江流域人均生产总值空间分布特征及十年变化情况如图 2-10 所示。十年间全流域人均生产总值将近翻了两番，各区县的人均生产总值也呈迅速增加趋势，且区域间差异逐渐变小。2000 年，流域西北部和东部部分地区的人均生产总值较低；2005 年，区域间差异变小，除嫩江子流域中游东侧的部分地区人均生产总值较低，其余各地区均提高到 5000 元以上；到 2010 年，流域内大部分地区的人均生产总值在 30 000 ~ 120 000 元，而大庆市辖区最高，达到 197 428 元。

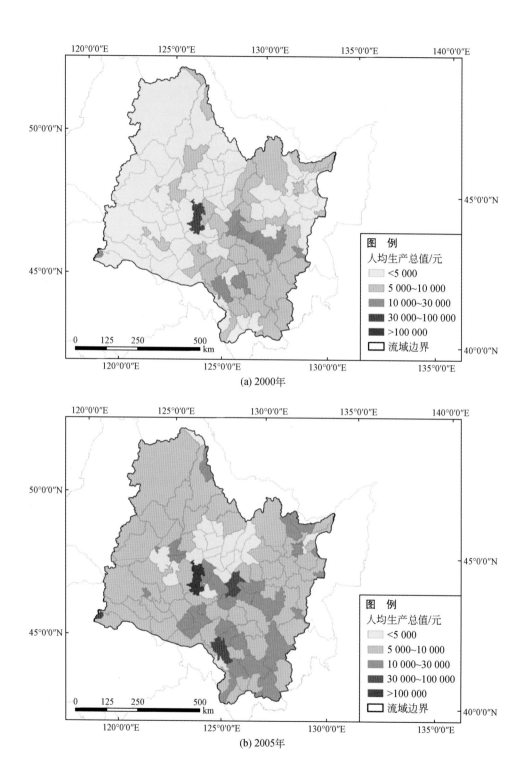

(a) 2000年

(b) 2005年

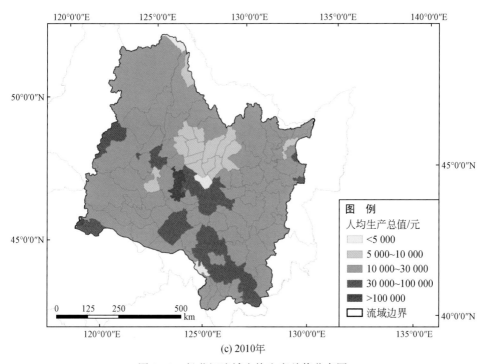

(c) 2010年

图 2-10　松花江流域人均生产总值分布图

从各子流域的人均生产总值分析，松花江流域的经济持续发展（表 2-17）。2010 年三个子流域的人均生产总值均为 2000 年的 4 倍左右。松花江干流子流域人均生产总值一直落后于其他两个子流域。2005 年以前嫩江子流域和西流松花江子流域人均生产总值基本保持一致，但 2010 年，西流松花江子流域增长较快，人均生产总值比嫩江子流域多 6000多元。

表 2-17　松花江全流域及子流域人均生产总值十年变化

年份	项目	全流域	嫩江子流域	西流松花江子流域	松花江干流子流域
2000	人均生产总值/元	8 867.76	9 994.23	9 786.41	7 613.03
	增幅/%	62.27	52.21	74.02	62.02
2005	人均生产总值/元	14 389.75	15 211.89	17 029.95	12 334.86
	增幅/%	126.57	124.73	139.59	117.57
2010	人均生产总值/元	32 602.48	34 185.01	40 802.20	26 837.35

除嫩江子流域中游区外，2005～2010 年各区域的人均生产总值增幅均显著高于 2000～2005 年，嫩江子流域下游区、西流松花江子流域上游区、松花江干流子流域中游区后五年增幅接近或超过前五年的 3 倍。对比发现，地区生产总值较高的区域，人均生产总值相对较高；但不同的是，相比地区生产总值，区域间人均生产总值的差异并不十分显著，其值

一般保持在同一个数量级（表2-18）。

表2-18 松花江流域各分区人均生产总值十年变化

年份	项目	嫩江子流域			西流松花江子流域			松花江干流子流域		
		上游	中游	下游	上游	中游	下游	上游	中游	下游
2000	人均生产总值/元	4 696.73	4 226.74	11 119.78	6 240.58	9 146.73	12 048.38	9 413.16	6 396.58	6 054.26
	增幅/%	75.99	97.61	49.25	64.95	71.94	75.17	74.39	31.21	68.69
2005	人均生产总值/元	8 265.54	8 352.58	16 595.97	10 294.13	15 726.58	21 104.64	16 416.01	8 392.88	10 212.85
	增幅%	96.13	87.09	128.09	173.90	192.26	115.26	112.63	120.89	126.64
2010	人均生产总值/元	16 211.59	15 626.98	37 853.34	28 195.40	45 963.02	45 430.25	34 905.75	18 539.16	23 146.56

2000～2010年，松花江流域单位土地面积生产总值空间分布特征及十年变化情况如图2-11所示。单位土地面积生产总值在空间上表现为城市辖区高，周边区县低；单位土地面积生产总值高的地区大多分布在中部平原区。这一点与地区生产总值的分布与变化相吻合，说明流域内各区县的单位土地面积生产总值主要取决于当地地区生产总值的大小。从时间变化上来看，流域整体单位土地面积生产总值呈上升趋势，且2005～2010年的总体上升幅度显著大于前五年。尤其在单位土地面积生产总值基底值较大的地区，上升幅度更为显著。

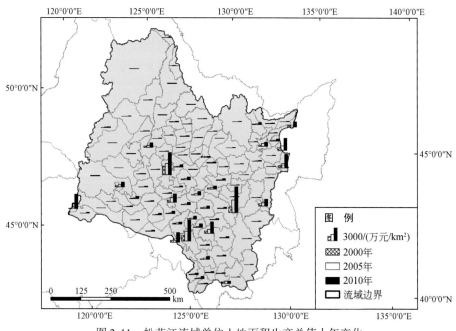

图2-11 松花江流域单位土地面积生产总值十年变化

2000～2010年，松花江流域农林牧渔总产值空间分布特征及十年变化情况如图2-12所示。流域内农林牧渔总产值表现为从外围山区向中部平原递增，松花江干流子流域的农林牧渔总产值几乎是其他两个子流域的总和。十年间，农林牧渔总产值迅速增加。2000 年流域总产值为 1 327 亿元，2005 年比 2000 年增加了 81%，2010 年在 2005 年的基础上又增加了 97%，达到 4736 亿元。值得注意的是，嫩江子流域中游的黑河、莫力达瓦达斡尔族自治旗、阿荣旗、扎兰屯市等地区的农林牧渔业发展迅猛，产值每五年翻一番；到 2010 年，由以上地区组成的条带状区域的农林牧渔总产值显著高于周边地区。

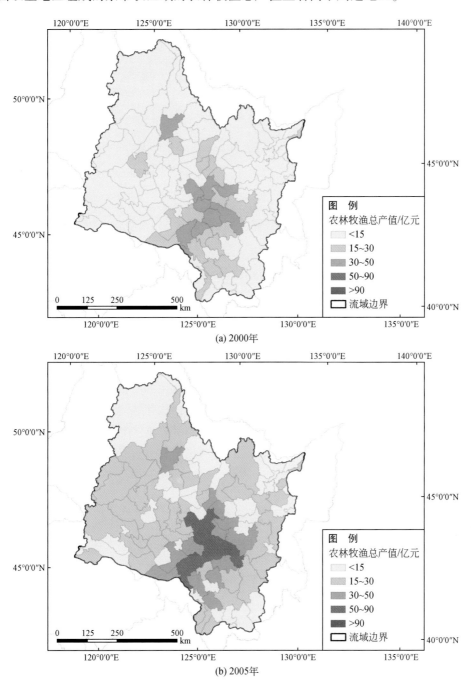

(a) 2000年

(b) 2005年

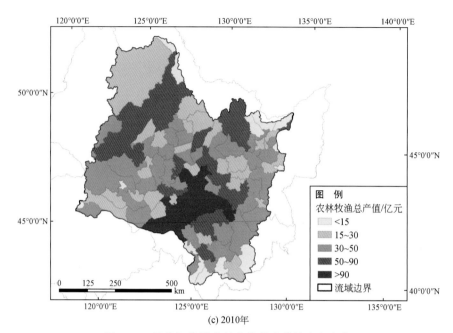

(c) 2010年

图 2-12　松花江流域农林牧渔总产值的十年变化

2.5.2　产业结构

　　松花江流域是我国重要的原材料基地和重化工基地，多年来为我国的建设和发展做出了重要贡献。但是长期以来，流域内产业结构相对比较单一，在经济转型阶段，容易出现抗风险能力和抗市场冲击能力薄弱的问题，使得区域经济面临严重的压力。

　　2000~2010 年，松花江流域三次产业产值均有一定程度的增长且后五年的增长幅度显著高于前五年（图2-13）。第二产业的增长速度是最高的，且有继续升高的趋势；第三产业的增长速度也在快速升高，而第一产业的增长速度比较稳定。总体上，松花江流域第二产业产值最高，其次为第三产业，说明松花江流域经济发展仍是主要依靠工业化生产。

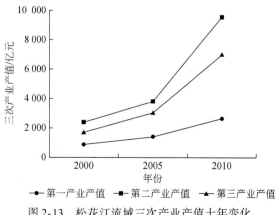

图 2-13　松花江流域三次产业产值十年变化

　　2000～2010 年，松花江流域三次产业产值分布特征及十年变化情况如图 2-14 所示。全流域第一、第二与第三产业产值高的地区均位于流域中部平原区，以城市市辖区为主。此外，流域东北部边缘地区的第一产业产值也较高。整体上，三次产业产值均呈上升趋势。其中，第一产业增长幅度稳定，且地区间差异逐渐减小；而第二、第三产业地区间差异极显著，且 2005～2010 年两者的增幅加大使得地区差异进一步扩大。

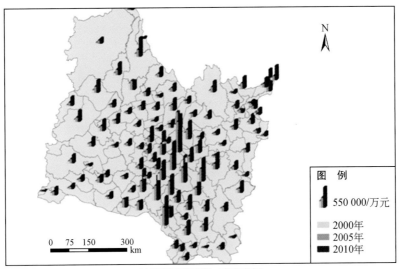

(a)松花江流域第一产业产值

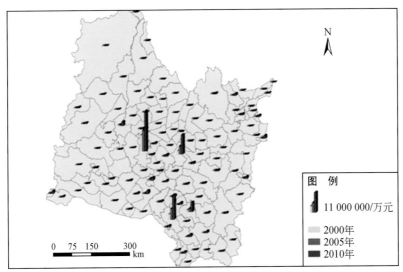

(b)松花江流域第二产业产值

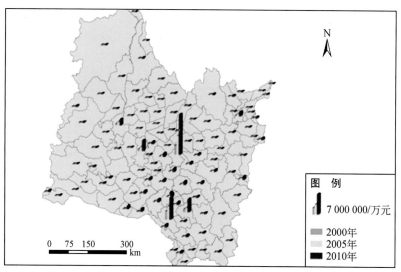

(c)松花江流域第三产业产值

图 2-14　松花江流域三次产业产值分布图

　　松花江流域三次产业结构比例由 2000 年的 1：2.78：2.00，调整为 2005 的 1：2.57：2.04，后转变为 2010 年的 1：3.60：2.65（表 2-19）。十年间，松花江流域"以工业生产为主，以服务业为辅"的产业结构得到进一步强化，后五年表现更为明显。此外，第一产业比重在逐年降低。

表 2-19　松花江流域各子流域产业结构十年变化

年份	项目	产业	全流域	嫩江子流域				西流松花江子流域				松花江干流子流域			
				全子流域	上游	中游	下游	全子流域	上游	中游	下游	全子流域	上游	中游	下游
2000	产值/亿元	第一产业	862.92	203.66	13.82	36.9	152.94	233.71	71.39	27.52	134.8	425.55	191.87	152.08	81.6
		第二产业	2402.76	1086.82	11.75	10.76	1064.31	624.17	80.18	123.84	420.15	691.77	351.33	201.91	138.53
		第三产业	1724.24	302.12	14.8	24.96	262.36	587.8	91.5	125.99	370.31	834.32	493.63	200.28	140.41
	比重/%	第一产业	17.29	12.79	6.79	18.12	75.09	16.17	30.54	11.78	57.68	21.80	45.08	35.74	19.18
		第二产业	48.15	68.24	1.08	0.99	97.93	43.18	12.85	19.84	67.31	35.45	50.78	29.19	20.03
		第三产业	34.56	18.97	4.90	8.26	86.84	40.65	15.57	21.43	63.00	42.75	59.16	24.01	16.83
2005	产值/亿元	第一产业	1428.77	361.09	31.49	67.37	262.23	364.68	110.76	42.32	211.6	703	349.64	218.05	135.31
		第二产业	3824.99	1497.87	13.73	29.96	1454.18	1223.97	147.36	223.78	852.83	1103.15	656.95	223.84	222.36
		第三产业	3034.52	585	39.65	47.08	498.27	980.4	143.96	197.14	639.3	1469.12	923.32	292.17	253.63
	比重/%	第一产业	17.24	14.77	8.72	18.66	72.62	14.20	30.37	11.60	58.03	21.46	49.73	31.02	19.25
		第二产业	46.15	61.29	0.92	2.00	97.08	47.64	12.04	18.28	69.68	33.68	59.55	20.29	20.16
		第三产业	36.61	23.94	6.78	8.05	85.17	38.16	14.68	20.11	65.21	44.86	62.85	19.89	17.26

续表

年份	项目	产业	全流域	嫩江子流域				西流松花江子流域				松花江干流子流域			
				全子流域	上游	中游	下游	全子流域	上游	中游	下游	全子流域	上游	中游	下游
2010	产值/亿元	第一产业	2649.05	733.62	76.12	116.12	541.38	605.59	195.49	82.92	327.18	1309.84	552.34	437.81	319.69
		第二产业	9539.74	3490.09	26.93	79.03	3384.13	3254.67	571.34	681.84	2001.49	2794.98	1597.9	552.01	645.07
		第三产业	7029.46	1375.98	64.15	81.37	1230.46	2486.62	387.2	586.23	1513.19	3166.86	2021.88	663.56	481.42
	比重/%	第一产业	13.78	13.10	10.38	15.83	73.79	9.54	32.28	13.69	54.03	18.01	42.17	33.42	24.41
		第二产业	49.64	62.33	0.77	2.26	96.97	51.28	17.55	20.95	61.50	38.44	57.17	19.75	23.08
		第三产业	36.58	24.57	4.66	5.91	89.43	39.18	15.57	23.58	60.85	43.55	63.85	20.95	15.20

松花江流域各子流域的产业结构变化情况较不一致（表 2-19）。嫩江子流域三次产业结构比例由 2000 年的 1：5.34：1.48，调整为 2005 的 1：4.15：1.62，后转变为 2010 年的 1：4.76：1.88。十年间，该子流域第二产业发展有所放缓，但其工业生产依然保持强有力的主导地位，同时第三产业比重有小幅增加。嫩江子流域的三次产业产值基本上均由下游地区贡献，尤其是第二产业有 97% 都集中在该区域内。西流松花江子流域三次产业结构比例由 2000 年的 1：2.67：2.52，调整为 2005 的 1：3.36：2.69，后转变为 2010 年的 1：5.37：4.10。十年间，该子流域从工业、服务业同时发展的产业结构模式转化为以工业化生产为主导的产业结构模式。此外，第一产业比重在逐年降低。西流松花江子流域下游地区是其三次产业产值的主要贡献地区，虽然十年间该区域贡献率有所降低，但依然保持 60% 的比重；同时，该子流域上游、下游地区的贡献率在稳步增加。松花江干流子流域三次产业结构比例由 2000 年的 1：1.63：1.96，调整为 2005 的 1：1.57：2.09，后转变为 2010 年的 1：2.13：2.42。与另外两个子流域不同，松花江干流子流域的产业结构始终以服务业为主导，同时其工业化生产也在稳步提高。从该子流域内部各区域看，其上游地区三次产业产值约占其全子流域三次产业产值的一半，但产业空间分配仍较另外两个区域均衡。

第3章 松花江流域生态系统类型、格局及变化

松花江流域生态系统类型主要为林地和耕地，其余依次为湿地、草地和人工表面。2000~2010年，流域生态系统变化的主要特点为湿地面积持续萎缩，耕地面积持续增加，人工表面面积持续扩张。流域内湿地—耕地相互转化、耕地—人工表面的转化较为剧烈。

3.1 数据来源及生态系统分类

3.1.1 数据来源

研究涉及大量基础地理信息数据，主要包括遥感影像数据、数字高程数据、河流水系矢量数据、区域边界矢量数据、生态系统类型的栅格数据等。

遥感影像数据是由中国科学院遥感与数字地球研究所提供的2000年、2005年和2010年三期的土地类型的栅格数据；流域数字高程栅格图由中国科学院遥感与数字地球研究所提供，分辨率为30m；流域内的行政区划边界由中国科学院遥感与数字地球研究所提供；流域和水系的边界根据水利部松辽水利委员会提供的边界数字化来获取；根据具体位置和范围对全流域的185个水文站点进行矢量化，获取流域水文站点分布的矢量文件。具体涉及的主要基础地理信息数据见表3-1。

表3-1　基础地理信息数据

数据类型	数据空间范围及分辨率	来源	年代	格式或类型
遥感影像	分辨率30m	中国科学院遥感与数字地球研究所	2000年、2005年、2010年	TIFF
数字高程	流域全部区域，分辨率为30m	中国科学院遥感与数字地球研究所	—	栅格
区域边界	行政区划、流域和水系边界	中国科学院遥感与数字地球研究所	—	SHP
河流水系	解译到3级支流和所有水库	遥感图像解译	2000年、2005年、2010年	SHP
生态系统类型	6大类38小类	遥感图像解译	2000年、2005年、2010年	栅格

3.1.2　生态系统分类

根据联合国政府间气候变化专门委员会（IPCC）的土地覆被类型划分，将流域生态系统划分为 6 大类型，38 小类（表 3-2）。6 大类型具体包括：①林地，郁闭度高于 20%，高度在 0.3m 以上的自然或人工的木本植被。②耕地，人工种植草本植物，1 年内至少播种一次，以收获为目的、有耕犁活动的植被覆盖表面，其包括水田和旱地。③湿地，一年中水面覆盖在植被区超过 2 个月或长期在饱和水状态下、在非植被区超过 1 个月的表面。④草地，指一年或多年生的草本植被为主的植物群落。⑤人工表面，人工建造的陆地表面，用于城乡居民点、工矿、交通等，不包括期间的水面和植被。⑥其他，一年最大植被覆盖度小于 20% 的地表、冰雪（IPCC，2000；IPOC，2006）。

表 3-2　生态系统分类及其含义

类型		含义	定量指标
一级	二级		
林地	常绿阔叶林	双子叶、被子植被的乔木林，叶型扁平、较宽；一年没有落叶或少量落叶时期的物候特征；乔木林中阔叶占乔木比例大于 75%；包括半自然植被	自然或半自然植被，$H=3\sim30m$，$C>20\%$，不落叶，阔叶
	落叶阔叶林	双子叶、被子植被的乔木林，叶型扁平、较宽；一年中因气候不适应、有明显落叶时期的物候特征；乔木林中阔叶占乔木比例大于 75%；包括半自然植被	自然或半自然植被，$H=3\sim30m$，$C>20\%$，落叶，阔叶
	常绿针叶林	裸子植物的乔木林，具有典型的针状叶；一年没有落叶或少量落叶时期的物候特征；乔木林中针叶占乔木比例大于 75%；包括半自然植被	自然或半自然植被，$H=3\sim30m$，$C>20\%$，不落叶，针叶
	落叶针叶林	裸子植物的乔木，具有典型的针状叶；一年中因气候不适应、有明显落叶时期的物候特征；乔木林中针叶占乔木比例大于 75%；包括半自然植被	自然或半自然植被，$H=3\sim30m$，$C>20\%$，落叶，针叶
	针阔混交林	针叶林与阔叶林各自的比例分别在 25%～75%；包括半自然植被	自然或半自然植被，$H=3\sim30m$，$C>20\%$，$25\%<F<75\%$
	常绿阔叶灌木林	叶面保持绿色的被子灌木群落。具有持久稳固的木本茎干，没有可确定的主干；该植被可以恢复到与达到其非干扰状态的物种组成、环境和生态过程无法辨别的程度；包括半自然植被	自然或半自然植被，$H=0.3\sim5m$，$C>20\%$，不落叶，阔叶
	落叶阔叶灌木林	叶面有落叶特征的被子灌木群落；一年中因气候不适应、有明显落叶时期的物候特征；包括半自然植被	自然或半自然植被，$H=0.3\sim5m$，$C>20\%$，落叶，阔叶

类型		含义	定量指标
一级	二级		
林地	常绿针叶灌木林	叶面保持绿色的裸子灌木群落；具有典型的针状叶，包括半自然植被	自然或半自然植被，$H = 0.3 \sim 5m$，$C>20\%$，不落叶，针叶
	乔木园地	种植集约经营的多年乔木植被的土地；包括茶园、桑树、橡胶、乔木苗圃等园地	人工植被，$H = 3 \sim 30m$，$C>20\%$
	灌木园地	种植集约经营的多年生灌木、木质藤本植被的土地；包括茶园、灌木苗圃、葡萄园等	人工植被，$H=0.3 \sim 5m$，$C>20\%$
	乔木绿地	分布居住区内的人工栽培的乔木林，包括郊外人工栽培的休闲地，不包括城镇内自然形成的、人为扰动少的乔木林	人工植被，人工表面周围，$H = 3 \sim 30m$，$C>20\%$
	灌木绿地	分布居住区内的人工栽培的灌木林、乔木与草地混合绿地，包括郊外人工栽培的休闲地，不包括城镇内自然形成的、人为扰动少的灌木林	人工植被，人工表面周围，$H = 0.3 \sim 5m$，$C>20\%$
草地	草甸	生长在低温、中度湿润条件下的多年生草本植被，中生植物，也包括旱中生植物，属非地带性植被	自然或半自然植被，$K>1.5$，土壤水饱和，$H = 0.03 \sim 3m$，$C>20\%$
	草原	温带半干旱气候下的有旱生草本植物组成的植被，植被类型单一；属地带性植被，分布于我国北方、青藏高原地区	自然或半自然植被，$K = 0.9 \sim 1.5$，$H = 0.03 \sim 3m$，$C>20\%$
	草丛	中生和旱生中生多年草本植物群落；属地带性植被，分布于我国东部、南方地区	自然或半自然植被，$K>1.5$，$H = 0.03 \sim 3m$，$C>20\%$
	草本绿地	居住区内的人工栽培的草地，包括郊外人工栽培的休闲地、运动场地	人工植被，人工表面周围，$H = 0.03 \sim 3m$，$C>20\%$
湿地	森林湿地	乔木植物为主的湿地；植被郁闭度不低于20%	自然或半自然植被，$T>2$ 或湿土，$H = 3 \sim 30m$，$C>20\%$
	灌丛湿地	灌木植物为主的湿地；植被郁闭度不低于20%	自然或半自然植被，$T>2$ 或湿土，$H=0.3 \sim 5m$，$C>20\%$
	草本湿地	以喜湿苔草及禾本科植物占优势，多年生植物；植被郁闭度不低于20%	自然或半自然植被，$T>2$ 或湿土，$H = 0.03 \sim 3m$，$C>20\%$
	湖泊	湖泊等相对静止的水体	自然水面，静止
	水库/坑塘	人工建造的静止水体，包括鱼塘、盐场	人工水面，静止
	河流	天然河流、溪流和人工运河等流动水体	自然水面，流动
	运河/水渠	人工建造的线性的水面	人工水面，流动
耕地	水田	有水源保证和灌溉设施，筑有田埂（坎），可以蓄水，一般年份能正常灌溉，用以种植水稻或水生作物的耕地；包括莲藕田等	人工植被，土地扰动，水生作物，收割过程

续表

类型		含义	定量指标
一级	二级		
湿地	旱地	一年内至少种植一次旱季作物的耕地，包括有固定灌溉设施与灌溉设施的耕地；包括草皮地、菜地、药材、草本果园等，也包括人工种植和经营的饲料、草皮等草地，不包括草原上的割草地	人工植被，土地扰动，旱生作物，收割过程
人工表面	居住地	城市、镇村等聚居区；绿化面积小于50%	人工硬表面，居住建筑
	工业用地	独立于城镇居住外的、或主体为工业、采矿和服务功能的区域，包括独立工厂、大型工业园区、服务设施	人工硬表面，生产建筑
	交通用地	各种交通道路、通信设施、管道，不包括护路林及其附属设施、车站、民用机场用地	人工硬表面，线状特征
	采矿场	土地覆被、岩石或土质的物质被人类的活动或机械被搬离后的状态，包括采石、河流采沙、采矿、采油等用地	人工挖掘表面
其他	稀疏林	植被覆盖度为4%～20%林地，其中灌木、草地的覆盖度分别小于20%	自然或半自然植被，$H=3\sim30m$，$C=4\%\sim20\%$
	稀疏灌木林	植被覆盖度为4%～20%灌木林，其中草地的覆盖度小于20%	自然或半自然植被，$H=0.3\sim5m$，$C=4\%\sim20\%$
	稀疏草地	植被覆盖度为4%～20%草地；包括干旱区一年中曾经返青过、后来又枯死的草地	自然或半自然植被，$H=0.03\sim3m$，$C=4\%\sim20\%$
	苔藓/地衣	地衣是真菌类和藻类的联合共生形成的复合生物体；苔藓是一类没有真正的叶、茎或根的光合自养的陆地植物，但有类茎和类叶的器官；覆盖度均大于25%	自然，微生物覆盖
	裸岩	地表覆盖为硬质岩石、砾石覆盖的表面（以铁锹不能撬动为准），植被覆盖度小于4%的土地，包括废弃的采石、采矿场	自然，坚硬表面
	裸土	地表被土层覆盖，结构松散，植被覆盖度小于4%的土地，土壤允许一定量的沙粒、砾石成分，大部分戈壁属于该类	自然，松散表面，壤质
	沙漠/沙地	地面完全被松散沙粒所覆盖，植被覆盖度小于4%的土地	自然，松散表面，沙质
	盐碱地	地表盐碱聚集，植被覆盖度小于4%，只能生长强耐盐植物的土地	自然，松散表面，高盐分
	冰川/永久积雪	表层由冰、雪永久覆盖，植被覆盖度小于4%的土地	自然，水的固态

注：H代表植被高度（m）；C代表覆盖度/郁闭度（%）；F代表针阔叶比率（%）；K代表湿润指数；T代表一年水覆盖时间（月）。

3.2 流域生态系统构成及变化

3.2.1 全流域生态系统构成及变化

松花江流域内一级生态系统类型主要可分为耕地、林地、湿地、草地、人工表面和其他类型。流域内生态系统类型具有明显的空间特征，流域西部为大兴安岭、北部为小兴安岭、东部和东南部为完达山脉和长白山脉，生态系统类型以林地为主。西南部主要是丘陵地带，以草地和耕地为主。流域的中部及东北部是广大的平原区，是流域内的主要农业区，以耕地为主。人工表面较集中的地区主要以大中型城市为中心，呈点状聚集分布，而农村人工表面则多在平原区，呈零散分布，如图 3-1 所示。

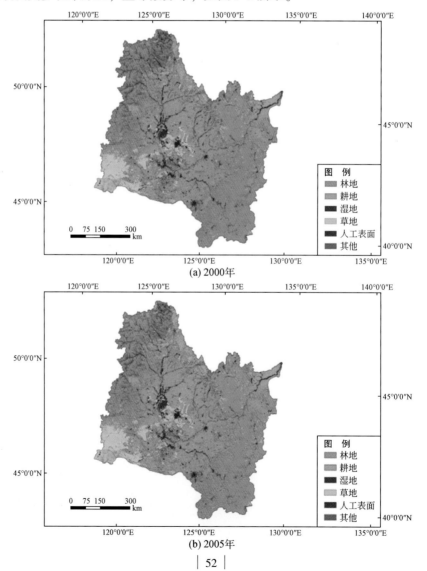

(a) 2000年

(b) 2005年

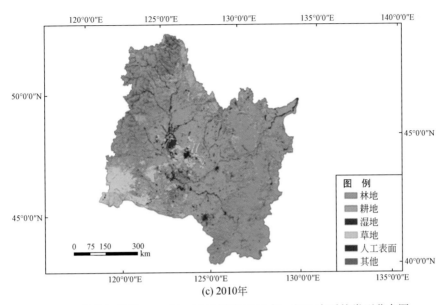

(c) 2010年

图3-1　松花江流域2000年、2005年和2010年一级生态系统类型分布图

松花江流域2000年一级生态系统构成比例为40.13%、41.35%、7.64%、7.15%、2.77%和0.96%（林地、耕地、湿地、草地、人工表面、其他）。2005年一级生态系统类型构成中，耕地面积和林地面积最为广大，分别占流域生态系统总面积的41.38%和40.17%，剩下依次为湿地（7.43%）、草地（7.16%）、人工表面（2.88%）和其他类型（0.97%）。2010年松花江流域一级生态系统构成中，面积比例最大的为耕地和林地，占流域总生态系统类型面积的比例基本不变，湿地持续减少，人工表面持续增加，其占总生态系统类型面积的比例分别为7.30%和2.99%（表3-3）。

表3-3　松花江流域一级土地类型构成特征

年份	统计参数	林地	耕地	湿地	草地	人工表面	其他
2000	面积/km²	223 135.5	229 882.7	42 502.6	39 774.1	15 394.1	5 307.4
	比例/%	40.13	41.35	7.64	7.15	2.77	0.96
2005	面积/km²	223 348.3	230 078.6	41 323.0	39 836.1	16 031.4	5 379.0
	比例/%	40.17	41.38	7.43	7.16	2.88	0.98
2010	面积/km²	223 333.3	230 953.4	40 572.0	39 527.3	16 614.6	4 995.9
	比例/%	40.17	41.54	7.30	7.11	2.99	0.89

十年间，流域一级生态系统类型变化的主要特点为湿地面积持续萎缩，耕地面积扩张，人工表面面积持续增加，林地面积稳中略升。对比前后五年，后五年耕地面积增加明显且草地面积出现下降，人工表面增加的速率与前五年基本持平。具体表现为，2000~2005年，除湿地面积呈下降0.21%，人工表面面积比例增加0.11%外，其他生态系统类型类型面积变化不明显。2005~2010年，湿地继续保持了萎缩的态势，与2005年相比，

2010 年的湿地下降了 0.13%；人工表面的面积持续增加，在 2005 年的基础上又增加了 0.11%；而耕地面积增加了 0.16%，林地的面积基本保持不变（图 3-2）。

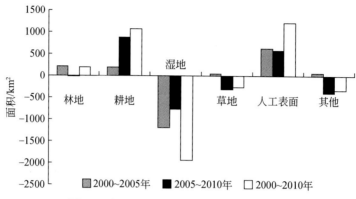

图 3-2　松花江流域生态系统类型面积变化

生态系统分类系统中包括 38 种二级生态系统类型，松花江流域分布有 33 种（图3-3）。二级生态系统类型中，旱地是主要的生态系统类型，其面积比例占流域总面积的 37% 左右，主要分布在流域中部和松花江干流入河口处。第二大二级生态系统类型为落叶阔叶林，其面积比例占流域总面积的 28% 左右，主要分布在流域外围区域的山区。

从松花江流域二级土地类型面积变化可以看出（表 3-4），湿地面积的萎缩主要是草本湿地的面积显著减少引起的，同时森林和灌丛湿地的面积也稍有减少；耕地面积的变化表现为旱田的面积持续增加，而水田的面积稍有减少；人工表面的增加主要来自居住用地和交通用地的持续增加；而林地面积的变化较小，说明林地面积相对稳定。

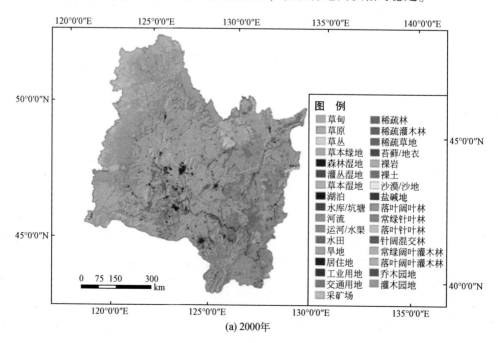

(a) 2000年

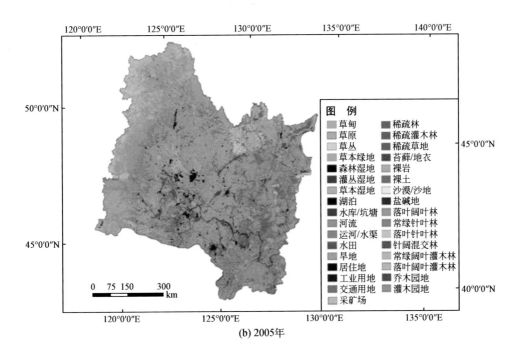

(b) 2005年

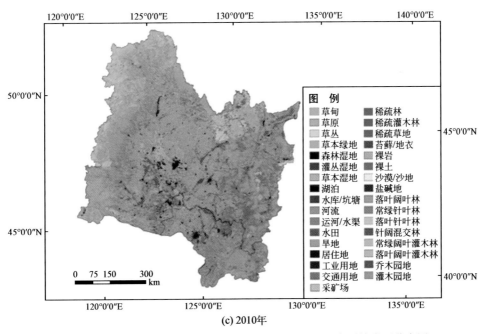

(c) 2010年

图 3-3　松花江流域 2000 年、2005 年和 2010 年二级生态系统类型分布图

表 3-4　松花江流域二级土地类型构成特征

类型	2000 年		2005 年		2010 年	
	面积/km²	比例/%	面积/km²	比例/%	面积/km²	比例/%
草甸	8 005.0	1.45	7 886.2	1.41	7 780.2	1.41
草原	31 660.8	5.69	31 842.9	5.73	31 638.5	5.69
草丛	93.6	0.02	91.4	0.02	92.3	0.02
草本绿地	14.7	0.00	15.7	0.00	16.1	0.00
森林湿地	140.9	0.03	139.5	0.03	124.9	0.02
灌丛湿地	1 176.3	0.21	1 169.2	0.21	1 136.7	0.20
草本湿地	31 992.4	5.75	30 757.4	5.53	30 078.6	5.41
湖泊	4 694.5	0.84	4 749.6	0.85	4 603.5	0.83
水库/坑塘	986.8	0.18	1 013.9	0.18	1 128.4	0.20
河流	3 455.0	0.62	3 438.5	0.62	3 452.3	0.62
运河/水渠	56.7	0.01	54.9	0.01	47.6	0.01
水田	25 809.1	4.64	25 490.8	4.58	25 195.0	4.53
旱地	204 073.6	36.70	204 587.8	36.80	205 758.4	37.01
居住地	14 120.7	2.54	14 665.8	2.64	15 131.4	2.72
工业用地	113.3	0.02	117.9	0.02	120.3	0.02
交通用地	1 153.0	0.21	1 240.6	0.22	1 355.6	0.24
采矿场	7.1	0.00	7.1	0.00	7.4	0.00
稀疏林	48.8	0.01	48.8	0.01	53.7	0.01
稀疏灌木林	9.3	0.00	9.2	0.00	14.5	0.00
稀疏草地	45.1	0.01	50.7	0.01	28.9	0.01
苔藓/地衣	202.4	0.04	197.1	0.04	197.3	0.04
裸岩	56.1	0.01	58.5	0.01	59.9	0.01
裸土	158.9	0.03	200.5	0.04	145.9	0.03
沙漠/沙地	258.0	0.05	209.5	0.04	194.0	0.03
盐碱地	4 528.8	0.81	4 604.8	0.83	4 301.7	0.77
落叶阔叶林	157 302.9	28.29	157 536.2	28.33	157 329.9	28.30
常绿针叶林	5 099.0	0.92	5 101.9	0.92	5 098.2	0.92
落叶针叶林	31 354.4	5.64	31 370.7	5.64	31 402.4	5.65
针阔混交林	25 609.0	4.61	25 549.2	4.60	25 572.3	4.60
常绿阔叶灌木林	10.4	0.00	10.3	0.00	10.2	0.00
落叶阔叶灌木林	3 738.2	0.67	3 765.5	0.68	3 907.1	0.70
乔木园地	19.1	0.00	12.1	0.00	11.0	0.00
乔木绿地	2.4	0.00	2.4	0.00	2.2	0.00

3.2.2 子流域生态系统构成及变化

3.2.2.1 嫩江子流域

嫩江子流域可以分为山地区和平原区两部分。流域内林地主要分布在大兴安岭和小兴安岭等山区，平原地区很少，而耕地主要分布在广大的平原地区。草地主要分布在西南部的内蒙古地区。嫩江支流众多，海拔较低的平原地区有滩涂、沼泽和湿地呈聚集状分布（图3-4）。

分析嫩江子流域 2000～2010 年一级生态系统类型变化可知（表3-5），耕地和林地仍是主要的生态系统类型，分别约占流域面积的 38% 和 35%，湿地面积和草地面积分别约占 11% 和 12%，人工表面和其他生态系统类型面积分别约占 2% 和 1.5%。从面积的变化来看，2000～2005 年，湿地面积减少了 973 km²。2005～2010 年，又减少了546 km²。林地和草地的面积在前五年基本没有变化，在 2005～2010 年，二者分别减少了 136 和 283 km²。耕地和人工表面的面积十年间呈增加的趋势。与 2000 年相比，2010年耕地面积增加了 1687 km²，人工表面增加了 444 km²。从变化率来看，人工表面的变化最为显著，与 2000 年相比，2010 年人工表面的面积增加了 7.38%；其次是湿地，其面积减少了 4.73%。

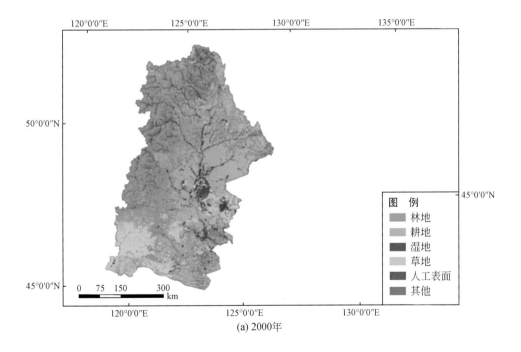

(a) 2000年

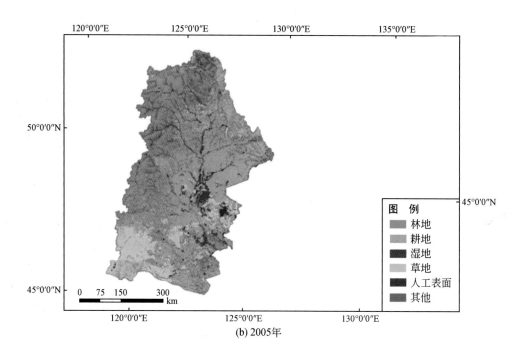

(b) 2005年

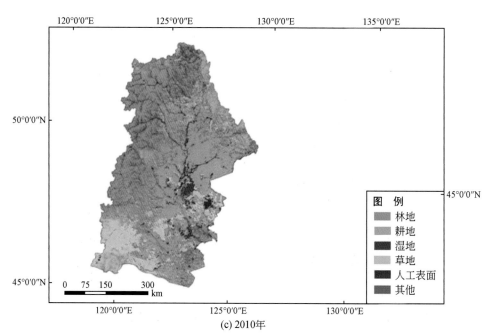

(c) 2010年

图3-4 嫩江子流域2000年、2005年和2010年一级生态系统类型分布图

表 3-5　嫩江子流域一级生态系统类型构成特征

年份	统计参数	林地	耕地	湿地	草地	人工表面	其他
2000	面积/km²	99 303.3	106 925.1	31 331.4	34 931.2	6 017.5	4 229.5
	比例/%	35.12	37.82	11.08	12.35	2.13	1.50
2005	面积/km²	99 327.4	107 437.5	30 394.2	34 944.7	6 289.2	4 344.9
	比例/%	35.13	38.00	10.75	12.36	2.22	1.54
2010	面积/km²	99 191.1	108 512.4	29 848.2	34 661.3	6 461.6	4 063.3
	比例/%	35.08	38.37	10.56	12.26	2.29	1.44

　　嫩江子流域二级生态系统类型中（图 3-5），旱地是主要的生态系统类型，其面积比例占子流域总面积的 35% 左右，主要分布在东部、南部和中部的平原区。第二大二级生态系统类型为落叶阔叶林，其面积比例占流域总面积的 25% 左右，主要分布在北部和西部山区。草原也是该子流域面积较大的生态系统类型，子流域的西南部是草原集中区分布区，南部平原区也有草原的零星分布区域。子流域中心区分布大量的草本湿地。

　　从嫩江子流域二级生态系统类型面积变化可以看出（表 3-6），松花江流域草地面积在 2005～2010 年略有减少主要是草甸和草原面积下降；湿地面积的萎缩主要是草本湿地的面积显著减少，河流的面积稍有减少；耕地面积的变化表现为旱田的面积持续增加，而水田的面积持续减少，且旱田增加的速率显著高于水田面积减少的速率；人工表面的增加主要来自居住用地和交通用地的持续增加，工业用地的面积几乎没有变化；林地面积表现稳定，变化不大。

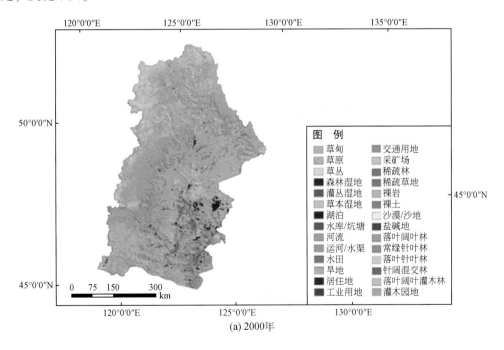

(a) 2000 年

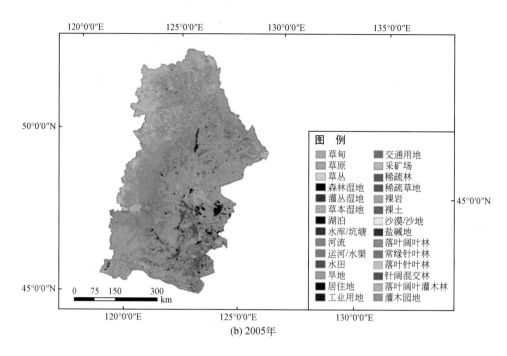

(b) 2005年

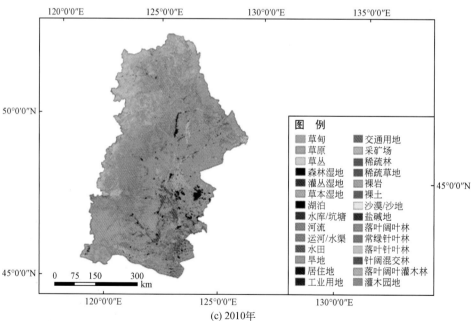

(c) 2010年

图 3-5　嫩江子流域2000 年、2005 年和2010 年二级生态系统类型分布图

表 3-6　嫩江子流域二级生态系统类型构成特征

类型	2000 年		2005 年		2010 年	
	面积/km²	比例/%	面积/km²	比例/%	面积/km²	比例/%
草甸	6 733.0	2.38	6 597.7	2.34	6 493.8	2.31
草原	28 195.3	9.97	28 344.1	10.03	28 164.7	9.97
草丛	2.8	0.00	2.8	0.00	2.8	0.00
森林湿地	98.5	0.03	96.4	0.03	98.8	0.03
灌丛湿地	969.6	0.34	958.2	0.34	973.2	0.34
草本湿地	25 215.7	8.92	24 209.2	8.57	23 717.4	8.39
湖泊	3 386.5	1.20	3 443.5	1.22	3 330.8	1.18
水库/坑塘	417.0	0.15	432.7	0.15	517.7	0.18
河流	1 203.1	0.43	1 215.4	0.43	1 169.4	0.41
运河/水渠	40.9	0.01	38.9	0.01	41.0	0.01
水田	7 487.2	2.65	7 375.7	2.61	7 271.9	2.57
旱地	99 437.9	35.17	100 061.8	35.40	101 240.5	35.81
居住地	5 386.3	1.91	5 606.8	1.98	5 723.7	2.02
工业用地	105.6	0.04	106.2	0.04	107.0	0.04
交通用地	525.3	0.19	575.9	0.20	630.4	0.22
采矿场	0.3	0.00	0.3	0.00	0.5	0.00
稀疏林	48.8	0.02	48.8	0.02	53.7	0.02
稀疏灌木林	—	—	—	—	5.3	0.00
稀疏草地	22.6	0.01	26.6	0.01	6.5	0.00
裸岩	12.0	0.00	13.6	0.00	15.0	0.01
裸土	72.3	0.03	113.1	0.04	59.7	0.02
沙漠/沙地	203.9	0.07	170.9	0.06	163.9	0.06
盐碱地	3 869.8	1.37	3 972.0	1.40	3 759.1	1.33
落叶阔叶林	75 075.1	26.55	75 215.5	26.60	75 002.1	26.53
常绿针叶林	353.0	0.12	349.4	0.12	351.7	0.12
落叶针叶林	20 504.8	7.25	20 510.1	7.25	20 503.8	7.25
针阔混交林	1 331.7	0.47	1 331.6	0.47	1 333.3	0.47
落叶阔叶灌木林	2 036.4	0.72	1 918.5	0.68	1 998.0	0.71
乔木绿地	2.2	0.00	2.2	0.00	2.2	0.00

3.2.2.2 西流松花江子流域

西流松花江子流域的东部地区主要分布有林地，流域中段的丘陵地带主要为林地与耕地相间分布。人工表面在长春、吉林等大城市呈聚集分布。草地主要分布在西部的长岭县、德惠市、农安县、乾安县和扶余县境内。整体上，流域十年间表现为人工表面面积显著增加，湿地面积略有增加，而耕地和草地面积略有减少（图3-6）。

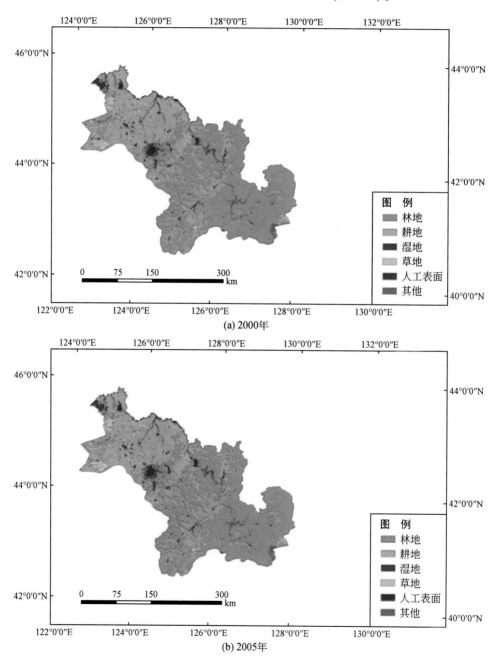

(a) 2000年

(b) 2005年

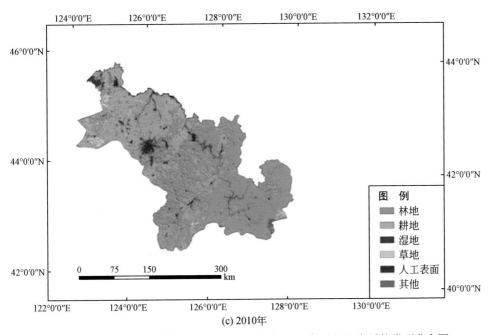

图 3-6　西流松花江子流域 2000 年、2005 年和 2010 年一级生态系统类型分布图

分析西流松花江子流域 2000 ~ 2010 年一级生态系统类型变化可知（表 3-7），在西流松花江子流域，耕地面积所占比例最大，达 46% 左右，流域内超过 43% 的面积的生态系统类型为林地，人工表面和湿地面积约占 5% 和 3%，草地和其他类型的面积之和仅占 2%。从面积的变化来看，林地的面积在十年间基本保持不变。耕地的面积略有减少，十年间减少 241.3 km²；湿地和人工表面的面积持续增加，分别增加了 32.4 km² 和 344.4 km²。从变化率来看，其他类型用地和人工表面面积的变化最为显著，与 2000 年相比，2010 年其他类型用地面积减少了 13.18%，人工表面的面积增加了 9.49%，湿地面积增加 1.28%，而草地面积减少 2.91%，耕地面积减少 0.66%。

表 3-7　西流松花江子流域一级生态系统类型构成特征

年份	统计参数	林地	耕地	湿地	草地	人工表面	其他
2000	面积/km²	34 361.4	36 778.3	2 521.6	1 142.9	3 629.0	663.9
	比例/%	43.44	46.50	3.19	1.44	4.59	0.84
2005	面积/km²	34 330.6	36 669.9	2 525.7	1 143.4	3 785.0	642.6
	比例/%	43.40	46.36	3.19	1.45	4.79	0.81
2010	面积/km²	34 346.6	36 537.0	25 54.0	1 109.7	3 973.4	576.4
	比例/%	43.43	46.19	3.23	1.40	5.02	0.73

西流松花江子流域二级生态系统类型中（图 3-7），旱地和水田面积的比例占子流域总面积近一半。下游平原区少有林地分布，绝大部分分布为耕地，子流域中间部分呈现水

田、旱地和落叶阔叶林交织分布的状态，而作为松花江南源的上游区也有旱地零星分布于落叶阔叶林中。另外，该子流域中下游区，聚集分布大量居住用地。

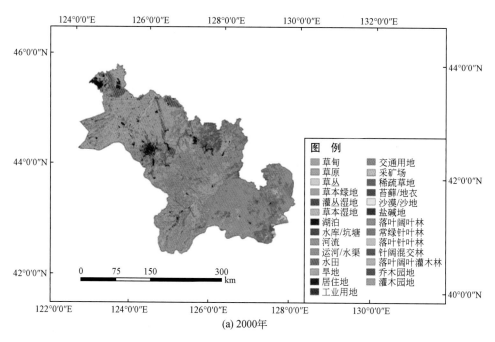

(a) 2000年

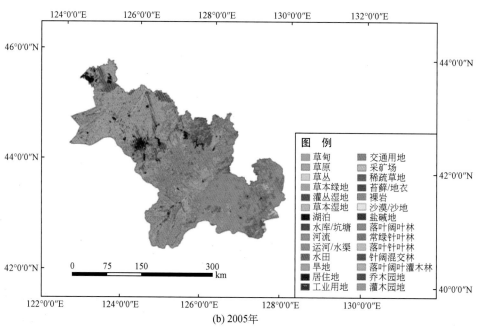

(b) 2005年

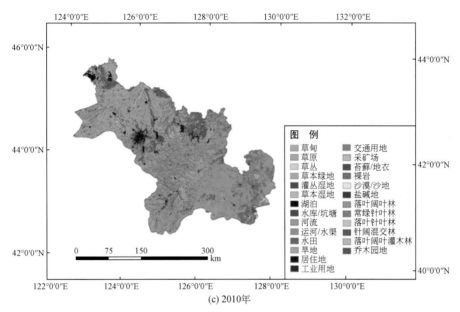

(c) 2010年

图 3-7　西流松花江子流域 2000 年、2005 年和 2010 年二级生态系统类型分布图

从西流松花江子流域二级生态系统类型变化可以看出（表 3-8），该流域草地面积的变化主要来源于草原面积的减少；除河流和运河/水渠面积略有下降外，其他类型的湿地面积均呈增加的趋势；耕地面积的变化表现为旱地面积的先减少后增加，而水田的面积持续减少，且水田面积的减少量大于旱田面积的增加量；人工表面的二级生态系统类型变化中，居住地增加最大，增加了 306 km²，工业用地和交通用地面积持续增加，分别增加了 68% 和 16%。其他用地类型中，盐碱地减少了 79.7 km²；林地的面积变化不大。

表 3-8　西流松花江子流域二级生态系统类型构成特征

类型	2000 年		2005 年		2010 年	
	面积/km²	比例/%	面积/km²	比例/%	面积/km²	比例/%
草甸	0.5	0.00	2.2	0.00	2.6	0.00
草原	1 037.9	1.30	1 037.5	1.31	1 002.2	1.28
草丛	89.8	0.11	87.9	0.11	88.8	0.12
草本绿地	14.7	0.02	15.7	0.02	16.1	0.02
灌丛湿地	13.8	0.02	14.0	0.02	15.3	0.02
草本湿地	666.2	0.84	667.3	0.84	706.2	0.89
湖泊	876.0	1.11	888.8	1.12	850.3	1.07
水库/坑塘	232.2	0.29	264.0	0.33	278.8	0.35
河流	733.0	0.93	691.6	0.87	703.3	0.89
运河/水渠	0.3	0.00	0.1	0.00	0.1	0.00
水田	5 582.3	7.06	5 493.4	6.95	5 248.1	6.63
旱地	31 196.1	39.44	31 176.5	39.42	31 288.9	39.56
居住地	3 406.8	4.31	3 550.0	4.49	3 712.8	4.69

续表

类型	2000 年		2005 年		2010 年	
	面积/km²	比例/%	面积/km²	比例/%	面积/km²	比例/%
工业用地	5.9	0.01	9.7	0.01	9.9	0.01
交通用地	214.0	0.27	223.0	0.28	248.4	0.31
采矿场	2.3	0.00	2.3	0.00	2.4	0.00
稀疏草地	—	—	1.7	0.00	—	—
苔藓/地衣	201.9	0.26	196.7	0.25	196.9	0.25
裸岩	44.1	0.06	45.0	0.06	44.8	0.06
沙漠/沙地	17.6	0.02	13.6	0.02	14.2	0.02
盐碱地	400.2	0.51	385.6	0.49	320.5	0.41
落叶阔叶林	25 790.4	32.61	25 789.0	32.60	25 802.3	32.62
常绿针叶林	1 713.4	2.17	1 717.6	2.17	1 718.6	2.17
落叶针叶林	573.2	0.72	568.4	0.72	569.8	0.72
针阔混交林	4 937.9	6.24	4 917.4	6.22	4 917.4	6.22
落叶阔叶灌木林	1 327.3	1.68	1 326.0	1.68	1 327.6	1.68
乔木园地	19.1	0.02	12.1	0.02	11.0	0.01
乔木绿地	0.1	0.00	0.2	0.00	—	—

3.2.2.3　松花江干流子流域

从松花江干流子流域生态系统类型的空间分布来看，西部平原区和东北部及干流水系的两侧分布为耕地，中部地区呈蝶状分布为林地。大面积的人工表面的聚集区主要分布在干流的上游平原区域。总体上，在十年间，该子流域表现为：林地、草地和人工表面的面积增加，而耕地、湿地和其他类型用地的面积减少（图3-8）。

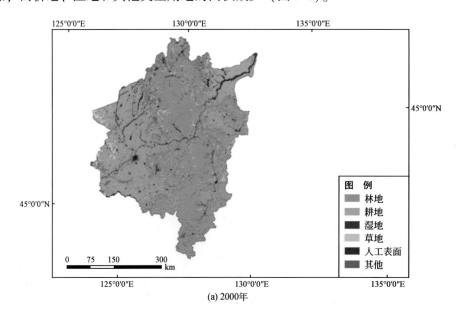

(a) 2000年

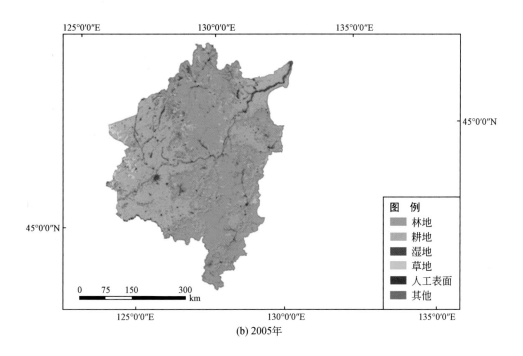

(b) 2005年

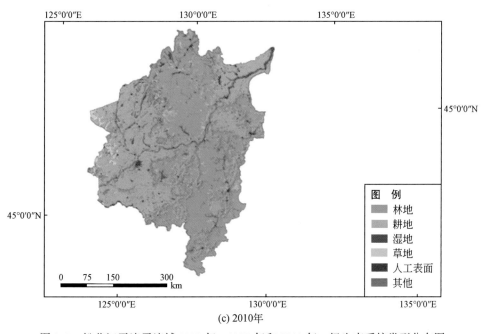

(c) 2010年

图 3-8　松花江干流子流域 2000 年、2005 年和 2010 年一级生态系统类型分布图

从生态系统类型的组成来看，松花江干流子流域的主要一级生态系统类型仍为林地和耕地，耕地和林地的总面积超过全流域面积的90%，湿地面积约占4%，人工表面面积占整个流域的3%左右。从面积的变化量来看，人工表面的面积持续增加，10年增加了432 km^2；而湿地的面积持续下降，10年减少了480.1 km^2；耕地的面积持续小幅下降，10年减少了274.8 km^2；草地的面积增加了56.2 km^2。从变化率来看，与2000年相比，由于该子流域部分河流、湖泊、滩地、沼泽等湿地退化消失，2010年湿地面积减少了5.55%；人工表面的面积增加了7.51%，草地面积增加了1.52%（表3-9）。

表3-9　松花江干流子流域一级生态系统类型构成特征

年份	统计参数	林地	耕地	湿地	草地	人工表面	其他
2000	面积/km^2	89 398.3	86 162.3	8 647.6	3 699.5	5 746.3	413.6
	比例/%	46.06	44.40	4.46	1.91	2.96	0.21
2005	面积/km^2	89 617.7	85 954.5	8 400.9	3 747.5	5 955.7	391.2
	比例/%	46.18	44.29	4.33	1.93	3.07	0.20
2010	面积/km^2	89 723.1	85 887.5	8 167.5	3 755.7	6 178.0	355.8
	比例/%	46.23	44.26	4.21	1.94	3.18	0.18

松花江干流子流域二级生态系统类型中（图3-9），旱地和水田分布在子流域西南部和东北部入河口处，面积比例约占子流域总面积的43%，且水田在平原区沿主要水系分布均匀。子流域中部分布的落叶阔叶林和针阔混交林被耕地分隔为多个林地分布区。

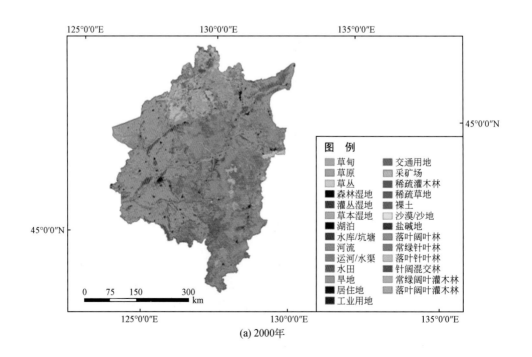

(a) 2000年

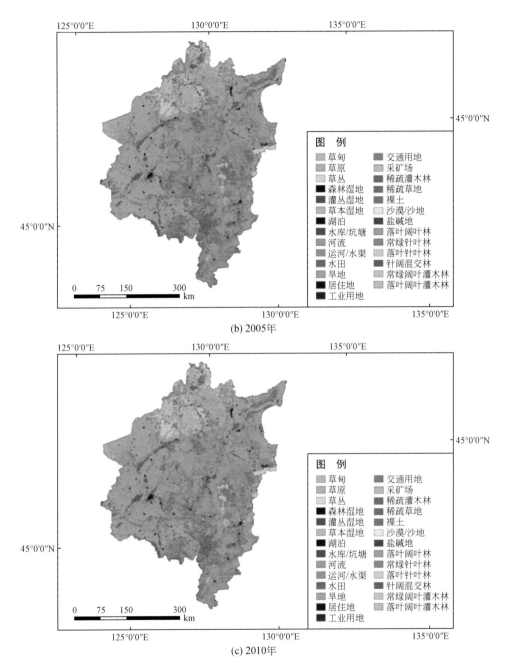

图 3-9　松花江干流子流域 2000 年、2005 年和 2010 年二级生态系统类型分布图

　　分析松花江干流子流域 2000～2010 年二级生态系统类型变化可知，草地面积的略微增加来源于草原面积的增加；湿地面积萎缩主要是因为草本湿地的锐减；而居住地、工业用地和交通用地的增加导致了人工表面总体的面积增加，十年间三者分别增加了 6.89%、88.89% 和 15.25%；落叶阔叶灌木林、落叶针叶林及落叶阔叶林面积分别增加 206.9 km²、52.4 km² 和 88.1 km²，使得林地面积小幅增加（表 3-10）。

表 3-10　松花江干流子流域二级生态系统类型构成特征

类型	2000 年		2005 年		2010 年	
	面积/km²	比例/%	面积/km²	比例/%	面积/km²	比例/%
草甸	1 271.3	0.66	1 286.0	0.66	1 283.5	0.66
草原	2 427.3	1.25	2 461.0	1.27	2 471.4	1.27
草丛	0.9	0.00	0.6	0.00	0.8	0.00
森林湿地	42.4	0.02	43.1	0.02	26.1	0.01
灌丛湿地	192.9	0.10	197.0	0.10	148.2	0.08
草本湿地	6 108.9	3.16	5 879.4	3.03	5 653.4	2.91
湖泊	432.3	0.22	417.5	0.22	422.7	0.22
水库/坑塘	337.5	0.17	317.2	0.16	331.8	0.17
河流	1 518.1	0.78	1 530.7	0.79	1 578.8	0.81
运河/水渠	15.5	0.01	16.0	0.01	6.5	0.00
水田	12 738.2	6.56	12 620.4	6.50	12 673.5	6.53
旱地	73 424.0	37.84	73 334.1	37.79	73 214.1	37.74
居住地	5 326.3	2.74	5 507.5	2.84	5 693.3	2.93
工业用地	1.8	0.00	1.9	0.00	3.4	0.00
交通用地	413.7	0.21	441.8	0.23	476.8	0.25
采矿场	4.5	0.00	4.5	0.00	4.5	0.00
稀疏灌木林	9.3	0.00	9.2	0.00	9.2	0.00
稀疏草地	22.4	0.01	22.4	0.01	22.4	0.01
裸土	86.6	0.04	87.4	0.05	86.2	0.04
沙漠/沙地	36.4	0.02	25.0	0.01	15.9	0.01
盐碱地	258.8	0.13	247.2	0.13	222.1	0.11
落叶阔叶林	56 400.4	29.07	56 494.8	29.11	56 488.5	29.12
常绿针叶林	3 021.9	1.56	3 024.0	1.56	3 017.1	1.55
落叶针叶林	10 271.2	5.29	10 286.9	5.30	10 323.6	5.32
针阔混交林	19 338.8	9.97	19 299.5	9.94	19 320.9	9.96
常绿阔叶灌木林	10.4	0.01	10.3	0.01	10.2	0.01
落叶阔叶灌木林	355.7	0.18	502.2	0.26	562.6	0.29

　　对比各子流域的生态系统类型及变化发现，各子流域耕地和林地均占比例最高，但生态系统类型组成具有显著的差异。相对来说，嫩江子流域的草地和湿地所占比例较大，二者之和约占子流域总面积的23%，而在西流松花江和和松花江干流子流域其所占比例约分别为5%和6%。西流松花江子流域人工表面的面积所占的比例显著高于其他两个

子流域。

从生态系统类型的变化来看，嫩江子流域耕地面积和人工表面面积持续增加，而湿地面积持续萎缩，萎缩面积的比例为 4.73%，林地和草地的面积变化幅度较小。西流松花江的耕地的面积稍有减少，人工表面和湿地面积增加，草地的面积变化不大。松花江干流的耕地和林地的面积变化较小，湿地面积持续减少，2010 年比 2000 年减少了 5.55%，人工表面的面积呈持续增加的趋势。对比三个子流域发现，嫩江流域的湿地萎缩面积最大，松花江干流次之，而西流松花江的湿地面积稍有增加。三个子流域的人工表面面积均呈增加的趋势，其中西流松花江的增长速度显著高于其他子流域。三个子流域的耕地面积变化的趋势差异显著，表现为嫩江流域耕地面积增加，而松花江干流和西流松花江子流域耕地面积减少，但变化的幅度均不大。

各子流域的生态系统类型组成及变化存在明显差异。以 2010 年为例，嫩江子流域草地（12.26%，全流域为 7.11%）和湿地（10.56%，全流域为 7.30%）所占比例较大，而林地（35.08%）和耕地（38.37%）则明显低于全流域平均值（40.17%，41.54%），其人工表面所占比例也是三个子流域中最低的（2.29%）。西流松花江子流域虽然林地比重（43.43%）高于流域平均水平，但其耕地（46.19%）与人工表面（5.02%）的比重在三个子流域中最高，而湿地和草地面积比例最低，表明该子流域土地开发利用强度最大。

3.2.3 流域分区生态系统构成及变化

不同分区间各生态系统类型的比例差异显著（图 3-10 和表 3-11）。以林地为绝对优势的分区分别为西流松花江子流域上游区，嫩江子流域上游、中游区，以及松花江干流子流域中游、下游区；耕地占绝对优势的分区为西流松花江子流域中游、下游区，嫩江子流域下游区，以及松花江干流子流域上游区。湿地面积所占比例较大的为嫩江子流域上游区和中游区，草地主要集中在嫩江子流域下游区和上游区。

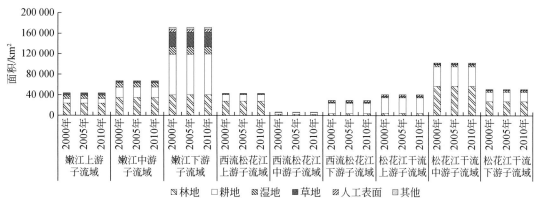

图 3-10 2000 年、2005 年和 2010 年不同分区生态系统类型面积

表 3-11 松花江子流域及分区生态系统类型构成特征

年份	类型	项目	嫩江				西流松花江				松花江干流			
			子流域	上游	中游	下游	子流域	上游	中游	下游	子流域	上游	中游	下游
2000	林地	面积/km²	99 311.5	23 993.3	35 221.6	40 096.6	34 361.7	28 107.8	2 300.8	3 953.1	89 404.1	4 535.9	57 441.6	27 426.6
		比例/%	—	54.82	52.35	23.35	—	65.48	33.75	13.47	—	11.17	56.04	53.83
	耕地	面积/km²	106 923.6	8 549	19 710.4	78 664.2	36 778.7	12 659.7	3 926.3	20 192.7	86 162.6	30 196.4	37 702.8	18 263.4
		比例/%	—	19.53	29.29	45.82	—	29.49	57.59	68.79	—	74.34	36.78	35.85
	湿地	面积/km²	31 330.5	6 990.4	9 148.2	15 191.9	2 521.5	991.2	232.3	1 298	8 646.5	1 638.8	3 953.3	3 054.4
		比例/%	—	15.97	13.6	8.85	—	2.31	3.41	4.42	—	4.03	3.86	6.00
	草地	面积/km²	34 932.1	3 893.7	2 220.9	28 817.5	1 143	226.8	60.5	855.7	3 698.9	1 441.9	1 388.9	868.1
		比例/%	—	8.90	3.30	16.78	—	0.53	0.89	2.91	—	3.55	1.35	1.70
	人工表面	面积/km²	6 017.4	305.5	971.9	4 740	3 629.1	680.7	296.3	2 652.1	5 746.2	2 450.6	1 986.9	1 308.7
		比例/%	—	0.70	1.44	2.76	—	1.59	4.35	9.03	—	6.03	1.94	2.57
	其他	面积/km²	4 229.4	33.0	14.1	4 182.3	663.9	257.5	0.8	405.6	413.4	358	30.1	25.3
		比例/%	—	0.08	0.02	2.44	—	0.60	0.01	1.38	—	0.88	0.03	0.05
2005	林地	面积/km²	99 335.6	24 000.4	35 123.3	40 211.9	34 330.9	28 086.8	2 291.3	3 952.8	89 623.6	4 623.1	57 507.3	27 493.2
		比例/%	—	54.84	52.20	23.42	—	65.43	33.61	13.46	—	11.38	56.10	53.96
	耕地	面积/km²	107 435.9	8 674.2	20 092.5	78 669.2	36 670.3	12 652.9	3 894	20 123.4	85 954.6	30 089.5	37 721.8	18 143.3
		比例/%	—	19.82	29.86	45.82	—	29.48	57.13	68.55	—	74.07	36.80	35.61
	湿地	面积/km²	30 393.3	6 829.2	8 831.2	14 732.9	2 525.6	972.9	234.1	1 318.6	8 400	1 599.8	3 810.1	2 990.1
		比例/%	—	15.60	13.12	8.58	—	2.27	3.43	4.49	—	3.94	3.72	5.87
	草地	面积/km²	34 945.7	3 902.9	2 184.5	28 858.3	1 143.4	224.9	60.7	857.8	3 747	1 480.8	1 386.9	879.3
		比例/%	—	8.92	3.25	16.81	—	0.52	0.89	2.92	—	3.65	1.35	1.73
	人工表面	面积/km²	6 289.1	323.1	1 034.3	4 931.7	3 785.1	736.7	337	2 711.4	5 955.8	2 482.8	2 048.9	1 424.1
		比例/%	—	0.74	1.54	2.87	—	1.72	4.94	9.24	—	6.11	2.00	2.80
	其他	面积/km²	4 344.9	35.1	21.3	4 288.5	642.6	249.4	0	393.2	391.2	345.6	28.8	16.8
		比例/%	—	0.08	0.03	2.50	—	0.58	0	1.34	—	0.85	0.03	0.03
2010	林地	面积/km²	99 199.3	23 896.9	35 101.5	40 200.9	34 346.9	28 098.5	2 291.1	3 957.3	89 728.8	4 602.1	57 620.7	27 506
		比例/%	—	54.6	52.16	23.41	—	65.46	33.61	13.48	—	11.33	56.21	53.99
	耕地	面积/km²	108 510.8	8 849.1	20 327.8	79 333.9	36 537.3	12 564.1	3 870.6	20 102.6	85 887.6	30 090.2	37 553.4	18 244
		比例/%	—	20.22	30.21	46.22	—	29.27	56.78	68.47	—	74.07	36.64	35.81
	湿地	面积/km²	29 847.4	6 761.7	8 616.2	14 469.5	2 553.9	995.5	235.2	1 323.2	8 166.6	1 586.3	3 811.5	2 768.8
		比例/%	—	15.45	12.81	8.43	—	2.32	3.45	4.51	—	3.91	3.72	5.43
	草地	面积/km²	34 662.1	3 864.6	2 155	28 642.5	1 109.8	225.7	60.6	823.5	3 755.2	1 470.5	1 383.5	901.2
		比例/%	—	8.83	3.20	16.68	—	0.53	0.89	2.81	—	3.62	1.35	1.77

续表

年份	类型	项目	嫩江				西流松花江				松花江干流			
			子流域	上游	中游	下游	子流域	上游	中游	下游	子流域	上游	中游	下游
2010	人工表面	面积/km²	6 461.6	354.3	1 068.6	5 038.7	3 973.5	786.6	359.4	2 827.5	6 178	2 558.9	2 106.1	1 513
		比例/%	—	0.81	1.59	2.93	—	1.83	5.27	9.63	—	6.30	2.05	2.97
	其他	面积/km²	4 063.3	38.3	18.0	4 007	576.4	253.3	0	323.1	355.7	313.7	28.3	13.7
		比例/%	—	0.09	0.03	2.33	—	0.59	0	1.10	—	0.77	0.03	0.03

从生态系统类型变化来看，嫩江子流域主要表现为耕地面积和人工表面面积持续增加，而湿地面积持续萎缩。西流松花江子流域林地与耕地面积基本稳定，但人工表面持续增加；2005～2010 年，草地面积明显下降，伴随湿地面积有所增长。松花江干流子流域各类型变化十年间保持一致，即林地（46.07%、46.18%、46.23%）、草地（1.91%、1.93%、1.94%）和人工表面（2.96%、3.07%、3.18%）持续增加，耕地（44.4%、44.29%、44.26%）和湿地（4.46%、4.33%、4.21%）持续减少。

进一步分析表明，嫩江子流域生态系统类型的所有不利变化主要表现在上游和中游，且上游后五年变化比前五年有加强趋势；西流松花江子流域人工表面的增加也主要体现在上游和中游，其上游由于长白山自然保护区的存在，林地类型占绝对优势且变化不大，但中游 2000～2005 年林地面积下降，2005 年后虽然林地面积基本保持不变，但森林质量下降会导致其水源涵养及水土保持功能的下降。故此，作为流域的两源，嫩江子流域和西流松花江子流域，特别是它们的上、中游生态系统类型变化可能会对整个流域的生态造成较大的不利影响。

3.2.4 岸边带生态系统构成及变化

岸边带是一种特殊的保护缓冲带，属于水体岸边缓冲带类型。岸边带在涵养水源、蓄洪防旱、促淤造地、维持生物多样性和生态平衡，以及生态旅游等方面具有十分重要的作用。另外岸边带生态系统具有廊道功能缓冲和植被护岸功能，还可以稳定堤岸，促进岸边的水土保持，为水生生物提供一个繁衍生息的场所，提高水域和陆地的生物多样性，使整个水陆系统保持良好的生态连续性。因此，在研究流域生态环境问题时，岸边带的格局变化对于深入了解流域的特征和功能起着非常重要的作用。本节选取 500 m、1000 m 和 2000 m 的岸边带作为研究对象来分析松花江流域岸边带格局及其变化的特点和规律。

不同宽度的岸边带生态系统类型格局特征不同（表 3-12）。在 500 m 岸边带格局中，耕地所占比例最大，其次为湿地和林地。在 1000 m 和 2000 m 岸边带格局中，耕地所占比例仍然最大，其次为林地，但其所占比例已经从 22.69% 上升到 31.6%，湿地面积所占的比例则下降到第三位。在十年变化过程中，所有宽度的岸边带均表现为耕地、林地和人工表面所占比例持续增加，而湿地和草地面积所占的比例随着河岸带宽度的增加持续减少。农田面积和建设用地面积所占比例随岸边带宽度的增加而增加，可能因为在 500～2000 m

范围内，随着离河岸距离的增加，人类的干扰程度增加。湿地面积随时间的变化而持续减少，说明在岸边带范围内，湿地退化正在发生。即在松花江流域内不仅远离大型水体的小型湿地在消失，岸边带的湿地也在退化甚至消失。

表3-12 不同宽度岸边带生态系统类型构成特征

岸边带宽度/m	地类	2000年		2005年		2010年	
		面积/km²	比例/%	面积/km²	比例/%	面积/km²	比例/%
500	林地	4 403.8	22.70	4 446.7	23.01	4 458.7	23.07
500	耕地	7 983.8	41.14	8 176.2	42.29	8 335.7	43.12
500	湿地	5 360.1	27.62	5 024.0	25.98	4 830.7	24.99
500	草地	866.0	4.46	855.0	4.42	829.9	4.29
500	人工表面	633.7	3.27	679.3	3.51	728.2	3.77
500	其他	157.3	0.81	153.6	0.79	147.6	0.76
1 000	林地	10 225.9	26.44	10 300.4	26.72	10 319.0	26.79
1 000	耕地	16 495.0	42.66	16 788.1	43.56	17 007.9	44.16
1 000	湿地	8 471.9	21.91	7 916.0	20.54	7 617.0	19.78
1 000	草地	1 780.0	4.60	1 753.9	4.55	1 707.1	4.43
1 000	人工表面	1 437.0	3.72	1 526.4	3.96	1 616.1	4.20
1 000	其他	258.2	0.67	258.2	0.67	247.9	0.64
2 000	林地	24 019.0	31.60	24 117.5	31.82	24 142.8	31.86
2 000	耕地	33 382.6	43.93	33 707.0	44.46	33 954.6	44.82
2 000	湿地	11 624.6	15.30	10 895.8	14.37	10 511.2	13.87
2 000	草地	3 614.1	4.76	3 563.2	4.70	3 497.0	4.62
2 000	人工表面	2 905.9	3.82	3 063.6	4.04	3 216.2	4.24
2 000	其他	447.3	0.59	460.9	0.61	443.3	0.59

不同分区的岸边带格局组成差异显著（图3-11）。林地比例最小的为西流松花江子流域下游区和松花江干流子流域上游区，林地比例较大的为西流松花江子流域上游区。湿地面积所占比例较大的是嫩江子流域中游区和嫩江子流域上游区，西流松花江子流域各分区湿地所占比例均较少，其上游区湿地面积所占比例最小。西流松花江子流域的下游区和中游区人工表面所占的比例较大，分别约占8%和6%，而所占比例最小的分区为嫩江上游区，不足1%。

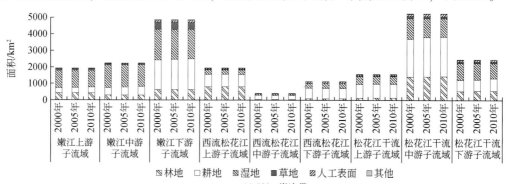

(a) 500m岸边带

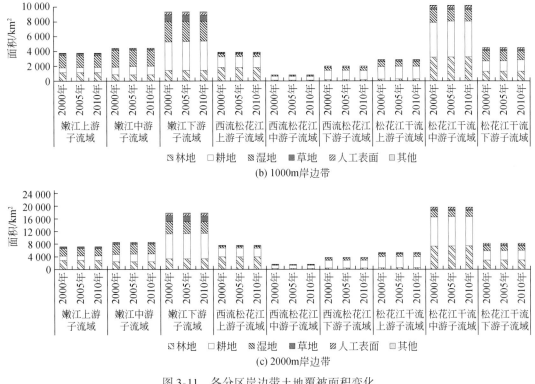

图 3-11　各分区岸边带土地覆被面积变化

随着河岸带宽度的增加，各分区分别表现为林地、耕地、人工表面的比例增加，而湿地面积的比例减少（图 3-11）。表明在岸边带 500~2000 m 范围内，人为干扰随着离水体距离的增加而增加。但不同分区间比例增加的幅度差异显著。嫩江子流域上游区随河岸带宽度的增加，林地所占比例增加最大，2000 m 岸边带的耕地的比例比 500 m 岸边带增加约 17%；西流松花江子流域下游区耕地面积所占比例增加最大，约 9%；西流松花江子流域下游区人工表面所占比例增加最大，约为 3%。随着河岸带宽度的增加，嫩江子流域中游区湿地下降的比例最大，2000 m 岸边带的湿地所占的比例比 500 m 岸边带减少约 25%，另外嫩江子流域上游区及松花江干流下游区湿地所占比例下降也较大，均超过 20%。

用耕地和人工表面的比例代表人类干扰岸边带的程度，二者所占的比例越大表明受人类干扰越强。各分区的被干扰程度依次为：西流松花江子流域下游区≈西流松花江子流域中游区>松花江干流子流域上游区>松花江干流子流域中游区>嫩江子流域下游区>西流松花江子流域上游区>松花江干流子流域下游区>嫩江子流域中游区>嫩江子流域上游区（图 3-11）。

3.2.5　流域生态系统转移及空间变化

流域内湿地—耕地相互转化较为剧烈，有 2577 km² 的湿地转化为耕地，960 km² 耕地转化为湿地。各种类型用地均向人工表面转入，其中 950 km² 的耕地转化为人工表面。草地转化为耕地的面积为894 km²。另外，林地—耕地相互转化的面积分别为1106 km²和1366 km²，但由于林地和耕地的基数较大，变化的面积所占比例相对较小。分析二级分类的生态系统类型转换矩阵发现，湿地萎缩主要是草本湿地向旱田转化；人工表面增加则主要是旱田转化为居住地和交通用地（表3-13）。

表3-13　松花江流域生态系统类型转移矩阵　　　　　　（单位：km²）

时段	一级分类	林地	耕地	湿地	草地	人工表面	其他
2000~2005年	林地	222 663	575	55	23	0	33
	耕地	382	227 736	1 562	272	0	126
	湿地	43	667	40 392	144	0	76
	草地	21	270	238	39 145	0	162
	人工表面	24	498	74	39	15 393	4
	其他	2	136	182	152	0	4 906
2005~2010年	林地	222 454	797	67	10	1	5
	耕地	732	228 151	1 164	654	1	251
	湿地	90	448	39 788	159	0	87
	草地	37	176	191	38 960	0	163
	人工表面	26	453	73	15	16 030	18
	其他	8	54	40	39	0	4 855
2000~2010年	林地	221 794	1 366	103	32	0	39
	耕地	1 106	226 039	2 577	894	1	336
	湿地	117	960	39 133	243	0	120
	草地	58	420	364	38 424	0	261
	人工表面	50	950	149	53	15 393	21
	其他	10	149	177	129	0	4 531

对比分析三个子流域发现，嫩江子流域和松花江干流子流域的湿地—耕地转移量较大，十年转移量分别为1574 km²和927 km²。人工表面的增加量在嫩江子流域主要来自于耕地和湿地，在其他两个子流域则主要来自于耕地。嫩江子流域的草地转出量明显大于转入，最主要的是向耕地转移（有799 km²），而其他两个子流域草地的转入转出量相对稳定。从转移比例看，西流松花江子流域耕地转化为人工表面的强度远大于嫩江和西流松花江子流域（表3-14）。

表3-14　松花江各子流域生态系统类型转移矩阵　　　　　　（单位：km²）

子流域	时段	一级分类	林地	耕地	湿地	草地	人工表面	其他
嫩江	2000~2005年	林地	99 130	142	20	16	0	20
		耕地	156	105 927	1 000	254	0	99
		湿地	8	332	29 869	129	0	55

续表

子流域	时段	一级分类	林地	耕地	湿地	草地	人工表面	其他
嫩江	2000~2005 年	草地	4	221	221	34 353	0	146
		人工表面	3	177	57	33	6 017	2
		其他	1	126	164	147	0	3 906
	2005~2010 年	林地	99 129	33	16	9	1	3
		耕地	138	106 963	662	577	0	172
		湿地	24	157	29 458	142	0	68
		草地	19	163	177	34 166	0	136
		人工表面	10	89	51	13	6 288	10
		其他	8	32	31	37	0	3 956
	2000~2010 年	林地	98 935	175	33	25	0	23
		耕地	294	105 601	1 574	799	1	243
		湿地	30	395	29 119	217	0	87
		草地	23	359	337	33 717	0	225
		人工表面	13	264	109	47	6 017	12
		其他	9	131	158	126	0	3 639
松花江干流	2000~2005 年	林地	89 171	421	18	6	0	2
		耕地	181	85 255	497	5	1	16
		湿地	24	245	8 110	10	0	11
		草地	16	47	8	3 675	0	1
		人工表面	7	188	11	3	5 746	1
		其他	0	6	3	0	0	382
	2005~2010 年	林地	88 930	747	43	0	0	2
		耕地	592	84 788	450	21	0	36
		湿地	62	218	7 869	9	0	9
		草地	18	10	12	3 715	0	1
		人工表面	15	179	21	0	5 956	8
		其他	0	13	5	2	0	335
	2000~2010 年	林地	88 493	1 166	54	6	0	5
		耕地	770	84 120	927	26	0	43
		湿地	79	442	7 609	19	0	19
		草地	34	57	19	3 645	0	0
		人工表面	22	367	32	3	5 746	9
		其他	0	10	7	0	0	338

子流域	时段	一级分类	林地	耕地	湿地	草地	人工表面	其他
西流松花江	2005~2010 年	林地	34 290	12	17	1	0	10
		耕地	45	36 536	64	13	0	11
		湿地	11	90	2 410	4	0	10
		草地	1	2	9	1 117	0	15
		人工表面	13	133	6	3	3 629	0
		其他	1	5	14	5	0	618
	2005~2010 年	林地	34 323	16	7	0	0	0
		耕地	3	36 384	52	56	0	43
		湿地	4	73	2 459	8	0	10
		草地	0	3	3	1 078	0	25
		人工表面	1	185	2	1	3 785	0
		其他	0	9	3	0	0	563
	2000~2010 年	林地	34 294	25	17	1	0	10
		耕地	42	36 301	76	68	0	49
		湿地	8	123	2 402	6	0	14
		草地	1	3	8	1 062	0	36
		人工表面	15	318	8	3	3 629	0
		其他	1	8	11	2	0	554

从二级生态系统的综合转移情况来看，十年间，约 4% 的流域面积的生态系统类型发生了变化（包括转入和转出），其中嫩江子流域和松花江干流子流域分别有 1.25 万 km² 和 0.77 万 km² 的生态系统类型发生转换，变化最小的西流松花江子流域有 0.13 万 km² 发生了生态系统类型的转换。从图 3-12 可知，流域内生态系统类型变化较为集中的地区主要是嫩江子流域中下游平原区，以及松花江干流子流域上游和下游平原区。嫩江子流域中下游和松花江干流子流域上游平原区的变化主要发生在 2000~2005 年这一时段，发生地类转化的面积空间范围广泛，呈零散分布。而松花江干流子流域在 2005~2010 年变化较为明显，分布较为集中，主要在入河口的平原地区。进一步分析嫩江子流域 2000~2005 年和松花江干流子流域 2005~2010 年二级地类转移矩阵发现，嫩江子流域各地类之间的交叉转换频繁，且各一级地类内部的转化也较多。而松花江干流子流域的转化主要表现在各类湿地向旱地的转化、旱地向人工表面的转化，以及水田和旱田之间的相互转化。

分析可知，各子流域及分区的综合生态系统动态度差异较大。从不同的子流域来看，松花江干流子流域在十间发生变化的土地面积比例最大，其次为嫩江子流域，变化最少的为西流松花江子流域。从不同分区来看，十年间生态系统类型变化较为剧烈的地区主要是嫩江子流域中下游平原区，松花江干流子流域中游和下游平原区，尤其是下游入河口的平

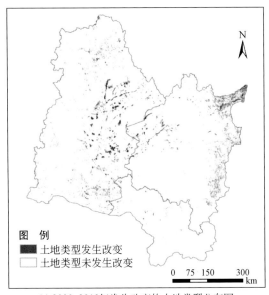

(a) 2000~2010年发生改变的土地类型分布图

(b) 2000~2005年发生改变的土地类型分布图

(c) 2005~2010年发生改变的土地类型分布图

图 3-12 松花江流域生态系统类型变化分布图

原地区，是所有分区中生态系统类型变化最剧烈的。西流松花江子流域上游区由于长白山自然保护区的存在，仅有 1.01% 的生态系统类型发生了变化，但值得注意的是流域内生态系统类型的不利变化主要发生在上游及中游（表 3-15）。

表 3-15　流域综合动态度变化

时段	全流域	嫩江				西流松花江				松花江干流			
		子流域	上游	中游	下游	子流域	上游	中游	下游	子流域	上游	中游	下游
2000~2005 年	1.41	1.57	0.82	1.45	1.76	0.78	0.47	0.94	1.17	1.49	1.14	1.01	2.66
2005~2010 年	1.55	1.42	1.42	1.25	1.45	1.05	0.71	1.15	1.50	2.01	0.81	1.91	3.04
2000~2010 年	2.76	2.76	2.08	2.51	2.90	1.56	1.01	1.97	2.19	3.51	1.79	2.87	5.70

为了对比 2000~2010 年变化和过去总体变化趋势，本书查阅前人的研究成果，并引入了年综合生态系统类型动态度 K，公式如下：

$$K = \frac{\sum_{i=1}^{n} \Delta U_{i-j}}{2\sum_{i=1}^{n} U_i} \times \frac{1}{T} \times 100\% \tag{3-1}$$

式中，K 为年综合生态系统类型动态度；ΔU_{i-j} 为测量时段内第 i 类生态系统类型转为非 i 类生态系统类型面积的绝对值，T 为研究的年数。

结合前人的研究结果，对比发现，2000 年以后的年综合动态度显著小于 2000 年以前，说明尽管松花江流域的生态系统类型仍然在发生转化，但是其转化的强度已经明显降低，生态系统也更趋于稳定（图 3-13）。

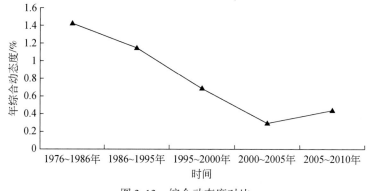

图 3-13　综合动态度对比

3.3　生态系统格局及其变化

3.3.1　景观指数特征变化

景观格局的空间特征是景观生态学的核心，是景观异质性的具体体现，可以通过景观格局指数进行表征（O'neill et al.，1988）。景观指数是指能够高度浓缩景观格局信息，反映其结构组成和空间配置某些方面特征的简单定量指标。它包括景观结构、功能和变化三个主要方面的内容：①景观结构是景观的组分和要素在空间上的排列和组合形式，可用斑块-廊道-基质这一基本模式表现的空间关系；②景观功能即指空间要素间的相互作用，包括物质流、能量流和信息流，以及碎裂种群动态和斑块动态；③景观变化是指结构和功能随时间的改变，如干扰、碎片化、气候变迁和生物胁近等。景观的这三个方面彼此连接、相互作用，从而塑造了景观生态学研究的综合整体性（董仁才，2006）。

尽管景观格局指数在指示生态学过程方面存在不足，但其仍然是景观格局分析的主要手段。通过景观格局指数的计算，不仅可以表征某些景观类型的结构特征，也可以用来定量地描述和监测景观结构特征随时间和空间的变化，景观格局指数高度浓缩了景观格局的信息，被广泛应用于地学、生态学、城市规划等多个学科领域。

景观格局及其变化是自然的和人为的多种因素相互作用的结果，景观斑块的类型、形状、大小、数量和空间组合既是各种干扰因素相互作用的结果，又影响着该区域的生态过程和边缘效应。目前常用的景观格局指数主要包括如下。

景观中某一斑块类型的斑块总个数与景观的破碎度有很好的正相关性，一般是 NP 大，破碎度高，NP 小，破碎度低。斑块数量（NP）可用式（3-2）表达：

$$NP = N \tag{3-2}$$

式中，N 为斑块数量。

一定程度上，平均斑块面积（MPS）反映了系统内景观的破碎程度，平均斑块面积越大，越有利于物种的繁殖、扩散、迁徙和保护。平均斑块面积可用式（3-3）表达：

$$MPS = \frac{A}{N} \tag{3-3}$$

式中，A 为斑块总面积；N 为斑块总数。

斑块形状指数（PSI）表征的是某一斑块形状与相同面积的圆或与正方形的偏离程度来测量起形状复杂程度。PSI 越大，形状越不规则。而景观形状指数（LSI）与 PSI 相似，只是将计算尺度从单个斑块上升到整个景观。斑块形状指数可用式（3-4）表达：

$$PSI = \frac{P}{2\sqrt{\pi A}} \text{（以圆形为参照几何形状）} \tag{3-4}$$

或

$$PSI = \frac{0.25P}{A} \text{（以正方形为参照几何形状）} \tag{3-5}$$

式中，P 为斑块周长；A 为斑块总面积。

边缘密度（ED）揭示了斑块类型被边界分割的程度，是景观破碎化程度的直接反映。可用式（3-6）表达：

$$ED = \frac{E}{A} \tag{3-6}$$

式中，E 为斑块边界总长度；A 为斑块总面积。

Shannon 多样性指数（SHDI）这一指标反映了景观组分数量和比例的变化情况。由多个组分构成的景观中，当各组分比例相等时，多样性指数最高。可表达为

$$SHDI = -\sum_{i=1}^{n} P_k \ln(P_k) \tag{3-7}$$

式中，P_k 为斑块类型 k 在景观中出现的概率；n 为景观中斑块类型总数。

Shannon 均匀度指数（SHEI）这一指标反映景观中各斑块类型在面积上分布的均匀程度。SHEI 值较小时，反映景观受到一种或几种优势斑块类型所支配。SHEI 趋于 1 时，说明景观中没有明显的优势类型且各斑块类型在景观中均匀分布。

$$SHEI = \frac{H}{H_{max}} \qquad (3-8)$$

式中，H 为 Shannon 多样性指数。

研究表明，无论是一级还是二级生态系统，均表现为斑块数总体呈下降的趋势，相应的平均斑块面积上升，多样性指数略有下降。这说明生态系统斑块间的连通性越来越好，整体性越来越强，导致景观多样性指数下降（表 3-16 和表 3-17）。

表 3-16 松花江流域一级生态系统景观格局指数变化

年份	斑块数 （NP）/个	平均斑块面积 （MPS）/hm²	边界密度（ED） /（m/hm²）	多样性指数（SDI）	均匀度指数 （SEI）
2000	656 456	84.70	34.78	1.26	0.65
2005	648 323	85.76	34.86	1.26	0.65
2010	621 997	89.39	34.38	1.26	0.65

表 3-17 松花江流域二级生态系统景观格局指数变化

年份	斑块数 （NP）/个	平均斑块面积 （MPS）/hm²	边界密度（ED） /（m/hm²）	多样性指数 （SDI）	均匀度指数 （SEI）
2000	1 060 150	52.45	48.97	1.90	0.54
2005	1 050 464	52.93	49.02	1.90	0.54
2010	1 015 922	54.73	48.39	1.89	0.54

分析松花江子流域生态分类景观指数十年间的变化状况发现（表 3-18），三个子流域均表现为 2000~2010 年斑块数减少，平均斑块面积增加，边界密度减少。对比三个子流域发现，2000~2010 年，松花江干流子流域斑块数量减少的比例最高，其次为嫩江子流域，分别减少了 6.3% 和 3.1%，西流松花江子流域的斑块数减少的比例最低，减少约 1%。说明松花江干流子流域的景观格局变化相对较大。

表 3-18 松花江子流域生态系统景观格局指数变化

子流域	年份	斑块数 （NP）/个	平均斑块面积 （MPS）/hm²	边界密度（ED） /（m/hm²）	多样性指数 （SDI）	均匀度指数 （SEI）
嫩江	2000	506 485	55.82	50.22	1.88	0.56
	2005	500 411	56.50	50.15	1.88	0.56
	2010	486 766	58.09	49.63	1.87	0.55

子流域	年份	斑块数 （NP）/个	平均斑块面积 （MPS）/hm²	边界密度（ED） /（m/hm²）	多样性指数 （SDI）	均匀度指数 （SEI）
西流松花江	2000	216 090	36.60	57.18	1.70	0.51
	2005	215 209	36.75	57.34	1.70	0.51
	2010	212 873	37.16	57.10	1.70	0.52
松花江干流	2000	337 258	57.54	43.96	1.76	0.53
	2005	334 573	58.01	44.12	1.77	0.53
	2010	315 992	61.42	43.17	1.77	0.53

　　研究不同生态系统类型的景观格局指数发现，从斑块数来看，除人工表面外，其他各生态系统的斑块数越来越少，说明它们的连通性越来越高，整体性越来越强。尤其是农田生态系统集约化生产和管理，形成集中连片格局。湿地生态系统斑块数减少，平均斑块面积增加，加之前面的结果表明湿地的面积萎缩，说明面积比较小的镶嵌式的湿地消失，导致湿地形成了连片的格局。随着人口的增加和经济水平迅速发展，人工表面的景观指数变化幅度较大，斑块总面积、数目和边界密度急剧增加，反映了人居环境系统景观的破碎化程度增加（表 3-19）。

表 3-19　不同生态系统类型的景观格局指数变化

年份	地类	斑块数 （NP）	平均斑块面积（MPS） /hm²	边界密度 （ED）/（m/hm²）	斑块形状指数 （MSI）
2000	林地	161 283	138.35	9.88	1.53
2005	林地	159 721	139.83	9.88	1.53
2010	林地	155 836	143.31	9.73	1.53
2000	耕地	174 921	131.46	12.29	1.47
2005	耕地	170 599	134.91	12.33	1.47
2010	耕地	160 801	143.67	12.18	1.48
2000	湿地	78 048	54.45	4.26	1.57
2005	湿地	77 821	53.09	4.21	1.57
2010	湿地	74 445	54.49	4.10	1.58
2000	草地	106 319	37.39	4.26	1.55
2005	草地	105 427	37.77	4.23	1.55
2010	草地	99 572	39.68	4.14	1.56
2000	人工表面	108 061	14.21	3.16	1.54
2005	人工表面	108 358	14.75	3.28	1.55
2010	人工表面	108 811	15.23	3.39	1.56
2000	其他	27 808	19.08	0.92	1.54
2005	其他	26 381	20.39	0.93	1.55
2010	其他	22 516	22.19	0.83	1.56

3.3.2 生态系统类型重心变化

尽管景观均匀度、聚集度、蔓延度等景观指标可以表征景观格局的空间特征，但是这些指标很难在区域景观水平反映生态系统类型整体的长期空间变化特征。许多研究表明景观斑块重心可以综合反映斑块空间位置、转移及结构（朱会义和李秀彬，2003；孙倩等，2012）。有关重心的研究可以追溯到20世纪70年代，美国就全国人口重心转移进行分析，明确提出人口转移的基本方向和强度。生态系统重心即是基于人口重心的概念发展而来，区域生态系统重心的偏移可以用生态系统类型重心坐标的变化来反映（朱会义和李秀彬，2003；孙倩等，2012）。目前我国学者针对生态系统重心变化已开展多项研究。高志强等（1998）在国家层面分析了我国耕地面积的重心变化，并将重心转移的方向、转移距离与区域自然条件相联系，揭示出重心的偏移导致我国耕地质量下降。生态系统重心变化不仅可以反映生态系统类型的空间动态变化过程，同时也体现了经济建设重心的发展趋势（杨桂山，2002）。重心转移往往与稳定系统的动态平衡、负反馈等特征之间存在矛盾或差异（杨桂山，2002），这就体现了重心转移的合理性评价的重要性，也使人为干预、控制和调节的可能性有理可循。因此，重心转移的空间特征不仅表征了系统空间格局的合理性，也为系统恢复及国家层面的宏观战略布局调整提供依据。

生态系统类型重心可用式（3-9）和式（3-10）表达（Li et al.，2010）。

$$X_t = \frac{\sum_{i=1}^{n}(C_{ti} \times X_i)}{\sum_{i=1}^{n} C_{ti}} \tag{3-9}$$

$$Y_t = \frac{\sum_{i=1}^{n}(C_{ti} \times Y_i)}{\sum_{i=1}^{n} C_{ti}} \tag{3-10}$$

式中，X_t、Y_t 分别为第 t 年生态系统类型重心的经纬度坐标；C_{ti} 为第 t 年生态系统类型 i 的面积；X_i、Y_i 为生态系统类型 i 的经纬度坐标。

目前针对空间上的多种社会、经济和自然资源的重心问题已开展了广泛的研究。社会经济重心方面的研究包括人口、经济、产业重心的分布特征、动态转移路径及空间演变规律（徐建华和岳文泽，2001；乔家君和李小建，2005；刘德钦等，2002），城市及城市群重心的迁移规律及驱动因素（侯景新，2007；杨桂山，2002），区域环境污染重心识别及与经济重心的协同效应等（丁焕峰和李佩仪，2009）。

重心理论在多种尺度的生态系统变化和监测过程中发挥巨大的作用。Hamel 等（2004）运用重心理论分析物种活动范围的重心。卢娜等（2011）通过引入重心理论来分析我国农田生态系统碳净吸收的空间变化规律。Mao 和 Cherkauer（2009）分析了生态系统地理重心的转移对区域气候及水文状况的影响。国家层面的耕地重心变化情况耦合区域生态背景的分析有助于评价耕地生态环境质量（高志强等，1998；王思远等，2002），为土地利用的规划决策提供方向。

与土地利用重心一样，生态系统的重心也可以反映生态系统变化的趋势。采用所有同质性斑块重心作为生态系统变化空间特征研究的关键依据，能够全面整体评估生态系统变化态势。这一方法能有效确立区域生态系统恢复的空间位置，有助于揭示其空间变化规律。用具有代表性和可比性的数据和信息，为合理利用自然资源和实施可持续发展战略提供科学依据。

分析生态系统的重心变化，有助于揭示其空间变化规律。本书分别计算了松花江各子流域在不同年份的不同生态系统类型的生态系统斑块重心。从2000年重心坐标为基准计算2005年初和2010年的重心偏移的相对距离。表3-20为各子流域草地、湿地、林地、人工表面、耕地和其他类型用地的斑块重心的空间变化结果。除嫩江子流域的耕地重心向北偏移了5.34 km外，三个子流域的林地和耕地的重心没有发生变化。松花江干流子流域、西流松花江子流域和嫩江子流域的人工表面的重心分别向东、东南、西南偏移了6.32 km、3.49 km和7.56 km，其草地重心分别向东北、东南和南部偏移了4.71 km、3.49 km和2.39 km，其湿地重心则分别向南、东南、西北偏移了8.42 km、3.49 km和5.34 km。

表 3-20 生态系统类型斑块重心的空间位置坐标

流域	生态系统类型	2010 年		2005 年		2000 年	
		X	Y	X	Y	X	Y
松花江干流	林地	5 826 059	5 187 350	5 826 059	5 187 350	5 826 059	5 187 350
	耕地	5 756 562	5 174 714	5 756 562	5 174 714	5 756 562	5 174 714
	草地	5 687 064	5 286 331	5 680 746	5 286 331	5 682 852	5 284 225
	湿地	5 777 622	5 237 894	5 781 833	5 246 317	5 777 622	5 246 318
	人工表面	5 748 138	5 178 926	5 746 032	5 181 032	5 741 820	5 178 926
	其他	5 604 931	5 105 216	5 598 613	5 111 534	5 602 825	5 119 958
西流松花江	林地	5 758 614	4 825 116	5 758 614	4 825 116	5 758614	4 825 116
	耕地	5 638 329	4 895 413	5 638 329	4 895 413	5 638 329	4 895 413
	草地	5 546 162	4 939 153	5 543 037	4 940 715	5 543 037	4 940 715
	湿地	5 641 453	4 921 969	5 639 891	4 925 093	5 639 891	4 925 093
	人工表面	5 618 021	4 909 472	5 614 896	4 911 034	5 614 896	4 911 034
	其他	5 652 388	4 873 542	5 633 642	4 884 477	5 633 642	4 881 353
嫩江	林地	5 338 857	5 400 738	5 338 857	5 400 738	5 338 857	5 400 738
	耕地	5 434 466	5 257 325	5 434 466	5 254 935	5 434 466	5 252 545
	草地	5 338 857	5 173 668	5 338 857	5 173 668	5 338 857	5 176 058
	湿地	5 398 613	5 386 396	5 401 003	5 386 396	5 403 393	5 384 006
	人工表面	5 417 734	5 235 813	5 420 125	5 233 423	5 424 905	5 233 423
	其他	5 436 856	5 046 987	5 439 246	5 051 767	5 439 246	5 051 767

注：X、Y 分别代表 X 轴和 Y 轴。

对比各子流域发现，嫩江子流域各生态系统类型的重心分布相对分散，而松花江干流子流域和西流松花江子流域各生态系统类型的重心分布相对集中，尤其是西流松花江子流域；人工表面重心与耕地重心的距离相对最近，而前者离草地和林地等自然的生态系统重心的距离较远，其与湿地重心的距离为西流松花江子流域最近，松花江干流子流域次之，嫩江子流域最远（图3-14）。对比三个子流域生态系统类型重心的总体偏移情况可知，松花江干流子流域的重心偏移程度较为剧烈，明显高于其他两个子流域。但总的来看，各生态系统类型均有其相对独立且稳定的重心区域，表明生态系统较为稳定。

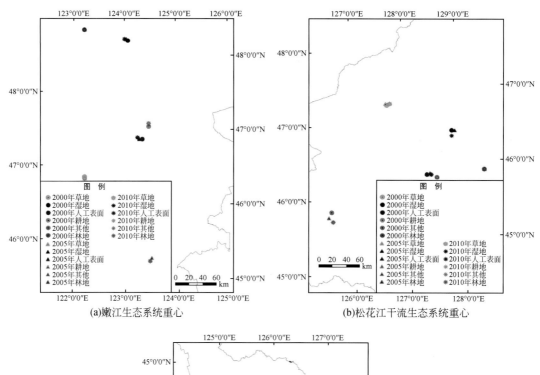

(a)嫩江生态系统重心   (b)松花江干流生态系统重心

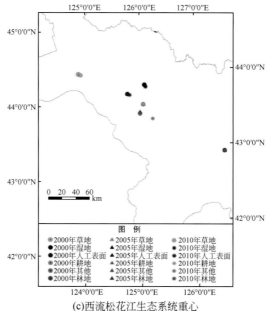

(c)西流松花江生态系统重心

图 3-14　不同年代生态系统类型斑块重心地理坐标图

3.4 生态系统类型变化影响因素分析

尽管从长时间尺度上看，自然条件对生态系统类型有一定的影响，但是在短时间尺度上，人类活动毋庸置疑是生态系统类型变化的主要驱动因素（Serra et al.，2008）。不过，在不同的空间尺度上导致生态系统类型发生变化的驱动因素不尽相同。在全球和超国家尺度上，人口增长是导致生态系统类型发生变化的直接和根本因素（Kok，2004），但在国家及更小的尺度上，生态系统类型变化的驱动将更加复杂（Lambin et al.，2001；Barona et al.，2010）。在发达国家，大规模的耕种和城镇发展等经济活动及生物多样性保护和提升环境质量的需求是生态系统类型变化的重要原因，而发展中国家则主要受到快速的人口增长、贫穷和经济条件的影响（Ningal et. al.，2008；Kuemmerle et al.，2009）。中国作为一个发展中国家，人口增长和经济发展，导致土地利用与资源的供需矛盾不断恶化，以资源开发为主的建设活动加剧生态系统类型变化，进而影响区域的生态环境健康和可持续发展。

在自然条件复杂的地区（如高原、山地），各种自然因素对生态系统类型变化发挥着很大的作用（于兴修和杨桂山，2002）。尽管自然条件对生态系统类型有一定的影响，但毫无疑问地，人类活动仍是生态系统类型变化的主要驱动因素（Serra et al.，2008）。从全球来看，生态系统类型变化的最重要的形式是耕地向自然生态系统的扩张，而人口的增加和全球经济发展是导致这一结果的最根本原因（Lambin and Meyfroidt，2011）。人口增长、社会经济发展和城市扩张是我国生态系统类型变化的主要原因（Long et al.，2007）。例如，在社会经济落后、贫困人口集中的地区，生存型经济福利驱动因素主导生态系统类型变化。国家重大政策也是生态系统类型变化格局形成的主要驱动因素。受西部开发"生态退耕"政策的影响，中西部地区林地面积显著增加，国家退耕还林还草政策成效明显，对区域土地覆盖状况的改善产生积极的影响（刘纪远，2009）。

区域生态系统类型变化驱动力研究可以从典型区域角度揭示生态系统类型变化背后的真正动因及其作用机理，进而动态模拟、预测区域生态系统类型变化过程。邵景安等（2007）将驱动因素分为自然因素、制度因素、技术因素和经济因素（表3-21）。并识别了区域生态系统类型变化驱动力分析应优先考虑的研究领域：一是驱动力因子识别及其作用效应的尺度依赖性；二是驱动力因子的贡献量化及其在具体区域的非均一分布；三是驱动力因子作用过程的自然反馈机制模型化。

表 3-21 生态系统类型主要驱动因素

驱动因素	主要因子	主要驱动区域
自然因素	地表自然作用和由人为引起的气候变化、地形演化、植物演替、土壤过程、排水格局变化等	生态脆弱区、经济欠发达且人口增长过快及由经济快速发达诱导的地表覆盖急剧变化区
制度因素	产业结构变化、政策法规乃至个人和社会群体的意愿、偏好等	生态脆弱区、发达地区及欠发达地区的城镇周边及城镇过滤区

续表

驱动因素	主要因子	主要驱动区域
技术因素	各种类型新技术	经济快速发展和人口高密度地区及经济落后地区初期的驱动力
经济因素	供给、需求、投入/产出、区域经济发展水平和消费方式等	经济快速发展地区或欠发达地区的城镇周围及城乡过滤区

从宏观上来讲，2000~2010 年是松花江流域经济稳定发展，人口持续增加，城镇化进程不断推进的一个时期，因此，经济增长和快速的城市化可能是流域内生态系统类型的宏观驱动因素。

人口的增长对区域的生态系统类型变化有重要影响，因为随着人类人口增长，对土地需求也日益紧张，需要改变原有的生态系统类型来适用于更多的人。研究发现区域总人口和耕地面积间存在显著的相关关系（$R^2 = 0.636$），随着人口增长，耕地面积持续增加（图 3-15）。

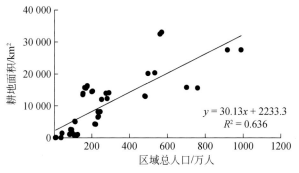

$$y = 30.13x + 2233.3$$
$$R^2 = 0.636$$

图 3-15　人口与耕地面积的关系

城镇密集程度与人口分布稠密程度一致，人口密度大的区域需要更多的居住用地和交通用地。人口密集区主要是行政中心、农业生产基地和工业生产基地的所在地。因此，人口密集区域将形成与人口稀疏区域迥然不同的生态系统类型格局。

生态系统类型作为一种人类的社会与经济活动，必然会受到经济规律的制约。随着社会主义市场经济不断发展与日趋完善，市场机制的调控作用对土地资源的开发利用具有十分明显的作用。在单位土地面积上不同生态系统类型方式所获得的收益可能差别很大。在市场经济规律的作用下，土地总是不断地由低值向高值转移，以实现生态系统类型的高产出率与高效益，最终导致不同利用类型之间发生转化。在本章中，十年间水田向旱地持续转化（图 3-16），尽管这种转化获取何种收益并不十分明确，但是这种人为驱动的生态系统类型的转化必然是受到经济利益的驱使才能得以实现。

一般来说，地区经济发展水平越高，城镇化水平也越高，人工表面需求量相应越大。反过来，城镇化水平的提高又促进了地区经济的发展（图 3-17）。二者相互促进，相得益彰。在松花江流域，大庆、哈尔滨、长春、吉林、齐齐哈尔等城市的经济水平显著高于其

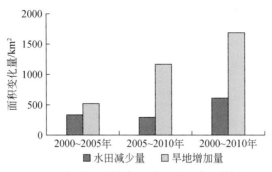

图 3-16 松花江流域水田减少量和旱地增加量

他区域，经济的发展导致人口的膨胀，相应的人工表面的面积也越大。而以林地和草地为主的地区，经济发展水平较低。统计分析也发现，随着地区生产总值的增加，人工表面的面积持续增加，因此区域的经济发展也是影响松花江流域生态系统类型变化的重要因素。

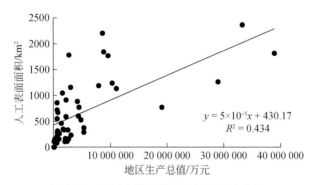

图 3-17 地区生产总值与人工表面的关系

非农业人口可以在一定程度上代表本区域的城镇化发展水平，非农业人口直接影响区域人工表面的面积，随着城镇化水平的提高，相应的人口和经济将达到一定的水平，人工表面作为硬性的需求必然增加。研究发现区域非农业人口和人工表面面积间存在显著的相关关系（$R^2 = 0.6101$），人工表面的面积随着非农业人口增长持续增加（图 3-18）。

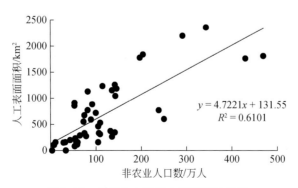

图 3-18 非农业人口和人工表面的关系

　　西流松花江子流域城镇化率显著高于松花江流域的平均水平。从生态系统类型变化的结果也得知该子流域城市化过程明显，人工表面持续增加。分析也同样发现，随着城镇化水平的增加，人工表面面积增长迅速（图 3-19）。

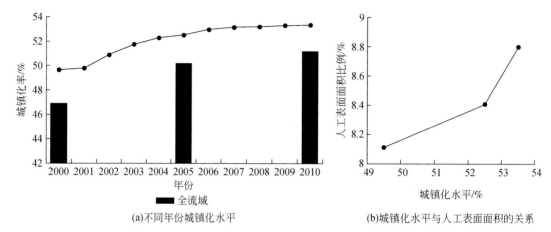

(a)不同年份城镇化水平　　　　　　　　　　(b)城镇化水平与人工表面面积的关系

图 3-19　西流松花江子流域不同年份城镇化水平及其与人工表面面积的关系

　　此外，生态系统类型变化在子流域的尺度上空间差异显著，除了与各子流域的自然属性特征、经济社会发展及城市化进程的差异有关之外，国家及区域政策导向也将产生影响。作为以农业为主导产业的嫩江子流域中下游地区，也是国家重要的商品粮生产基地，实现农业的可持续发展是这一地区经济发展的目标，因而该区域的耕地保护对全国的粮食安全具有特别重要的意义，这种宏观政策的导向促使该地区的耕地面积持续增加。嫩江流域单位面积水资源量明显少于其他两个流域（水利部松辽流域委员会，2004），但耕地面积占流域耕地面积的比例却接近 47%，水资源供需矛盾突出必将导致湿地等生态用水被挤占，这可能也是该流域湿地严重萎缩的原因。

　　西流松花江子流域是典型的以工业为主的区域，以长春、吉林两大核心城市为中心，是经济、文化均较发达的地区。该区域第二产业发达，是中国重要的汽车和化工基地，汽车产量占全国 1/3 左右（王士君等，2008）。快速工业化是区域高速城市化的基础，西流松花江子流域城市化率明显高于整个流域的平均水平。这一点也可以从该流域人工表面的显著扩张体现出来。

|第4章| 松花江流域生态系统质量

松花江流域生态系统质量总体处于低质量水平。从整个流域来看，生态系统质量不高，且不稳定，年际变化逐渐加大。从生态系统类型来看，除总面积较小的灌木生态系统维持较好的生态系统质量外，森林、草地、湿地、农田与荒漠的生态系统质量都不高。2000~2010年，森林与灌木生态系统的质量有所提高，而草地、湿地、农田与荒漠生态系统质量均发生退化。

松花江流域2000~2010年生态系统质量评估主要针对森林、灌木、草地、湿地、农田、荒漠生态系统质量进行时空动态变化监测，评估包括生物量、叶面积指数、植被覆盖度、净初级生产力、地表蒸散量的年平均值及变异系数等指标。

4.1 生态系统质量评估指标与方法

生态系统质量评估主要利用遥感解译获取的2000~2010年逐旬生态系统地表参量，针对不同生态系统类型所选用评估指标不同。数据由中国科学院遥感与数字地球研究所提供，具体见表4-1。

表4-1 生态系统质量评估指标

序号	生态系统	数据	时相	备注	评估指标
1	森林	生物量	2000年、2005年、2010年	250 m，逐年	年生物量 相对生物量密度
2	灌木	叶面积指数	2000~2010年	250 m，逐旬	年均叶面积指数 叶面积指数年变异系数 叶面积指数年均变异系数
3	草地	植被覆盖度	2000~2010年	250 m，逐旬	年均植被覆盖度 植被覆盖度年变异系数 植被覆盖度年均变异系数
4	湿地/农田	净初级生产力	2000~2010年	250 m，逐旬	年均净初级生产力 净初级生产力年总量 净初级生产力年变异系数 净初级生产力年均变异系数
5	荒漠	地表蒸散量	2000~2010年	1km，逐旬	年地表蒸散量 年地表蒸散量变异系数 地表蒸散量年均变异系数

4.1.1　生物量

生物量（biomass），指某一时刻单位面积内实存生活的有机物质（干重）总量。生物量对生态系统机构和功能的形成具有十分重要的作用，是生态系统的功能指标和获取能量能力的集中表现。由于植物群落中各种群的植物量很难测定，特别是地下器官的挖掘和分离工作非常艰巨，本章主要对地上生物量进行统计分析。

本章涉及的生物量相关的评估指标包括年生物量与相对生物量密度。

1）年生物量（AtB_i，单位：g）的计算公式为

$$\text{AtB}_i = \sum_{k=1}^{n} Y_i B_k S_k \tag{4-1}$$

2）相对生物量密度（RBD_{ij}）

$$\text{RBD}_{ij} = \frac{B_{ij}}{\text{CCB}_j} \times 100\% \tag{4-2}$$

式中，i 为年数；n 为生态系统内影像像元数；$Y_i B_k$ 为第 i 年第 k 个像元生物量；S_k 为第 k 个像元面积；RBD_{ij} 为生态系统内 j 生态区域的 i 像元相对生物量密度；B_{ij} 为 i 像元生物量；CCB_j 为 j 类生态系统区域内最大生物量。

4.1.2　叶面积指数

叶面积指数（leaf area index，LAI），指为单位地面面积内绿色叶子的单面面积之和，是叶覆盖量的无量纲度量，受植物大小、年龄、株行距和其他因子的影响。叶面积的大小及其分布直接影响着林分对光能的截获及利用，进而影响着林分生产力，因此叶面积指数是植物光合作用、蒸腾作用、联系光合和蒸腾的关系、水分利用以及构成生产力基础等方面进行群体和群落生长分析时必不可少的一个重要参数。

本章涉及的叶面积指数相关的评估指标包括年均叶面积指数、叶面积指数年变异系数与叶面积指数年均变异系数。

1）年均叶面积指数（AuL_i）的计算公式为

$$\text{AuL}_i = \frac{\sum_{j=1}^{36} \text{DecL}_{ij}}{36} \tag{4-3}$$

2）叶面积指数年变异系数（CVL_i）的计算公式为

$$\text{CVL}_i = \frac{\sqrt{\dfrac{\left[\sum_{j=1}^{36} (\text{DecL}_{ij} - \text{AuL}_i)^2\right]}{35}}}{\text{AuL}_i} \tag{4-4}$$

3）叶面积指数年均变异系数（ACVL_i）的计算公式为

$$ACVL_i = \frac{\sum\limits_{i}^{n} CVL_i}{n} \tag{4-5}$$

式中，i 为年数；j 为旬数；$DecL_{ij}$ 为第 i 年第 j 旬影像 LAI 值；n 为生态系统内影像像元数量。

4.1.3 植被覆盖度

植被覆盖度（vegetation fraction，VF），指单位面积内植被（包括叶、茎、枝）在地面的垂直投影面积占总面积的百分比，是反映一个国家或地区植被覆盖面积占有情况或植被资源丰富程度及实现绿化程度的指标。

本章涉及的植被覆盖度相关的评估指标包括年均植被覆盖度、植被覆盖度年变异系数与植被覆盖度年均变异系数。

（1）年均植被覆盖度（AuF_i）的计算公式为

$$AuF_i = \frac{\sum\limits_{j=1}^{36} DecF_{ij}}{36} \tag{4-6}$$

（2）植被覆盖度年变异系数（CVF_i）的计算公式为

$$CVF_i = \frac{\sqrt{\dfrac{\left[\sum\limits_{j=1}^{36}\left(DecF_{ij} - AuF_i\right)^2\right]}{35}}}{AuF_i} \tag{4-7}$$

（3）植被覆盖度年均变异系数（$ACVF_i$）的计算公式为

$$ACVF_i = \frac{\sum\limits_{i}^{n} CVF_i}{n} \tag{4-8}$$

式中，i 为年数；j 为旬数；$DecF_{ij}$ 为第 i 年第 j 旬影像植被覆盖度；n 为生态系统内影像像元数量。

4.1.4 净初级生产力

净初级生产力（net primary productivity，NPP），是指在植物光合作用所固定的光合产物或有机碳中，扣除植物自身呼吸消耗部分后，真正用于植物生长和生殖的光合产物量或有机碳量。它反映了植被生产力状况，是生态系统能量和物质循环的基础。

本章涉及的净初级生产力相关的评估指标包括年均净初级生产力、净初级生产力年总量、净初级生产力年变异系数与净初级生产力年均变异系数。

1）年均净初级生产力（AuN_i，单位：g C/m^2）的计算公式为

$$AuN_i = \frac{\sum\limits_{j=1}^{36} DecN_{ij}}{36} \tag{4-9}$$

2）净初级生产力年总量（ZN_i）的计算公式为

$$ZN_i = \sum_{j=1}^{36} \sum_{k=1}^{n} (DecN_{ijk} \times S_k) \tag{4-10}$$

3）净初级生产力年变异系数（CVN_i）的计算公式为

$$CVN_i = \frac{\sqrt{\dfrac{\left[\sum\limits_{j=1}^{36}(DecN_{ij} - AuN_i)^2\right]}{35}}}{AuN_i} \tag{4-11}$$

4）净初级生产力年均变异系数（$ACVN_i$）的计算公式为

$$ACVN_i = \frac{\sum\limits_{i}^{n} CVN_i}{n} \tag{4-12}$$

式中，i 为年数；j 为旬数，$DecN_{ij}$ 为第 i 年第 j 旬影像 NPP 值；$DecN_{ijk}$ 为第 i 年第 j 旬影像中第 k 个像元 NPP 值；S_k 为第 k 个像元面积；n 为生态系统内影像像元数量。

4.1.5 地表蒸散量

蒸散发（evapotranspiration，ET）包括地表水分蒸发与植物体内水分的蒸腾。它对地球表面水分和能量平衡过程的模拟以及动态监测具有重要的科学意义与实用价值，地表蒸散量的准确估算对于农业干旱和水文干旱监测、水资源分布及利用、农业生产管理和全球气候变化评估等具有重要的参考价值。

本章涉及的地表蒸散量相关的评估指标包括年地表蒸散量、年地表蒸散量变异系数与地表蒸散量年均变异系数。

1）年地表蒸散量（AuE_i，单位：mm）的计算公式为

$$AuE_i = \sum_{j=1}^{36} DecE_{ijk} \tag{4-13}$$

2）年地表蒸散量变异系数（CVE_i）的计算公式为

$$CVE_i = \frac{\sqrt{\dfrac{\left[\sum\limits_{j=1}^{36}\left(DecE_{ij} - \dfrac{AuE_i}{36}\right)^2\right]}{35}}}{\dfrac{AuE_i}{36}} \tag{4-14}$$

3）地表蒸散量年均变异系数（$ACVE_i$）的计算公式为

$$ACVE_i = \frac{\sum\limits_{i}^{n} CVE_i}{n} \tag{4-15}$$

式中，i 为年数；j 为旬数；k 为影像像元序数；$DecE_{ij}$ 为第 i 年第 j 旬影像地表蒸散量；$DecE_{ijk}$ 为第 i 年第 j 旬影像中第 k 个像元地表蒸散量；n 为生态系统内影像像元数量。

4.2 流域总体生态系统质量评估及变化

4.2.1 生物量

本节基于遥感影像，计算得出 2000 年、2005 年和 2010 年流域生态系统的年地上生物量，见表 4-2。随着时间的推移，年地上生物量逐渐增加，但增幅有所回落。

表 4-2 松花江流域生态系统年地上生物量

年份	2000	2005	2010
生物量/10^6 t	1829.66	1896.12	2118.89

相对生物量密度值域为 0～1，将其平均分为低、较低、中、较高、高，共 5 级，其对应相对生物量密度取值范围分别为：0～0.2，0.2～0.4，0.4～0.6，0.6～0.8，0.8～1。统计每年相对生物量密度等级的面积及比例，并依据分级标准对 2000 年、2005 年和 2010 年每年相对生物量密度进行成图。

从相对生物量密度的面积构成来看（表 4-3），松花江流域相对生物量密度低等级的面积最大，超过 40 万 km²；随着等级的升高，其对应的面积显著减少，高等级面积不到 0.4 万 km²（表 4-3）。从 2000～2010 年，除低等级所占比例减少了约 10%，其余等级对应比例均不同程度地增加。整体上，流域相对生物量密度以低等级为主，十年间呈由低等级向高等级转化的趋势。

表 4-3 松花江流域生态系统相对生物量密度各等级面积与比例

年份	统计参数	低	较低	中	较高	高
2000	面积/km²	465 582.50	80 740.06	8 376.56	1 125.56	131.00
	比例/%	83.74	14.52	1.51	0.20	0.03
2005	面积/km²	446 024.94	99 655.00	8 778.50	1 263.88	233.38
	比例/%	80.23	17.92	1.58	0.23	0.04
2010	面积/km²	403 955.81	134 969.50	15 015.31	1 677.81	337.25
	比例/%	72.66	24.28	2.70	0.30	0.06

从空间分布来看（图 4-1），松花江流域相对生物量密度低的地区占全流域的大部，主要分布在流域中部、西南部和东部三江平原区，密度较低的地区分布在流域边缘的大小兴安岭山脉、长白山脉沿线。中、较高与高密度区域零散分布于各山区，其中，流域南部长白山区分布有一小块相对生物量高密度区域。2000～2010 年，相对生物量密度空间格局

未发生显著改变，密度较低区域在山区有所增加。

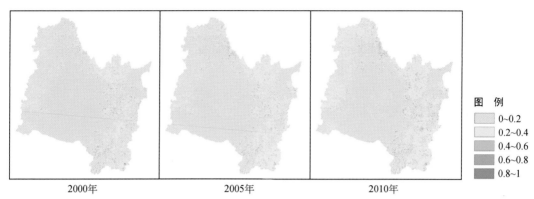

2000年　　　　　　　　2005年　　　　　　　　2010年

图 4-1　2000 年、2005 年和 2010 年生态系统相对生物量密度各等级时空分布

4.2.2　叶面积指数

本节将年均叶面积指数分为低、较低、中、较高、高，共 5 个等级，对应叶面积指数取值范围分别为：0~2，2~4，4~6，6~8，8~∞，统计得到 2000~2010 年松花江流域年均叶面积指数各等级的面积及比例，并对各等级时空分布成图。

从面积构成来看（表4-4），年均叶面积指数各等级的差异明显，面积最大的为高级，其次是中级，最小的是低级。超过一半的面积处于年均叶面积指数高级水平，中级以上的占流域面积的 80%，表明流域生态系统质量中叶面积指数较好。从年际变化来看，2000~2010 年，年均叶面积指数在中级以下的面积比例呈现小幅的减少趋势；中级的面积比例出现一定程度波动；而中级以上的面积比例在波动中小幅增加，反映出流域生态系统质量中叶面积指数随时间进一步提高。

表 4-4　松花江流域生态系统年均叶面积指数各等级面积与比例

年份	统计参数	低	较低	中	较高	高
2000	面积/km²	18 871.94	72 437.25	94 996.00	70 133.75	299 508.19
	比例/%	3.39	13.03	17.09	12.62	53.87
2001	面积/km²	30 224.94	84 233.63	82 619.63	62 560.75	296 308.19
	比例/%	5.44	15.15	14.86	11.25	53.30
2002	面积/km²	12 268.06	66 578.50	99 135.56	77 439.19	300 525.81
	比例/%	2.21	11.98	17.83	13.93	54.05
2003	面积/km²	15 818.81	62 855.13	111 272.13	82 223.06	283 778.00
	比例/%	2.85	11.31	20.01	14.79	51.04
2004	面积/km²	22 529.44	77 323.94	94 982.25	70 453.69	290 657.81
	比例/%	4.05	13.91	17.08	12.67	52.29

续表

年份	统计参数	低	较低	中	较高	高
2005	面积/km²	16 724.19	50 408.69	103 799.75	79 260.13	305 754.38
	比例/%	3.01	9.07	18.67	14.25	55.00
2006	面积/km²	13 588.75	57 814.25	97 305.19	79 536.69	307 702.25
	比例/%	2.44	10.40	17.50	14.31	55.35
2007	面积/km²	18 459.69	70 068.69	98 477.81	77 190.31	291 750.63
	比例/%	3.32	12.60	17.71	13.88	52.49
2008	面积/km²	12 092.69	47 724.75	87 513.44	79 721.38	328 894.88
	比例/%	2.18	8.58	15.74	14.34	59.16
2009	面积/km²	14 957.88	69 338.31	96 621.00	82 924.75	292 105.19
	比例/%	2.69	12.47	17.38	14.92	52.54
2010	面积/km²	15 510.88	60 842.00	87 194.69	71 384.88	321 014.69
	比例/%	2.79	10.94	15.68	12.84	57.75

从空间分布来看（图4-2），松花江流域的叶面积指数空间差异明显。年均叶面积指数中级及以下的地区集中分布于松嫩平原区，而中级以上区域大多分布于流域边界处的山区。2000~2010年，全流域年均叶面积指数的破碎化程度降低，较低等级区域向较高等级区域转化。叶面积指数的变化需要结合不同林分类型具体分析，总体来说，流域东北部地区的林地叶面积指数有增加趋势，显示其林分质量有所提高。

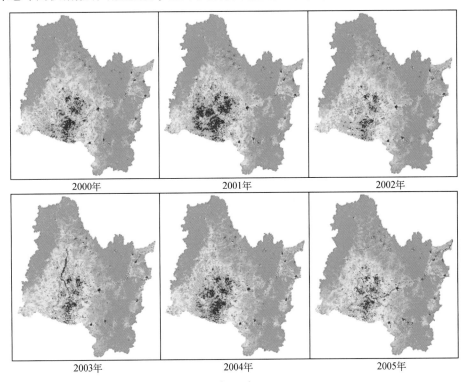

2000年　　　　　　　2001年　　　　　　　2002年

2003年　　　　　　　2004年　　　　　　　2005年

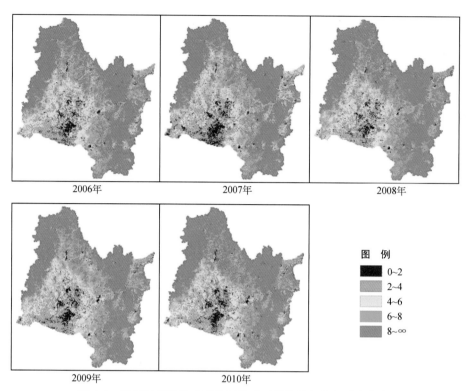

图 4-2　松花江流域生态系统年均叶面积指数各等级时空分布

　　叶面积指数年变异系数取值范围为 0 ~ ∞，变异系数越大，说明生态系统叶面积指数的变动越大。基于叶面积指数年变异系数的计算结果，将叶面积指数年变异系数分为小、较小、中、较大、大，共 5 级，取值分别为：0 ~ 0.2，0.2 ~ 0.4，0.4 ~ 0.8，0.8 ~ 1，1 ~ ∞。统计 2000 ~ 2010 年松花江流域叶面积指数年变异系数各等级的面积及比例（表4-5），将各等级时空分布成图。

表 4-5　松花江流域生态系统叶面积指数年变异系数各等级面积及比例

年份	统计参数	小	较小	中	较大	大
2000	面积/km²	1.56	52.94	23 360.44	199 861.94	328 328.25
	比例/%	0.00	0.01	4.23	36.23	59.53
2001	面积/km²	1.06	33.94	11 309.00	113 948.88	426 282.88
	比例/%	0.00	0.01	2.05	20.66	77.28
2002	面积/km²	27.44	143.31	12 152.81	130 484.31	409 251.81
	比例/%	0.00	0.03	2.20	23.64	74.13
2003	面积/km²	40.94	153.00	11 221.25	120 293.50	420 271.69
	比例/%	0.01	0.03	2.03	21.79	76.15

续表

年份	统计参数	小	较小	中	较大	大
2004	面积/km²	16.63	100.13	7 777.81	73 711.06	469 952.50
	比例/%	0.00	0.02	1.41	13.36	85.21
2005	面积/km²	2.31	42.00	5 373.44	80 835.19	465 493.56
	比例/%	0.00	0.01	0.97	14.65	84.37
2006	面积/km²	16.81	144.81	7 359.00	102 698.63	442 767.63
	比例/%	0.00	0.03	1.33	18.57	80.07
2007	面积/km²	27.31	115.75	11 733.56	140 800.94	400 164.44
	比例/%	0.00	0.02	2.12	25.47	72.39
2008	面积/km²	27.56	77.13	5 243.06	92 899.25	455 070.56
	比例/%	0.00	0.01	0.95	16.79	82.25
2009	面积/km²	76.88	176.31	16 405.44	123 304.31	413 396.38
	比例/%	0.01	0.03	2.96	22.28	74.72
2010	面积/km²	1.75	68.56	13 870.13	100 392.88	438 747.50
	比例/%	0.00	0.01	2.51	18.15	79.33

从面积构成来看（表4-5），叶面积指数年变异系数各等级的面积差异明显，具体表现为：小＜较小＜中＜较大＜大，其中，中级以上的区域面积之和超过流域总面积的95%，表明松花江流域生态系统叶面积指数的变动很大。从年际变化来看，2000～2010年，流域生态系统叶面积指数年变异系数有增大的趋势，表明其叶面积指数的变动加剧。

从空间分布来看（图4-3），松花江流域的叶面积指数年变异系数空间差异明显。2000年，年变异系数中级及以下的地区主要分布于流域西侧和东侧，呈两条明显竖带状。至2010年，西侧区域明显加深，竖带状格局几乎消失，而东侧的中级区域破碎化程度提高，变异程度增大，反映出流域整体的叶面积指数时空变动均较大。

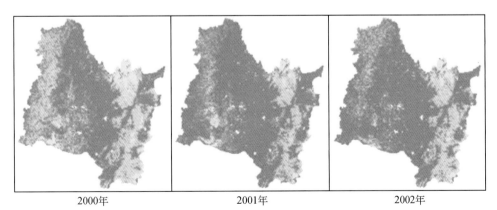

| 2000年 | 2001年 | 2002年 |

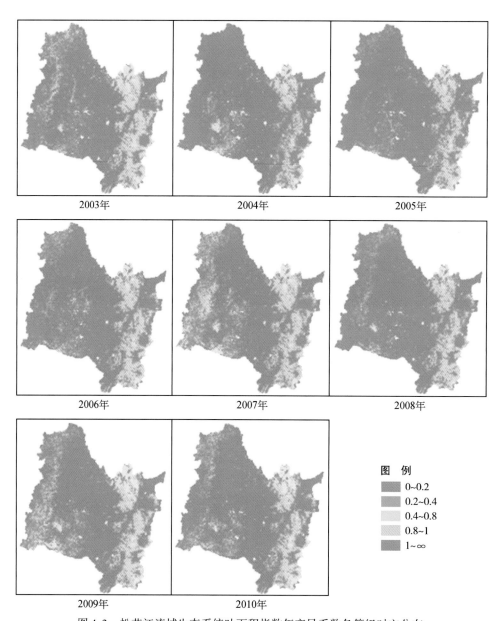

图4-3 松花江流域生态系统叶面积指数年变异系数各等级时空分布

叶面积指数年均变异系数计算结果显示（表4-6），流域整体叶面积指数变异程度在波动中呈现增长趋势，反映出流域生态系统质量在时空尺度上的变异有所增加。

表4-6 2000～2010年松花江流域生态系统叶面积指数年均变异系数

年份	2000	2001	2002	2003	2004	2005	2006	2007	2008	2009	2010
年均变异系数	1.0696	1.1621	1.1539	1.1550	1.2189	1.2154	1.1748	1.1470	1.2403	1.1872	1.1902

4.2.3 植被覆盖度

本节将年均植被覆盖度指数分为低、较低、中、较高、高共 5 个等级，对应植被覆盖度指数取值范围分别为：0 ~ 20%，20% ~ 40%，40% ~ 60%，60% ~ 80%，80% ~ 100%，统计 2000 ~ 2010 年松花江流域生态系统年均植被覆盖度指数各等级面积及比例（表 4-7），并将各等级时空分布成图。

表 4-7　松花江流域生态系统年均植被覆盖度各等级面积及比例

年份	统计参数	低	较低	中	较高	高
2000	面积/km²	12 119.25	219 304.63	237 736.69	84 982.19	1 821.19
	比例/%	2.18	39.45	42.76	15.29	0.32
2001	面积/km²	41 209.38	300 386.94	181 744.00	32 501.25	122.38
	比例/%	7.41	54.03	32.69	5.85	0.02
2002	面积/km²	19 638.38	302 964.38	197 475.44	35 747.81	137.94
	比例/%	3.53	54.49	35.52	6.43	0.03
2003	面积/km²	22 383.94	325 808.94	171 826.06	35 750.69	194.31
	比例/%	4.03	58.60	30.91	6.43	0.03
2004	面积/km²	29 504.81	336 075.00	164 528.00	25 752.13	104.00
	比例/%	5.31	60.45	29.59	4.63	0.02
2005	面积/km²	22 629.81	328 591.25	178 920.63	25 755.44	66.81
	比例/%	4.07	59.10	32.18	4.63	0.02
2006	面积/km²	24 436.44	333 409.56	167 734.50	30 323.88	59.56
	比例/%	4.40	59.97	30.17	5.45	0.01
2007	面积/km²	25 751.81	311 161.56	184 927.81	33 855.19	267.56
	比例/%	4.63	55.97	33.26	6.09	0.05
2008	面积/km²	17 968.25	320 161.38	173 234.88	44 402.31	197.13
	比例/%	3.23	57.59	31.16	7.99	0.03
2009	面积/km²	24 505.56	337 853.38	153 788.56	39 661.56	154.88
	比例/%	4.41	60.77	27.66	7.13	0.03
2010	面积/km²	25 009.63	331 115.00	158 346.31	40 921.38	571.63
	比例/%	4.50	59.56	28.48	7.36	0.10

从面积构成来看（表 4-7），年均植被覆盖度各等级的差异明显，具体表现为：高 < 低 < 较高 < 中 < 较低。2001 年之后，超过一半的面积处于年均植被覆盖度较低级水平，而中级及以下所占面积约为流域面积的 90%，表明流域生态系统质量中植被覆盖度较低。从年际变化来看，2000 ~ 2010 年，年均植被覆盖度在中级以下的面积比例呈现小幅的增加

趋势；中级的面积比例呈现降低趋势；而中级以上的面积比例在 2001 年显著降低，后小幅增加，反映出流域内低覆盖度（低质草地）的生态系统面积增加，而中覆盖度（优质草地）和较高覆盖度（林地）的面积均减少，即整个流域的植被状况随时间有所恶化。

从空间分布来看（图 4-4），松花江流域的植被覆盖度空间差异明显。年均植被覆盖度中级以下的地区集中分布于松嫩平原区与三江平原区，而中级及以上区域大多分布于流域边界处的山区。2000～2010 年，全流域年均植被覆盖度的破碎化程度增加，流域东侧植被覆盖度较高的区域面积显著减少，较高等级区域向较低等级区域转化。总体来说，流域的植被覆盖度较低，且十年间进一步减少。

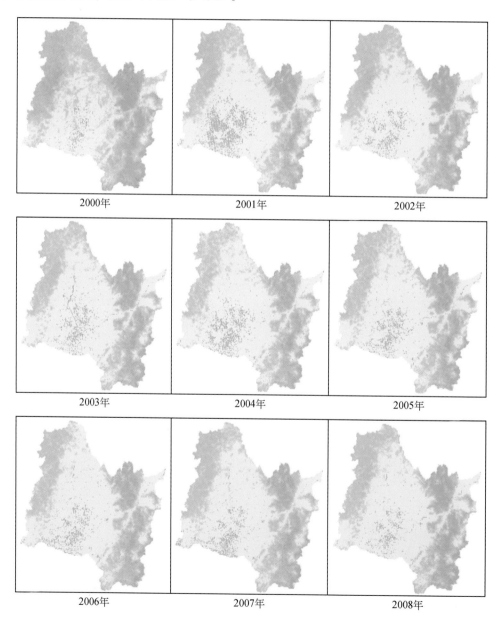

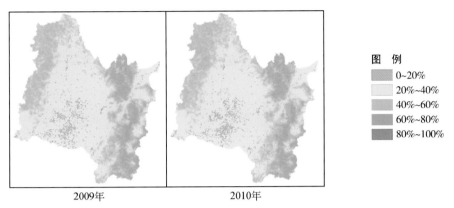

2009年 2010年

图 4-4 松花江流域生态系统年均植被覆盖度各等级时空分布

植被覆盖度年变异系数取值范围为 $0 \sim \infty$ ，变异系数越大，说明植被覆盖度的变动越大。基于植被覆盖度年变异系数的计算结果，将植被覆盖度年变异系数分为小、较小、中、较大、大，共 5 级，取值范围分别为：$0 \sim 0.5$，$0.5 \sim 1$，$1 \sim 1.5$，$1.5 \sim 2$，$2 \sim \infty$，统计得到 2000 ~ 2010 年松花江流域生态系统植被覆盖度年变异系数各等级面积及比例（表 4-8），并将各等级时空分布成图。

表 4-8 松花江流域生态系统植被覆盖度年变异系数各等级面积及比例

年份	统计参数	小	较小	中	较大	大
2000	面积/km²	73 365.44	476 955.00	3 373.75	674.88	1 018.69
	比例/%	13.21	85.88	0.61	0.12	0.18
2001	面积/km²	52 340.31	446 586.63	54 154.00	589.00	525.88
	比例/%	9.44	80.58	9.77	0.11	0.10
2002	面积/km²	60 150.81	459 480.81	33 560.69	733.44	444.69
	比例/%	10.85	82.88	6.05	0.13	0.09
2003	面积/km²	56 303.63	433 614.44	63 096.63	923.19	387.56
	比例/%	10.16	78.22	11.38	0.17	0.07
2004	面积/km²	43 480.06	462 731.38	46 738.69	687.13	564.19
	比例/%	7.85	83.50	8.43	0.12	0.10
2005	面积/km²	42 202.88	434 379.75	75 646.31	1 008.19	907.13
	比例/%	7.62	78.39	13.65	0.18	0.16
2006	面积/km²	54 921.00	436 317.81	61 221.63	866.50	792.19
	比例/%	9.91	78.74	11.05	0.16	0.14
2007	面积/km²	67 747.38	462 499.44	22 419.06	622.94	786.88
	比例/%	12.23	83.47	4.05	0.11	0.14
2008	面积/km²	83 575.06	395 511.13	73 509.50	696.69	851.56
	比例/%	15.08	71.37	13.27	0.13	0.15

年份	统计参数	小	较小	中	较大	大
2009	面积/km²	61 062.81	358 419.31	133 001.75	707.63	932.81
	比例/%	11.02	64.68	24.00	0.13	0.17
2010	面积/km²	50 802.19	339 323.50	162 018.06	968.88	888.19
	比例/%	9.17	61.25	29.25	0.17	0.16

　　从面积构成来看（表4-8），十年间植被覆盖度年变异系数各等级的面积差异明显，较小级所占面积比例最大，而中级以上的区域面积之和不到流域总面积的1%，表明松花江流域生态系统植被覆盖度的变动较小。从年际变化来看，2000～2010年，流域生态系统叶面积指数年变异系数中级以下的区域明显减少，转化成中级区，而中级以上的区域面积较为稳定，表明其植被覆盖度的变动略有增加。

　　从空间分布来看（图4-5），松花江流域的植被覆盖度年变异系数时空差异明显。2000年，全流域仅有松嫩平原区零散分布有年变异系数中级以上的地区，变异系数低级的地区位于流域东、西两侧。至2010年，流域中南部与三江流域形成明显的黄色区域，即变异系数中级区，而西侧的低级区域基本消失，反映出流域整体植被覆盖度在一定程度上变动。

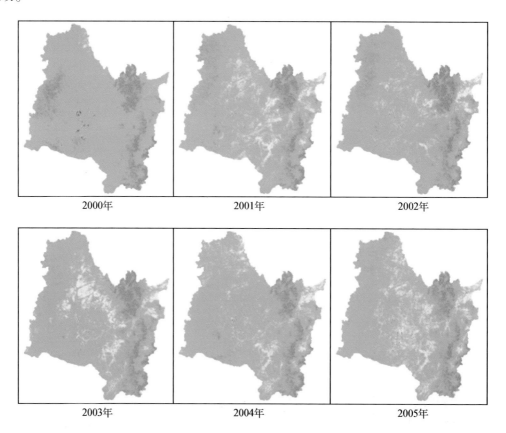

| 2000年 | 2001年 | 2002年 |

| 2003年 | 2004年 | 2005年 |

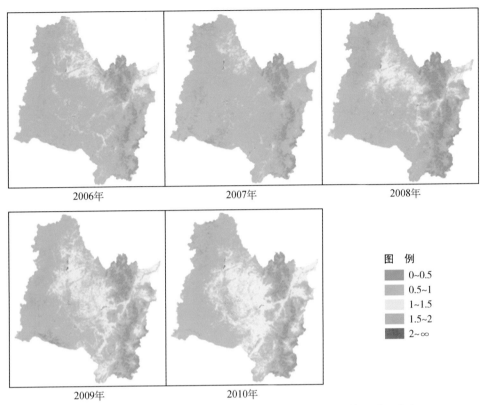

2006年　　　　　　　2007年　　　　　　　2008年

图　例
- 0~0.5
- 0.5~1
- 1~1.5
- 1.5~2
- 2~∞

2009年　　　　　　　2010年

图 4-5　松花江流域生态系统植被覆盖度年变异系数各等级时空分布

植被覆盖度年均变异系数计算结果显示（表 4-9），2000～2010 年松花江流域整体植被覆盖度的变异程度在波动中呈现一定增长趋势，表明流域生态系统质量在时空尺度上的变动有所增加。

表 4-9　2000～2010 年松花江流域生态系统植被覆盖度年均变异系数

年份	2000	2001	2002	2003	2004	2005	2006	2007	2008	2009	2010
年均变异系数	0.6732	0.7821	0.7511	0.7825	0.8040	0.8227	0.7862	0.7202	0.7555	0.8283	0.8529

4.2.4　净初级生产力

本节将年均净初级生产力指数分为低、较低、中、较高、高，共 5 个等级，对应净初级生产力取值范围分别为：0～6，6～12，12～18，18～24，24～∞，单位为 Mg C/hm²，统计得到 2000～2010 年松花江流域生态系统年均净初级生产力指数各等级面积及比例，并将各等级时空分布成图。

从面积构成来看（表 4-10），年均净初级生产力各等级的差异明显，具体表现为：低 < 高 < 较低 < 较高 < 中。年均净初级生产力中级水平的面积约占流域总面积的 40%～

50%，中级以上的面积之和与中级以下的几乎相等，表明流域生态系统质量中净初级生产力处于中等水平。从年际变化来看，2000～2010年，年均净初级生产力中级的面积比例呈现一定的增加趋势，其余各等级占比均在波动中出现下降，反映出流域生态系统质量中净初级生产力进一步正态化分布。

表 4-10　松花江流域生态系统年均净初级生产力各等级面积及比例

年份	统计参数	低	较低	中	较高	高
2000	面积/km²	20 500.50	109 648.00	216 936.31	168 830.56	40 048.56
	比例/%	3.69	19.72	39.02	30.37	7.20
2001	面积/km²	34 430.81	138 041.63	228 520.50	138 506.44	16 464.56
	比例/%	6.19	24.83	41.10	24.91	2.97
2002	面积/km²	11 601.31	87 016.31	270 208.75	171 526.50	15 611.06
	比例/%	2.09	15.65	48.60	30.85	2.81
2003	面积/km²	15 912.13	143 748.88	254 450.19	124 582.13	17 270.63
	比例/%	2.86	25.86	45.77	22.41	3.10
2004	面积/km²	24 038.69	104 869.69	271 810.25	141 529.50	13 715.81
	比例/%	4.32	18.86	48.89	25.46	2.47
2005	面积/km²	42 028.38	235 266.44	121 226.56	144 321.25	13 121.31
	比例/%	7.56	42.32	21.80	25.96	2.36
2006	面积/km²	16 470.38	99 703.69	283 247.56	141 204.69	15 337.63
	比例/%	2.96	17.93	50.95	25.40	2.76
2007	面积/km²	23 051.06	85 493.56	248 942.13	176 500.13	21 977.06
	比例/%	4.15	15.38	44.78	31.75	3.94
2008	面积/km²	13 703.69	81 124.31	296 442.06	136 649.69	28 044.19
	比例/%	2.46	14.59	53.32	24.58	5.05
2009	面积/km²	18 930.69	108 318.75	278 776.44	127 524.94	22 413.13
	比例/%	3.41	19.48	50.14	22.94	4.03
2010	面积/km²	17 594.31	74 125.81	282 156.63	157 099.75	24 987.44
	比例/%	3.16	13.33	50.75	28.26	4.50

从空间分布来看（图4-6），松花江流域的净初级生产力空间差异明显。年均净初级生产力中级以下的地区集中分布于松嫩平原区及松花江干流沿岸，而中级以上区域大多分布于流域边界处东、西两侧的山区。从时间上看，2000～2005年全流域年均净初级生产力中级以下区域明显增加，而2005～2010年中级的区域显著增加，十年间净初级生产力中级以上的区域破碎化程度增加。总体来说，流域的净初级生产力呈均衡化趋势，两级分化减弱。

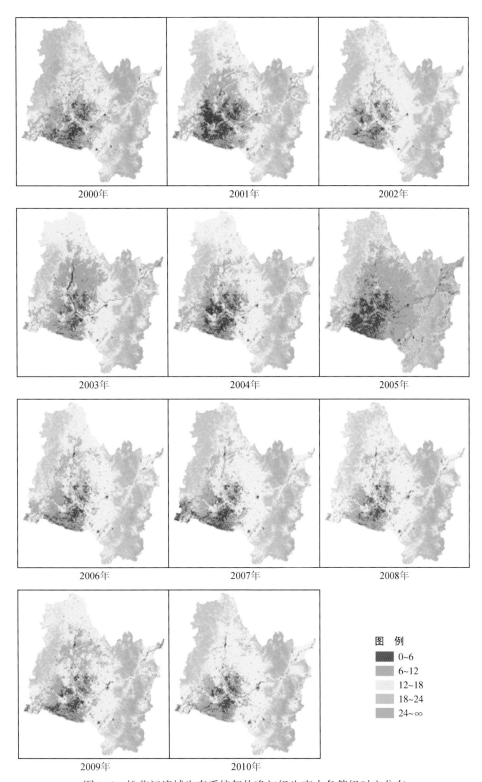

2000年 2001年 2002年

2003年 2004年 2005年

2006年 2007年 2008年

2009年 2010年

图 例
0~6
6~12
12~18
18~24
24~∞

图4-6 松花江流域生态系统年均净初级生产力各等级时空分布

净初级生产力年总量计算结果显示（表4-11），2000～2010年松花江流域生态系统净初级生产力年总量在波动中呈现小幅减少，反映出流域生态系统质量有一定程度的下降。

表4-11 2000～2010年松花江流域生态系统净初级生产力年总量

年份	2000	2001	2002	2003	2004	2005	2006	2007	2008	2009	2010
净初级生产力年总量/Pg**	0.3198	0.2913	0.3155	0.2878	0.3015	0.1928*	0.3057	0.3161	0.3130	0.3036	0.3141

注：*表示2005年遥感影像有缺失，使得计算值明显偏小；**表示1Pg=10^{15}，下同。

净初级生产力年变异系数取值范围为0～∞，变异系数越大，说明净初级生产力的变动越大。基于净初级生产力年变异系数的计算结果，将净初级生产力年变异系数分为小、较小、中、较大、大，共5级，取值分别为：0～0.5，0.5～1，1～1.5，1.5～2，2～∞，统计得到2000～2010年松花江流域生态系统净初级生产力年变异系数各等级面积及比例（表4-12），并将各等级时空分布成图。

表4-12 松花江流域生态系统净初级生产力年变异系数各等级面积及比例

年份	统计参数	小	较小	中	较大	大
2000	面积/km²	0.06	110 238.50	442 081.06	2 122.13	1 434.44
	比例/%	0.00	19.83	79.53	0.38	0.26
2001	面积/km²	0.13	92 684.44	437 131.81	25 020.94	1 071.81
	比例/%	0.00	16.67	78.63	4.50	0.20
2002	面积/km²	0.44	63 532.75	483 401.75	7 823.38	1 201.88
	比例/%	0.00	11.43	86.95	1.41	0.21
2003	面积/km²	0.56	86 646.31	455 030.13	13 447.81	829.06
	比例/%	0.00	15.59	81.85	2.42	0.14
2004	面积/km²	0.31	61 627.81	475 010.50	17 932.69	1 350.69
	比例/%	0.00	11.09	85.45	3.23	0.23
2005	面积/km²	0.13	104 989.56	391 458.38	58 037.88	1445.31
	比例/%	0.00	18.89	70.41	10.44	0.26
2006	面积/km²	2.50	65 560.50	467 914.56	20 972.00	1 458.00
	比例/%	0.00	11.79	84.17	3.77	0.27
2007	面积/km²	5.44	63 166.88	472 537.63	18 607.13	1 591.25
	比例/%	0.00	11.36	85.00	3.35	0.29
2008	面积/km²	13.19	103 581.06	436 641.63	14 281.69	1 374.75
	比例/%	0.00	18.63	78.55	2.57	0.25
2009	面积/km²	6.81	71 597.25	462 710.94	20 062.69	1 518.31
	比例/%	0.00	12.88	83.24	3.61	0.27
2010	面积/km²	3.00	67 080.81	480 326.50	7 133.31	1 338.63
	比例/%	0.00	12.07	86.41	1.28	0.24

从面积构成来看（表4-12），净初级生产力年变异系数各等级的面积差异明显，具体表现为：小＜大＜较大＜较小＜中，其中，中级的区域面积超过流域总面积的70%，表明松花江流域生态系统净初级生产力的变动处于中等水平。从年际变化来看，在十年间流域生态系统净初级生产力年变异系数由较小转化为中级，有小幅增大的趋势，表明其净初级生产力的变动略有增加。

从空间分布来看（图4-7），松花江流域的净初级生产力年变异系数空间差异不显著。年变异系数较小的区域在流域东侧有竖带状分布，而在松嫩平原区零散分布有变异系数大的区，但该分布格局在十年间未有显著改变，反映出流域整体的净初级生产力时空变动平稳。

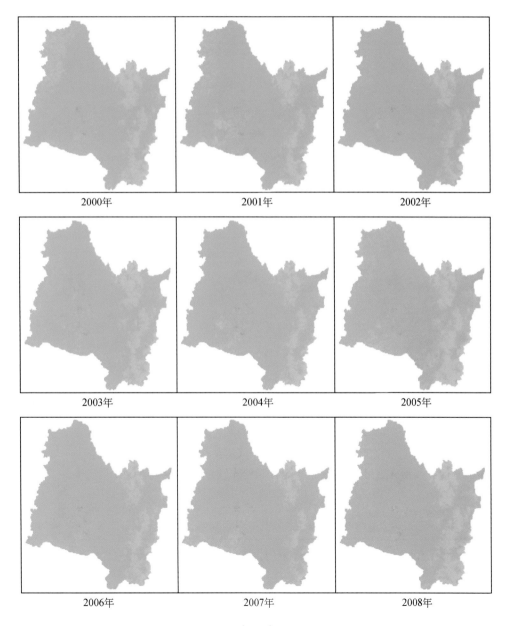

2000年 2001年 2002年

2003年 2004年 2005年

2006年 2007年 2008年

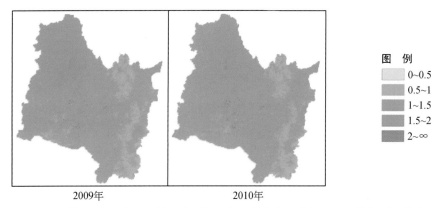

图 4-7　松花江流域生态系统净初级生产力年变异系数各等级时空分布

净初级生产力年均变异系数计算结果显示（表 4-13），2000~2010 年流域整体净初级生产力的变异程度在波动中呈现一定增长，表明流域生态系统质量在时空尺度上的变动有所增加。

表 4-13　2000~2010 年松花江流域生态系统净初级生产力年均变异系数

年份	2000	2001	2002	2003	2004	2005	2006	2007	2008	2009	2010
年均变异系数	1.1431	1.1992	1.2127	1.1915	1.2462	1.2098	1.2391	1.2319	1.2010	1.2377	1.2249

4.2.5　地表蒸散量

本节将年地表蒸散量指数分为低、较低、中、较高、高，共 5 个等级，对应地表蒸散量指数取值范围分别为：0~200，200~400，400~600，600~800，800~∞，单位为 mm，统计得到 2000~2010 年松花江流域年均地表蒸散量指数各等级面积及比例，并将各等级时空分布成图。

从面积构成来看（表 4-14），年地表蒸散量各等级的差异明显，面积最大的为中级，其次是较低级，最小的是高级。较低与中级的面积之和超过流域面积的 90%，表明流域生态系统质量中地表蒸散量处于中等偏低水平。从年际变化来看，2000~2010 年，年地表蒸散量在中级以下的面积比例呈现增加趋势；中级及以上的面积比例在波动中减少，反映出流域生态系统质量中地表蒸散量随时间呈降低趋势。

表 4-14　松花江流域生态系统年地表蒸散量各等级面积及比例

年份	统计参数	低	较低	中	较高	高
2000	面积/km²	10 882.00	168 405.00	350 096.00	25 333.00	1 234.00
	比例/%	1.96	30.29	62.97	4.56	0.22

续表

年份	统计参数	低	较低	中	较高	高
2001	面积/km²	10 507.00	216 355.00	295 013.00	32 798.00	1 277.00
	比例/%	1.89	38.92	53.06	5.90	0.23
2002	面积/km²	9 412.00	166 645.00	364 524.00	14 309.00	1 060.00
	比例/%	1.69	29.97	65.57	2.57	0.20
2003	面积/km²	18 320.00	342 947.00	190 404.00	3 794.00	485.00
	比例/%	3.30	61.69	34.25	0.68	0.08
2004	面积/km²	17 640.00	244 019.00	275 601.00	17 255.00	1 435.00
	比例/%	3.17	43.89	49.57	3.10	0.27
2005	面积/km²	12 152.00	368 755.00	170 311.00	4 395.00	337.00
	比例/%	2.19	66.33	30.63	0.79	0.06
2006	面积/km²	6 385.00	301 706.00	242 720.00	3 789.00	1 350.00
	比例/%	1.15	54.27	43.66	0.68	0.24
2007	面积/km²	15 445.00	219 988.00	315 346.00	3 505.00	1 666.00
	比例/%	2.78	39.57	56.72	0.63	0.30
2008	面积/km²	5 881.00	239 965.00	303 297.00	5 881.00	926.00
	比例/%	1.06	43.16	54.55	1.06	0.17
2009	面积/km²	22 753.00	388 282.00	140 608.00	3 536.00	771.00
	比例/%	4.09	69.84	25.29	0.64	0.14
2010	面积/km²	13 836.00	307 337.00	229 798.00	3 857.00	1 122.00
	比例/%	2.49	55.28	41.33	0.69	0.21

从空间分布来看（图4-8），松花江流域的年地表蒸散量空间差异显著。2000年，年地表蒸散量中级以下的地区主要分布于松嫩平原区和三江平原区，而中级以上区域大多分布于流域的山区，流域南部山地尤为明显。随后，全流域地表蒸散量逐渐减弱，至2005年，中级以上区域仅在松嫩平原区有零散分布，除流域南部的大部分区域处于中级以下水平。随后松嫩平原区的地表蒸散量有所增加，至2010年，流域西北和东南区域处于中级水平，其余大部为中级以下。总体来说，流域的年地表蒸散量呈减少趋势，空间分布格局也发生改变。

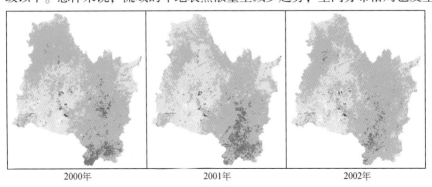

| 2000年 | 2001年 | 2002年 |

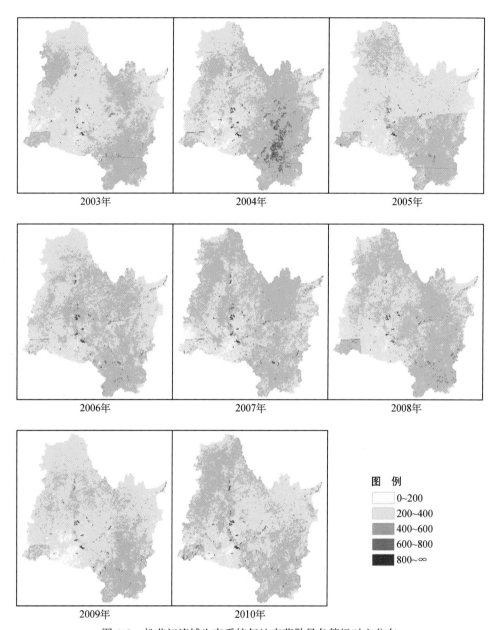

图4-8 松花江流域生态系统年地表蒸散量各等级时空分布

地表蒸散量年变异系数取值范围为 0 ~ ∞ , 变异系数越大, 说明地表蒸散量的变动越大。基于地表蒸散量年变异系数的计算成果, 将地表蒸散量年变异系数分为小、较小、中、较大、大共5级, 取值范围分别为: 0 ~ 0.2, 0.2 ~ 0.4, 0.4 ~ 0.8, 0.8 ~ 1, 1 ~ ∞, 统计得到2000 ~ 2010 年松花江流域生态系统地表蒸散量年变异系数各等级面积及比例(表4-15), 并将各等级时空分布成图。

表 4-15 松花江流域生态系统年地表蒸散量变异系数各等级面积及比例

年份	统计参数	小	较小	中	较大	大
2000	面积/km²	0.00	9.00	2 325.00	31 422.00	522 192.00
	比例/%	0.00	0.00	0.42	5.65	93.93
2001	面积/km²	0.00	25.00	2 465.00	22 363.00	531 095.00
	比例/%	0.00	0.00	0.44	4.02	95.54
2002	面积/km²	0.00	21.00	2 973.00	28 249.00	524 705.00
	比例/%	0.00	0.00	0.53	5.08	94.39
2003	面积/km²	0.00	9.00	3 054.00	36 544.00	516 341.00
	比例/%	0.00	0.00	0.55	6.57	92.88
2004	面积/km²	0.00	19.00	2 482.00	41 636.00	511 811.00
	比例/%	0.00	0.00	0.45	7.49	92.06
2005	面积/km²	0.00	2.00	2 707.00	12 512.00	540 727.00
	比例/%	0.00	0.00	0.49	2.25	97.26
2006	面积/km²	0.00	1.00	3 457.00	15 523.00	536 967.00
	比例/%	0.00	0.00	0.62	2.79	96.59
2007	面积/km²	0.00	12.00	3 168.00	6 069.00	546 699.00
	比例/%	0.00	0.00	0.57	1.09	98.34
2008	面积/km²	0.00	23.00	3 766.00	12 675.00	539 484.00
	比例/%	0.00	0.00	0.68	2.28	97.04
2009	面积/km²	0.00	2.00	3 439.00	61 357.00	491 150.00
	比例/%	0.00	0.00	0.62	11.04	88.34
2010	面积/km²	0.00	1.00	2 659.00	8 004.00	545 284.00
	比例/%	0.00	0.00	0.48	1.44	98.08

从面积构成来看（表4-15），地表蒸散量年变异系数各等级的面积差异明显，且随着等级的提高，各等级对应面积呈指数增加。其中，中级以下的区域面积占比几乎为0，而最大级占流域总面积的90%，表明松花江流域生态系统地表蒸散量的变动很大。从年际变化来看，2000~2010年，流域生态系统地表蒸散量年变异系数仍在增大，表明其地表蒸散量的变动进一步加剧。

从空间分布来看（图4-9），松花江流域的地表蒸散量年变异系数空间差异明显。2000年，年变异系数中级及以下的地区主要是零散分布于松嫩平原区，变异较大的区域在流域南部山区有明显分布。至2010年，变异系数中级及以下的区域减少，同时南部变异较大的区域基本消失，全流域呈现出最大级的变异，反映出流域整体地表蒸散量显著的时空变动状况。

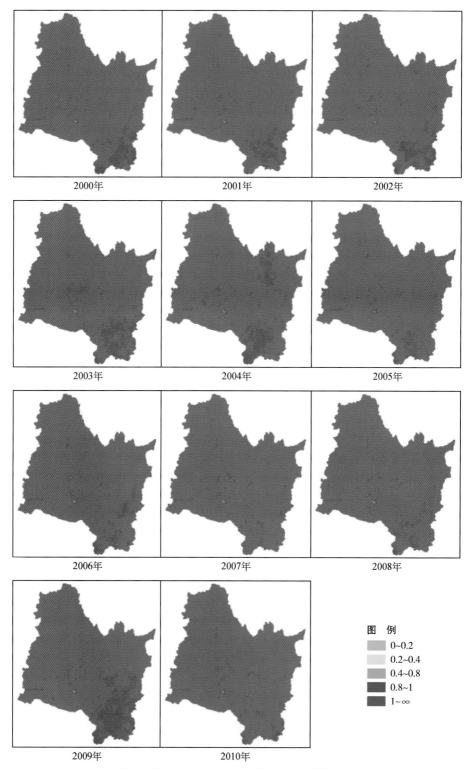

图4-9 松花江流域生态系统年地表蒸散量变异系数各等级时空分布

地表蒸散量年均变异系数计算结果显示（表 4-16），流域整体地表蒸散量的变异程度在波动中呈现增长趋势，体现出流域生态系统质量在时空尺度上的变动进一步增加。

表 4-16　2000～2010 年松花江流域生态系统地表蒸散量年均变异系数

年份	2000	2001	2002	2003	2004	2005	2006	2007	2008	2009	2010
年均变异系数	1.1938	1.2221	1.1733	1.2001	1.2040	1.3041	1.2657	1.2784	1.2495	1.2298	1.3012

4.3　不同生态系统类型的生态系统质量及变化

4.3.1　森林生态系统

本节基于遥感影像，计算得出 2000 年、2005 年和 2010 年森林生态系统的年地上生物量，见表 4-17。随着时间的推移，年地上生物量逐渐增加，且增幅进一步增大。

表 4-17　森林生态系统年地上生物量

年份	2000	2005	2010
生物量/10^6 t	1372.91	1475.79	1700.98

相对生物量密度值域为 0～1，将其平均分为低、较低、中、较高、高，共 5 级，其对应相对生物量密度取值范围分别为：0～0.2，0.2～0.4，0.4～0.6，0.6～0.8，0.8～1。统计 2000 年、2005 年和 2010 年松花江流域森林生态系统相对生物量密度各等级面积与比例（表 4-18），并依据分级标准对相对生物量密度进行成图。

表 4-18　森林生态系统相对生物量密度各等级面积与比例

年份	统计参数	低	较低	中	较高	高
2000	面积/km²	136 830.88	74 517.56	7 012.50	881.13	95.25
	比例/%	62.38	33.97	3.20	0.40	0.05
2005	面积/km²	117 872.44	93 022.44	7 474.00	991.94	165.56
	比例/%	53.69	42.37	3.40	0.45	0.09
2010	面积/km²	77 344.81	127 403.38	13 026.81	1 356.69	252.06
	比例/%	35.26	58.07	5.94	0.62	0.11

从面积构成来看（表 4-18），2000 年松花江流域森林生态系统相对生物量密度低等级的面积最大，超过 13km²，随着等级的升高，其对应面积显著减少，高等级面积不到 100km²。2000～2010 年，森林生态系统总面积先增加后减少，除低等级所占比例减少超过 25%，其余等级对应比例均不同程度地增加，其中，较低等级增加了近 25%，达到

12.7 万 km²。整体上，流域森林生态系统相对生物量密度以中级以下水平为主，十年间呈由低等级向高等级发生转化。

从空间分布来看（图4-10），松花江流域森林生态系统主要分布在流域边缘的大小兴安岭山脉、长白山脉沿线。森林生态系统大部分地区的相对生物量密度都处于中级以下水平。中级及以上区域在各山区有零散分布，其中，流域南部长白山区分布有一小块相对生物量高密度区域。2000～2010 年，相对生物量密度空间格局未发生显著改变，低级以上区域在山区有所增加。

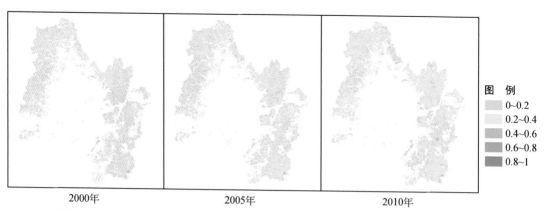

图 4-10   2000 年、2005 年和 2010 年森林生态系统相对生物量密度各等级时空分布

4.3.2   灌木生态系统

本节中灌木生态系统质量评估选用年均叶面积指数指标，将年均叶面积指数分为低、较低、中、较高、高共 5 个等级，对应叶面积指数取值范围分别为：0～2，2～4，4～6，6～8，8～∞，统计得到 2000 年、2005 年和 2010 年松花江流域灌木生态系统年均叶面积指数各等级面积与比例（表4-19），并将各等级时空分布成图。

表4-19   灌木生态系统年均叶面积指数各等级面积与比例

年份	统计参数	低	较低	中	较高	高
2000	面积/km²	14.19	482.31	694.06	561.69	1981.88
	比例/%	0.38	12.92	18.59	15.04	53.07
2005	面积/km²	16.56	110.56	860.69	737.19	2036.00
	比例/%	0.44	2.94	22.88	19.60	54.13
2010	面积/km²	13.81	373.50	694.63	578.31	2244.56
	比例/%	0.35	9.57	17.79	14.81	57.48

从面积构成来看（表4-19），灌木生态系统年均叶面积指数各等级的差异明显，面积最大的为高级，超过整个生态系统面积的一半，而中级以下的面积之和不足生态系统面积

的15%，表明灌木生态系统的质量较好。从年际变化来看，2000～2010年，灌木生态系统的总面积逐渐增加，且增幅加大，其中，年均叶面积指数高级的面积比例呈现增加趋势，其余等级的面积比例在波动减少，反映出灌木生态系统质量随时间进一步提高。

从空间分布来看（图4-11），灌木生态系统所占流域总面积的比例较少，仅在流域边缘的山区有零散分布。灌木生态系统的质量大部分处于中级以上水平，但由于面积较少，十年间的变化不显著。

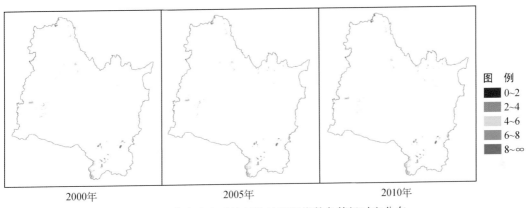

图例
0~2
2~4
4~6
6~8
8~∞

2000年 　　　　　　2005年 　　　　　　2010年

图4-11　灌木生态系统年均叶面积指数各等级时空分布

叶面积指数年变异系数取值范围为0～∞，变异系数越大，说明生态系统叶面积指数的变动越大。基于叶面积指数年变异系数的计算结果，将叶面积指数年变异系数分为小、较小、中、较大、大，共5级，取值分别为0～0.2，0.2～0.4，0.4～0.8，0.8～1，1～∞。统计2000年、2005年和2010年松花江流域灌木生态系统叶面积指数年变异系数各等级面积及比例（表4-20），将各等级时空分布成图（图4-12）。

表4-20　灌木生态系统叶面积指数年变异各等级及比例

年份	统计参数	低	较低	中	较高	高
2000	面积/km²	0.00	0.06	101.75	1486.56	2139.38
	比例/%	0.00	0.00	2.73	39.88	57.39
2005	面积/km²	0.00	0.25	8.63	295.75	3448.00
	比例/%	0.00	0.01	0.23	7.88	91.88
2010	面积/km²	0.00	0.06	47.31	439.19	3415.56
	比例/%	0.00	0.00	1.21	11.26	87.53

从面积构成来看（表4-20），灌木生态系统叶面积指数年变异系数各等级的面积差异明显，具体表现为：低＜较低＜中＜较高＜高，其中，中级以上的区域面积之和超过流域总面积的95%，表明灌木生态系统叶面积指数的变动很大。从年际变化来看，2000～2010年，叶面积指数年变异系数有增大的趋势，表明灌木生态系统质量的变动加剧。

从空间分布来看（图4-12），灌木生态系统所占流域总面积的比例较少，仅在流域边缘的山区有零散分布。灌木生态系统的叶面积指数年变异系数大部分处于高级水平，但由于面积较少，十年间的变化不显著。

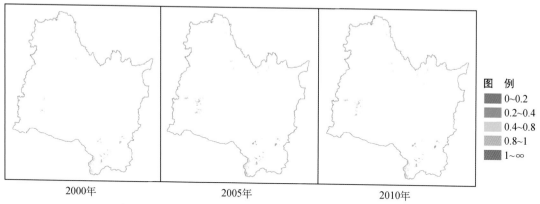

			图 例
			0~0.2
			0.2~0.4
			0.4~0.8
			0.8~1
			1~∞

2000年　　　　　　　　2005年　　　　　　　　2010年

图4-12　灌木生态系统叶面积指数年变异各等级时空分布

叶面积指数年均变异系数计算结果显示（表4-21），灌木生态系统的整体叶面积指数变异程度在波动中呈现增长趋势，反映出灌木生态系统质量在时空尺度上的变异有所增加。

表4-21　灌木生态系统叶面积指数年均变异系数

年份	2000	2005	2010
年均变异系数	1.036	1.1795	1.1641

4.3.3　草地生态系统

本节中草地生态系统质量评估选用年均植被覆盖度指标，将年均植被覆盖度分为低、较低、中、较高、高，共5个等级，对应植被覆盖度指数取值范围分别为：0 ~ 20%，20% ~40%，40% ~60%，60% ~80%，80% ~100%，统计得到2000年、2005年和2010年松花江流域草地生态系统年均植被覆盖度各级别的面积及比例，并将各等级时空分布成图。

从面积构成来看（表4-22），草地生态系统年均植被覆盖度各等级的差异明显，具体表现为：高 < 较高< 低 < 中 < 较低。2000年有超过三分之二的草地面积处于年均植被覆盖度较低级水平，2005年更超过93%，表明草地生态系统质量较低。从年际变化来看，2000 ~2010 年，草地生态系统的总面积有小幅增加，且增幅加大，其中，年均植被覆盖度在中级的面积转化为较低级，反映出流域内低覆盖度（低质草地）的生态系统面积增加，而中覆盖度（优质草地）的面积均减少，即整个流域的草地状况有所恶化。

表 4-22 草地生态系统年均植被覆盖度各等级面积及比例

年份	统计参数	低	较低	中	较高	高
2000	面积/km²	1 619.63	156 022.31	70 620.69	1 655.94	0.75
	比例/%	0.70	67.86	30.72	0.72	0.00
2005	面积/km²	4 578.50	214 802.06	10 542.81	179.06	0.00
	比例/%	1.99	93.35	4.58	0.08	0.00
2010	面积/km²	5 632.63	216 791.63	8 018.63	498.56	1.25
	比例/%	2.44	93.87	3.47	0.22	0.00

从空间分布来看（图 4-13），草地生态系统主要分布于松花江流域的松嫩平原、松辽平原以及三江平原及周边地区。2000 年，草地生态系统的年均植被覆盖度主要处于较低水平，但在近边界山区的过渡带有明显的中级区散布。2005 年与 2010 年的空间格局较为一致，整个生态系统的年均植被覆盖度基本都处于较低级，且低级区域在松嫩平原的分布有所增加，仅有东南部分布有小块状的中级水平区域，表明草地生态系统的植被覆盖度较低，且十年间草地生态系统质量发生退化。

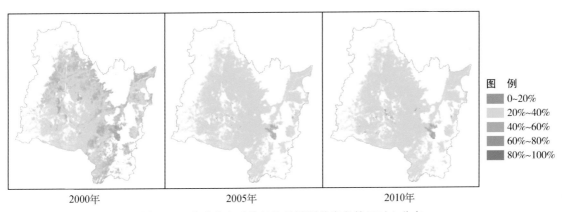

图 例
0~20%
20%~40%
40%~60%
60%~80%
80%~100%

2000年   2005年   2010年

图 4-13 草地生态系统年均植被覆盖度各等级时空分布

植被覆盖度年变异系数取值范围为 0 ~ ∞，变异系数越大，说明植被覆盖度的变动越大。基于植被覆盖度年变异系数的计算结果，将植被覆盖度年变异系数分为小、较小、中、较大、大，共 5 级，取值范围分别为：0 ~ 0.5，0.5 ~ 1，1 ~ 1.5，1.5 ~ 2，2 ~ ∞，统计得到 2000 年、2005 年和 2010 年松花江流域草地生态系统植被覆盖度年变异系数各等级面积及比例（表 4-23），并将各等级时空分布成图。

表 4-23 草地生态系统植被覆盖度年变异各等级及比例

年份	统计参数	低	较低	中	较高	高
2000	面积/km²	2 390.81	227 093.38	383.31	23.31	24.00
	比例/%	1.04	98.77	0.17	0.01	0.01

续表

年份	统计参数	低	较低	中	较高	高
2005	面积/km²	478.94	169 637.50	59 768.94	92.81	26.38
	比例/%	0.21	73.75	25.99	0.04	0.01
2010	面积/km²	621.63	96 047.19	133 984.81	93.19	64.69
	比例/%	0.27	41.61	58.05	0.04	0.03

从面积构成来看（表4-23），草地生态系统植被覆盖度年变异系数各等级的面积差异明显，较高和高级的区域面积之和不到生态系统总面积的1%，表明草地生态系统植被覆盖度发生较大变动的区域很小。从年际变化来看，2000～2010年，较低级区域占生态系统总面积由98.77%下降到41.61%，使得中级区域由0.17%上升到58.05%，其余区域的面积较为稳定，表明草地生态系统植被覆盖度的变动增加。

从空间分布来看（图4-14），草地生态系统植被覆盖度年变异系数时空差异明显。2000年，整个生态系统的植被覆盖度基本都处于较低级水平，2005年嫩江以东地区的中级区明显增加，至2010年流域中、南部与三江流域形成明显的中级区，反映出草地生态系统植被覆盖度的变动显著增加。

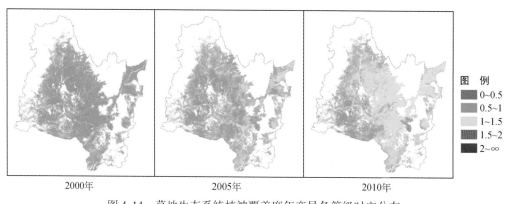

			图例
			0~0.5
			0.5~1
			1~1.5
			1.5~2
			2~∞

| 2000年 | 2005年 | 2010年 |

图4-14　草地生态系统植被覆盖度年变异各等级时空分布

植被覆盖度年均变异系数计算结果显示（表4-24），草地生态系统整体植被覆盖度的变异程度呈现明显增长趋势，但增幅有所减缓，表明草地生态系统质量在时空尺度上的变动有明显增加。

表4-24　草地生态系统植被覆盖度年均变异系数

年份	2000	2005	2010
年均变异系数	0.7487	0.9346	0.9905

4.3.4　湿地生态系统

本节中湿地生态系统质量评估选用年均净初级生产力指标，将年均净初级生产力指数分为低、较低、中、较高、高，共 5 个等级，对应净初级生产力取值范围分别为：0～6，6～12，12～18，18～24，24～∞，单位为 Mg C/hm^2，统计得到 2000 年、2005 年和 2010 年松花江流域湿地生态系统年均净初级生产力指数各级别面积及比例，并将各等级时空分布及其变化成图。

从面积构成来看（表 4-25），年均净初级生产力各等级的差异明显，具体表现为：高＜低＜较低＜较高＜中。年均净初级生产力中级水平的面积约占流域总面积的 40%～61.44%，中级以上的面积之和与中级以下的几乎相等，表明流域生态系统质量中净初级生产力处于中等水平。从年际变化来看，2000～2010 年，年均净初级生产力中级的面积比例呈现一定的增加趋势，其余各等级占比均在波动中出现下降，反映出流域生态系统质量中净初级生产力进一步正态化分布。

表 4-25　湿地生态系统年均净初级生产力各等级面积及比例

年份	统计参数	低	较低	中	较高	高
2000	面积/km^2	4 764.63	4 691.44	22 746.06	10 032.63	258.44
	比例/%	11.21	11.04	53.53	23.61	0.61
2005	面积/km^2	6 995.31	11 634.13	19 697.31	2 959.63	36.81
	比例/%	16.93	28.15	47.67	7.16	0.09
2010	面积/km^2	5 073.44	4 781.63	24 936.69	5 698.19	95.38
	比例/%	12.50	11.78	61.44	14.04	0.24

从空间分布来看（图 4-15），松花江流域的净初级生产力空间差异明显。年均净初级生产力中级以下的地区集中分布于松嫩平原区及松花江干流沿岸，而中级以上区域大多分布于流域边界处东、西两侧的山区。从时间上看，2000～2005 年全流域年均净初级生产力中级以下区域明显增加，而 2005～2010 年中级的区域显著增加，十年间净初级生产力中级以上的区域破碎化程度增加。总体来说，流域的净初级生产力呈均衡化趋势，两极分化减弱。

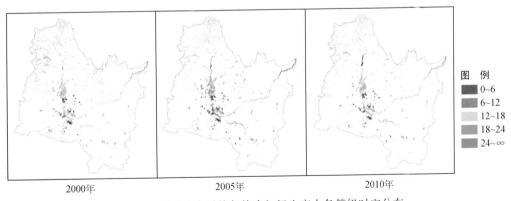

| 2000年 | 2005年 | 2010年 |

图 例
0～6
6～12
12～18
18～24
24～∞

图 4-15　湿地生态系统年均净初级生产力各等级时空分布

净初级生产力年总量计算结果显示（表 4-26），2000～2010 年松花江流域生态系统净初级生产力年总量在波动中呈现小幅减少，反映出流域生态系统质量有一定程度的下降。

表 4-26　2000～2010 年松花江流域生态系统净初级生产力年总量

年份	2000	2005	2010
净初级生产力年总量/Pg	0.0221	0.0195	0.0201

　　净初级生产力年变异系数取值范围为 0～∞，变异系数越大，说明净初级生产力的变动越大。基于净初级生产力年变异系数的计算结果，将净初级生产力年变异系数分为小、较小、中、较大、大，共 5 级，取值分别为：0～0.5，0.5～1，1～1.5，1.5～2，2～∞，统计得到 2000～2010 年松花江流域湿地生态系统净初级生产力年变异系数各等级面积及比例（表 4-27），并将各等级时空分布成图。

表 4-27　湿地生态系统净初级生产力年变异各等级面积及比例

年份	统计参数	低	较低	中	较高	高
2000	面积/km²	0.00	2945.63	36696.38	1427.38	1382.13
	比例/%	0.00	6.94	86.44	3.36	3.26
2005	面积/km²	0.00	1979.81	34625.75	3281.31	1403.75
	比例/%	0.00	4.79	83.86	7.95	3.40
2010	面积/km²	0.00	1135.13	35262.31	2837.31	1269.13
	比例/%	0.00	2.80	87.06	7.01	3.13

　　从面积构成来看（表 4-27），净初级生产力年变异系数各等级的面积差异明显，具体表现为：低＜高＜较低＜较高＜中，其中，中级的区域面积超过流域总面积的 70%，表明松花江流域生态系统净初级生产力的变动处于中等水平。从年际变化来看，在十年间流域生态系统净初级生产力年变异系数由较小转化为中级，有小幅增大的趋势，表明其净初级生产力的变动略有增加。

　　从空间分布来看（图 4-16），松花江流域的净初级生产力年变异系数空间差异不显著。年变异系数较小的区域在流域东侧有竖带状分布，而在松嫩平原区零散分布有变异系数大的区，但该分布格局在十年间未有显著改变，反映出流域整体的净初级生产力时空变动平稳。

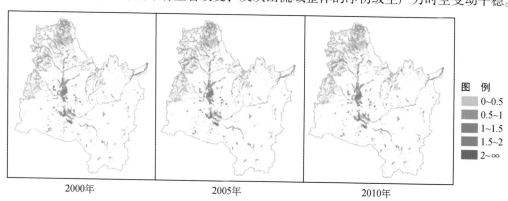

图　例
0~0.5
0.5~1
1~1.5
1.5~2
2~∞

2000年　　　　2005年　　　　2010年

图 4-16　湿地生态系统净初级生产力年变异各等级时空分布

净初级生产力年均变异系数计算结果显示（表4-28），2000～2010年湿地生态系统净初级生产力的变异程度发生一定的增长，表明湿地生态系统质量在年际上的变动在增加。

表 4-28　松花江流域生态系统净初级生产力年均变异系数

年份	2000	2005	2010
年均变异系数	1.2272	1.3163	1.3392

4.3.5　农田生态系统

本节中农田生态系统质量评估选用年均净初级生产力指标，将年均净初级生产力指数分为低、较低、中、较高、高，共5个等级，对应的叶面积指数取值范围分别为：$0～6$，$6～12$，$12～18$，$18～24$，$24～\infty$，单位为 $Mg\ C/hm^2$，统计得到2000～2010年松花江流域农田生态系统年均净初级生产力指数各等级面积及比例，并将各等级时空分布及其变化成图。

从面积构成来看（表4-29），农田生态系统年均净初级生产力各等级的差异明显，具体表现为：高 < 较高 < 低 < 较低 < 中，其中，中级及以下的区域达生态系统面积的90%，表明农田生态系统质量处于中等偏下水平。从年际变化来看，2000～2010年，农田生态系统的总面积呈减小趋势，其中，年均净初级生产力中级的面积比例呈现一定的增加趋势，其余各等级占比均在波动中出现下降，反映出农田生态系统质量趋向于正态化分布。

表 4-29　农田生态系统年均净初级生产力各等级面积及比例

年份	统计参数	低	较低	中	较高	高
2000	面积/km²	5 276.25	15 326.69	15 495.63	3 574.50	72.31
	比例/%	13.28	38.56	38.99	8.99	0.18
2005	面积/km²	8 116.94	18 075.75	11 844.69	1 756.56	10.00
	比例/%	20.39	45.41	29.76	4.41	0.03
2010	面积/km²	3 877.06	14 259.00	19 359.06	1 972.94	27.00
	比例/%	9.82	36.10	49.01	5.00	0.07

从空间分布来看（图4-17），农田生态系统主要分布于松嫩与松辽平原区，以及流域北部区域。2000～2010年流域北部区域的农田净初级生产力始终保持中级及以上水平，而平原区均处于中级及以下水平，且十年间先加深后减淡，反映其净初级生产力呈降低趋势。总体来说，农田生态系统的净初级生产力水平不高，且十年间农田生态系统质量有所退化。

净初级生产力年总量计算结果显示（表4-30），2000～2010年间农田生态系统净初级生产力年总量呈现波动，反映出农田生态系统质量并未发生显著变化。

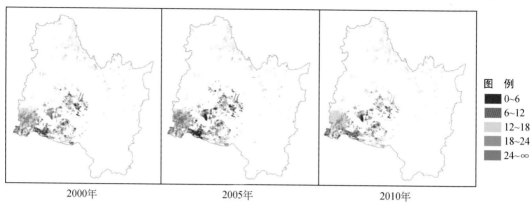

2000年　　　　　　　　2005年　　　　　　　　2010年

图 例
0~6
6~12
12~18
18~24
24~∞

图 4-17　农田生态系统年均净初级生产力各等级时空分布

表 4-30　农田生态系统净初级生产力年总量

年份	2000	2005	2010
净初级生产力年总量/Pg	0.0167	0.0161	0.0170

净初级生产力年变异系数取值范围为 0 ~ ∞，变异系数越大，说明净初级生产力的变动越大。基于净初级生产力年变异系数的计算结果，将净初级生产力年变异系数分为小、较小、中、较大、大，共 5 级，取值分别为：0 ~ 0.5，0.5 ~ 1，1 ~ 1.5，1.5 ~ 2，2 ~ ∞，统计得到 2000 年、2005 年和 2010 年农田生态系统净初级生产力年变异系数各等级面积及比例（表 4-31），并将各等级时空分布成图。

表 4-31　农田生态系统净初级生产力年变异系数各等级面积及比例

年份	统计参数	小	较小	中	较大	大
2000	面积/km²	0.06	2 919.69	36 725.38	85.19	14.31
	比例/%	0.00	7.35	92.40	0.21	0.04
2005	面积/km²	0.00	3 642.38	35 347.81	808.25	5.50
	比例/%	0.00	9.15	88.81	2.03	0.01
2010	面积/km²	0.06	2 913.31	36 469.19	112.06	0.44
	比例/%	0.00	7.38	92.34	0.28	0.00

从面积构成来看（表 4-31），农田生态系统净初级生产力年变异系数各等级的面积差异明显，具体表现为：小 < 大 < 较大 < 较小 < 中，其中，中级的区域面积约为生态系统总面积的 90%，表明农田生态系统净初级生产力的变动处于中等水平。从年际变化来看，各级别的面积与比例没有发生显著变化，反映出农田生态系统质量的变动较为平稳。

从空间分布来看（图 4-18），农田生态系统净初级生产力年变异系数基本上都处于中级水平，该分布格局在十年间未发生显著改变，表明农田生态系统质量的时空变动平稳。

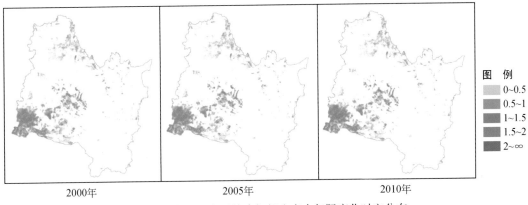

2000年　　　　　　　2005年　　　　　　　2010年

图 4-18　农田生态系统净初级生产力年际变化时空分布

净初级生产力年均变异系数计算结果显示（表4-32），2000～2010 年农田生态系统净初级生产力的变异程度发生小幅增长，表明农田生态系统质量在年际上的变动略有增加。

表 4-32　农田生态系统净初级生产力年均变异系数

年份	2000	2005	2010
年均变异系数	1. 1752	1. 2012	1. 2144

4.3.6　荒漠生态系统

本节中荒漠生态系统质量评估选用年均地表蒸散量指标，将年均地表蒸散量指数分为低、较低、中、较高、高，共 5 个等级，对应地表蒸散量指数取值范围分别为：0 ～ 200 mm，200 ～ 400 mm，400 ～ 600 mm，600 ～ 800 mm，800 ～ ∞ mm，统计得到 2000 ～ 2010 年松花江流域荒漠生态系统年均地表蒸散量指数各等级面积及比例，并将各等级时空分布成图。

从面积构成来看（表4-33），荒漠生态系统年均地表蒸散量各等级的差异明显，具体表现为：高 <较高 < 中 < 低 < 较低，其中，较低与中级的面积之和超过生态系统总面积的90% ，表明荒漠生态系统质量处于中等偏低水平。从年际变化来看，2000 ～ 2010 年，荒漠生态系统的总面积逐渐减少，年均地表蒸散量低级区域的面积比例呈现增加趋势，其余各等级的面积比例在波动中减少，反映出荒漠生态系统质量随时间呈降低趋势。

表 4-33　荒漠生态系统年均地表蒸散量各等级面积及比例

年份	统计参数	低	较低	中	较高	高
2000	面积/km²	1 642.00	3 242.00	360.00	46.00	13.00
	比例/%	30.95	61.14	6.79	0.87	0.25

年份	统计参数	低	较低	中	较高	高
2005	面积/km²	1 601.00	3 318.00	422.00	39.00	7.00
	比例/%	29.73	61.59	7.83	0.72	0.13
2010	面积/km²	2 274.00	2 508.00	199.00	33.00	9.00
	比例/%	45.27	49.93	3.96	0.66	0.18

从空间分布来看（图4-19），荒漠生态系统所占流域总面积的比例较少，仅在流域西南的平原区有零散分布。荒漠生态系统的质量大部分处于中级以下水平，但由于面积较少，十年间的变化不显著。

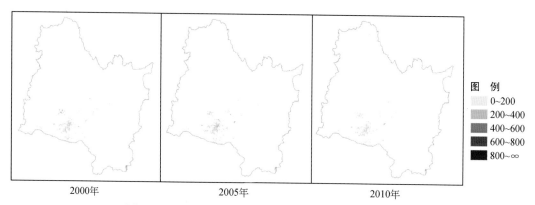

图 例
0~200
200~400
400~600
600~800
800~∞

2000年　　　　2005年　　　　2010年

图4-19　荒漠生态系统年均地表蒸散量各等级时空分布

地表蒸散量年变异系数取值范围为 $0 \sim \infty$，变异系数越大，说明地表蒸散量的变动越大。基于地表蒸散量年变异系数的计算成果，将地表蒸散量年变异系数分为小、较小、中、较大、大，共5级，取值范围分别为：$0 \sim 0.2$，$0.2 \sim 0.4$，$0.4 \sim 0.8$，$0.8 \sim 1$，$1 \sim \infty$，统计得到2000年、2005年和2010年荒漠生态系统年均地表蒸散量年变异系数各等级面积及比例（表4-34），并将各等级时空分布成图。

表4-34　荒漠生态系统年均地表蒸散量年变异各等级及比例

年份	统计参数	小	较小	中	较大	大
2000	面积/km²	0.00	1.00	45.00	113.00	5144.00
	比例/%	0.00	0.02	0.85	2.13	97.00
2005	面积/km²	0.00	0.00	25.00	33.00	5329.00
	比例/%	0.00	0.00	0.46	0.61	98.92
2010	面积/km²	0.00	0.00	36.00	51.00	4936.00
	比例/%	0.00	0.00	0.72	1.02	98.27

从面积构成来看（表4-34），荒漠生态系统年均地表蒸散量年变异系数各等级的面积

差异明显，且随着等级的提高，各等级对应面积呈指数增加。其中，中级以下的区域面积占比几乎为0，而最大级超过生态系统总面积的97%，表明荒漠生态系统地表蒸散量的变动很大。从年际变化来看，2000～2010年，荒漠生态系统年均地表蒸散量年变异系数仍在增大，表明荒漠生态系统质量的变动进一步加剧。

从空间分布来看（图4-20），荒漠生态系统所占流域总面积的比例较少，仅在流域西南的平原区有零散分布。荒漠生态系统质量的年变异系数大部分处于最大水平，但由于面积较少，十年间的变化不显著。

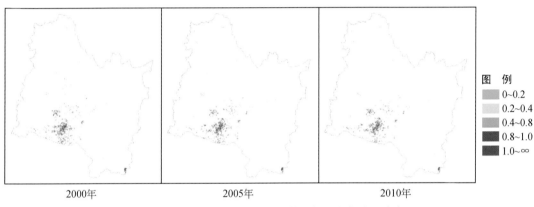

图4-20　荒漠生态系统地表蒸散量年际变化时空分布

图　例
0~0.2
0.2~0.4
0.4~0.8
0.8~1.0
1.0~∞

地表蒸散量年均变异系数计算结果显示（表4-35），荒漠生态系统地表蒸散量的变异程度在波动中呈增长趋势，体现出荒漠生态系统质量在年际上的变动加剧。

表4-35　荒漠生态系统年均地表蒸散量年均变异系数

年份	2000	2005	2010
年均变异系数	1.2397	1.4658	1.4287

4.3.7　小结

本章从生物量、叶面积指数、植被覆盖度、净初级生产力、地表蒸散发量等指标出发，评价流域的生态系统质量，结果显示：①从生物量的角度来看，流域生态系统质量处于低等级，十年间有向高等级转化的趋势，但空间格局变化不明显。②从叶面积指数的角度来看，流域生态系统质量较好，且十年间进一步提高，空间破碎化程度降低；叶面积指数的变动很大，且十年间进一步加剧。③从植被覆盖度的角度来看，流域生态系统质量处于较低水平，且随时间恶化；植被覆盖度的变动较小，且十年间仅有小幅增加。④从净初级生产力的角度来看，流域生态系统质量处于中等水平，十年间总体质量有略微下降，空间破碎化程度增加；净初级生产力的变动也处于中等水平，但变动有所增加。⑤从地表蒸散量的角度来看，流域生态系统质量处于中等偏低水平，且十年间进一步降低，而空间格局变化显著；地表蒸散量的变动很大，十年间进一步加剧。总体而言，利用不同指标评价流域生态系统质量，可以从不同方面反映出松花江流域的生态系统发展水平与变化情况。整体上，流域生态系统质量不高，且变动加大。

对森林、灌木、草地、湿地、农田及荒漠生态系统的质量及其变化的评价结果显示：①森林分布于流域边界的山区，其生态系统质量处于较低水平，十年间有好转趋势，但格局变化不显著。②灌木仅在流域边缘的山区有零散分布，其生态系统质量较好，且随时间进一步提高；灌木生态系统叶面积指数的变动很大，且变动有所增加。③草地主要分布于平原区，其生态系统质量较低，并在十年间发生退化；草地生态系统植被覆盖度的变动较小，但变动随时间显著增大。④湿地主要分布于水系沿岸及嫩江上游区域，其生态系统质量处于中等水平，在十年间有所退化；湿地生态系统净初级生产力的变动也处于中等水平，但变动略有增加。⑤农田主要分布于平原与流域北部，其生态系统质量不高，在十年间有所退化；农田生态系统净初级生产力的变动也处于中等水平，但随时间变动平稳。⑥荒漠仅在流域西南的平原区有零散分布，其生态系统质量处于中等偏低水平，并随时间逐渐降低；荒漠生态系统地表蒸散量的变动很大，且仍在加剧。总体而言，松花江流域内，除总面积较小的灌木生态系统维持较好的生态系统质量，森林、草地、湿地、农田与荒漠的生态系统质量都不高。十年间，森林与灌木生态系统的质量有所提高，而草地、湿地、农田与荒漠生态系统均发生退化。

第5章 | 松花江流域生态系统服务及变化

2000~2010年，松花江流域土壤保持和涵养水源等生态系统服务变化不大，但个别区域，尤其是嫩江子流域，由于耕地增加和湿地萎缩导致流域生态系统服务下降，特别是在土壤保持方面。松花江流域食物生产服务整体呈大幅增加的趋势，且空间差异明显，大部分区域增幅低于5%，个别区域食物生产服务增幅超过30%。

5.1 生态系统服务的概念及内涵

生态系统服务是指自然生态系统及其物种所提供的能够满足和维持人类生活需要的条件和过程。欧阳志云等（1999）对生态系统服务的概念作了如下的概括：生态系统服务是指生态系统与生态过程所形成及所维持的人类赖以生存的自然环境条件与效用。早在19世纪后期，在国外的生态学及其分支学科中就已有关于生态系统服务的报道，但是由于科学水平和技术手段的限制，当时的认识只能停留在定性的描述阶段。20世纪70年代初，生态系统服务的科学概念得以提出（Holdren and Ehrlich，1974；Wilson and Matthews，1970），并经过Holdren和Ehrlich等的探讨和扩展后，逐渐为人们所公认和普遍使用（Ehrlich，1992；Holdren and Ehrlich，1974；Westman，1977）。20世纪90年代以后，国外的一些生态学家和生态经济学家对生态系统服务经济价值的综合测算进行了探索，尤其是Daily、Costanza以及联合国等有关机构与国际组织做出了杰出的贡献（Assessment，2005；Costanza et al.，1997；Daily，1997）。

我国虽然早在古代就对生态系统的服务有了感性认识与实践，但是从科学的高度对生态系统服务的价值研究开展较晚。不过值得高兴的是，近年来我国在这一领域研究进展较快，不仅对生态系统服务价值评估的理论与方法进行了研究与探索，而且开展了大规模的生态系统服务价值评估实践，并取得了重要进展，越来越多地受到了政府与公众的重视和支持。2008年10月，"中美生态系统服务国际会议"的召开，以及"中美生态系统服务研究中心"的成立，为我国生态系统服务研究能力的提高以及在国际间的合作与交流建立了平台（李文华等，2009）。

5.2 生态系统服务价值评估

许多学者都认为环境问题只有通过多学科交叉的方法才能得到更好解决，因为环境问题是自然系统和社会经济系统相互作用的结果（Gustafsson，1998）。但是环境经济学存在着一定的缺点：它只关心人类对环境的最大化利用，至多只提供人类活动所受到的环境约束信息，没有将经济学和环境学方法进行真正的统一。正是在这种背景下，生态经济学作为一门新兴的学科应运而生，并表现出很强的活力和广阔的前景（Costanza，1991）。生态经济学增加了人类对自然和经济活动相互关系的理解，试图将自然生态系统对人类的服务与经济评价结合起来，并且针对生态系统的价值评估进行了一系列的尝试（杨光梅等，2006）。

生态系统服务的经济价值评估在处理人类与自然关系方面具有多重作用与意义。在微观水平上，评估研究可以提供关于生态系统结构和功能的信息，提供生态系统在支持人类福祉方面所起的多样的和复杂的信息。生态系统边际效益的评估提供了关于自然环境相对稀缺性以及质量问题的信息，可作为指导人类正确利用生态系统的依据。当传统经济评估在公共管理机制（如市场以及公共财产制度）不能很好反映出环境退化所要付出的社会代价时，对生态系统服务进行经济评估就具有特殊的作用。如果自然资源保育或恢复政策的制定没有价值概念指导，可能导致资源的误用或滥用（Howarth and Farber，2002）。在宏观水平上，生态系统服务价值评估有助于制定人类福利和可持续发展的指标体系（Daly，1994）。自然系统不仅可以为生产和消费提供投入，而且人类通过生态系统类型方式的改变和废物的释放等活动又在改变这些系统。生态系统服务经济价值评估的目的不是为了给环境或其组成部分赋予价格，而是为了体现生态系统服务的边际变化对人类产生的效果。所以，追踪生态系统的改变对人类福利短期和长期的影响是一项重要的策略。

目前，生态系统服务及其价值评估已成为了生态学和生态经济学研究的热点（Costanza et al.，1997；Daily，1997；黄从红等，2013）。评估方法总体上分为直接市场法、模拟市场法和替代市场法三大类。并由此衍生出各种各样的生态系统服务及价值评估方法，其中，模型评估由于能够实现定量化、精细化、规模化等多重目标而受到人们的关注，生态系统服务及其价值评估涉及的模型方法很多，且各有优势与缺点。

1）InVEST 模型能够较好地把握总体格局，并体现了人类活动对生境的威胁程度和影响范围，有多个子模型（水量模型、水质净化模型、土壤保持模型、水电模型等）可供选择。但其也存在模型对参数变化十分敏感、生物多样性保护评估结果不能以经济价值表示的缺点。

2）生态足迹模型能够客观反映人类对生态系统（生态基础设施）的需求与供给之间的矛盾，指示自然资源的压力状态。但产量因子存在偏差，计算结果有高估地区生态状态的可能，只涉及自然资源，对于人类可持续发展的其他方面难以测算。

3）Citygreen 模型可用于城市森林（小区域：一个公园、一个社区范围，大区域：整个市区）进行结构分析与生态效益评价，同时将结果以报告形式输出。缺点是基于 GIS 软件 ArcView 开发，对遥感图像要求较高。

4）VER 模型将生态服务价值的定量化与生态风险分析的数学模型相结合，可以进行基于生态服务价值的生态风险分析研究。缺点是要求数据量较大，数学模型是借鉴金融分析市场组合的 VAR 方法，并设定了假设条件，如系统各部分价值服从正态分布等。

5.3 河流生态系统服务及价值

流域是以分水岭为界限的一个由河流、湖泊或海洋等水系所覆盖的区域，以及由该水系构成的集水区。相互交织构成脉络相通系统的河流是流域生态系统中重要的构成单元，河流生态系统服务、价值及其变化对整个流域生态系统服务和价值具有至关重要的影响。

河流生态系统服务是指人类直接或间接从河流生态系统功能中获取的利益。根据河流生态系统组成特点、结构特征和生态过程，河流生态系统的服务具体体现在供水、发电、航运、水产养殖、水生生物栖息、纳污、降解污染物、调节气候、补给地下水、泄洪、防洪、排水、输沙、景观、文化等多个方面。按照功能作用性质的不同，河流生态系统服务的类型可归纳划分为淡水供应、水能提供、物质生产、生物多样性的维持、生态支持、环境净化、灾害调节、休闲娱乐和文化孕育等。河流生态系统服务主要可分为淡水供应、水能提供、物质生产、生物多样性的维持、生态支持、环境净化、灾害调节、休闲娱乐和文化孕育等（栾建国和陈文祥，2004）。

河流生态系统服务价值通过货币量化来反映其对人类社会产生影响程度（张振明等，2011）。目前河流生态系统服务价值的研究主要集中在水土保持、洪水调蓄、污染物降解、水电开发和航运等方面，河流生态系统的景观娱乐休憩、文化教育等方面的服务也逐渐受到重视，但气候调节、营养循环、栖息地与生物多样性维持等服务仍较少受到关注和评价（郝弟等，2012）。

河流生态系统服务是表征河流生命力的重要指征。在人为的干扰下，河流生态系统服务会在在短时间内就发生退化（肖建红等，2007；魏国良等，2008），因此，研究河流生态系统服务的影响及退化机制，有助于生态系统服务的恢复和提升（李晓铃等，2011）。另外，生态系统服务及价值的研究的一大难点就是尺度转换问题，大多研究仅仅集中在河流生态系统，而流域生态系统服务价值评估则需要大量的遥感数据支撑，如何将两个尺度的生态服务价值研究进行关联和对照，也是相关研究需解决的重点问题之一。同时，河流是开放的、动态的，因此揭示生态服务价值的动态特征，更有益于深刻地理解生态服务价值及其变化趋势（张振明等，2011）。

5.4　InVEST 模型及应用

InVEST 模型（integrated valuation of environment services and tradeoffs）是由美国斯坦福大学、世界自然基金会（World Wide Fund For Nature，WWF）和大自然保护协会（The Nature Conservancy，TNC）于 2007 年联合开发的一个基于 GIS 应用平台，能够实现生态系统服务定量评估的软件模型。InVEST 模型可以通过计算量化表示生态系统服务，并将结果以图的形式表达出来，从而分析出在何处开发可以更好地实现人与自然的和谐发展，因此，InVEST 模型十分适于对多目标及多服务的系统进行分析评估。

到目前为止，InVEST 模型包括淡水生态系统、海洋生态系统和陆地生态系统三个评估模块，每个模块中又包含了多个评估子模块。InVEST 模型的多功能及多模块设计可为决策者权衡人类活动的效益和影响提供科学依据，为政府机构及其他社会机构对多资源多用途的评估提供了一个有效的工具。评估的结果对于进行合理的土地利用、保护物种多样性、维护人与自然和谐发展具有重要意义。

InVEST 模型不仅解决了生态系统服务定量评估空间化的问题，也可以实现对生态系统服务的动态评估，还可以对设定的情景进行模拟。其对自然生态过程的设计模拟，空间异质性的充分考虑使得评估结果更具科学性，极大方便了管理者将生态系统服务变化信息用于生态保护决策。

目前该模型系统已成功应用于多个国家和地区的生态系统服务评估（吴哲等，2013），为这些区域自然资本保育、土地利用规划、生态系统产品提供与生命支持服务的权衡提供了科学支撑。

5.4.1 InVEST 产水模型

本章的产水量服务是采用 InVEST3.0.0 的产水模块计算得到地表产水量来进行评价。该产水模块运用水量平衡原理，基于 Budyko 曲线和年均降水量实现（Zhang et al.，2001）。该产水模型对流域内不同生态系统类型的栅格单元的产水量进行计算，在子流域水平上产生和输出总产水量和平均产水量，汇总得到流域及各子流域的产水量。计算过程中只考虑单个栅格的产水量，不考虑栅格之间的相互作用。产水模块计算所需数据见表 5-1。

表 5-1 产水模块数据

数据名称	数据获取及处理
生态系统类型图	三个时段的 30m 分辨率遥感解译数据
降水量	气象站点多年平均降水量 Kriging 空间插值
植物可利用含水量	参考相关文献
土壤深度	第二次土壤普查的 1∶100 万中国土壤图
根系深度	参考土壤深度
蒸散系数	模型参考数据
潜在蒸散量	模型推荐的 Modified-Hargreaves 法

生态系统类型 j 中栅格单元 x 的年产水量（Y_{xj}）可由式（5-1）计算得到

$$Y_{xj} = \left(1 - \frac{AET_{xj}}{P_x}\right) \times P_x \tag{5-1}$$

式中，AET_{xj} 为生态系统类型 j 中栅格 x 的年均实际蒸散量（mm）；P_x 为栅格 x 的年均降雨量（mm）；

水量平衡的蒸散比例（AET_{xj}/P_x）是基于 Budyko 曲线计算得到的（Zhang et al.，2001）。

$$\frac{AET_{xj}}{P_x} = \frac{1 + w_x \times R_{xj}}{1 + w_x \times R_{xj} + \frac{1}{R_{xj}}} \tag{5-2}$$

式中，R_{xj} 是生态系统类型 j 中栅格 x 的 Budyko 干燥指数，用潜在蒸散量与降水量的比值表征（Budyko，1974），无量纲；w_x 是修正的植物可利用含水量（AWC_x）与降水量的比值，是描述气候与土壤性质的非物理参数，无量纲（Zhang et al.，2001）。InVEST3.0.0 中模型

设定 w_x 最小值为常数 1.25（裸土根系深度为 0），w_x 最大值为 5（Donohue et al.，2012）。

$$w_x = Z \times \frac{\mathrm{AWC}_x}{P_x} + 1.25$$

$$\mathrm{AWC}_x = \mathrm{Min}(\mathrm{Root.\ rest.\ layer.\ depth}_x,\ \mathrm{Root.\ depth}_x) \times \mathrm{PAWC}_x \tag{5-3}$$

式中，AWC_x 为植物可利用含水量（mm），是指储存在土壤中能被植物所利用的那部分水量，其由土壤质地和有效土壤深度决定，是田间持水量和萎蔫点水量之间的差值；Z 为季节性因子，代表季节性降雨分布和降雨深度，在冬季降雨多的地区 Z 一般被设定为 10，一年四季降雨都比较多的地区或夏季降雨多的潮湿地区 Z 被设定为 1。

$$R_{xj} = \frac{K_{xj} \times \mathrm{ETo}_x}{P_x} \tag{5-4}$$

式中，ETo_x 为栅格 x 的参考蒸散量；K_{xj} 为生态系统类型 j 中栅格 x 的植被蒸散系数；ETo_x 通常是指示气候需求的指标，而 K_{xj} 在很大程度上由植被特征决定。

（1）年均降水量

年均降水量可以通过流域内 41 个气象站点近 30 年的连续数据序列计算获取。并运用 Kriging 空间插值法得到流域的年均降水量分布特征。

（2）年均参考蒸散发量

InVEST 模型推荐使用一种简便的方法——Modified-Hargreaves 法来计算参考蒸散发量。与受到普遍认可的 Penman-Monteith 法相比，Modified-Hargreaves 法能在数据较难获取或数据受到限制的地区获得比较满意的结果。

$$\mathrm{ETo} = 0.001\,3 \times 0.408 \times \mathrm{RA} \times (T_{\mathrm{avg}} + 17) \times (\mathrm{TD} - 0.012\,3 \times P)^{0.76} \tag{5-5}$$

式中，ETo 为参考蒸散量（mm per month）；RA 为太阳大气顶层辐射 [MJ/(m²·d)]；T_{avg} 为日最高温均值和日最低温均值的平均值（℃）；TD 为日最高温均值和日最低温均值的差值（℃）；P 为月降水量（mm/月）。

（3）生态系统类型

生态系统类型分类数据采用 2010 年 90 m 分辨率的遥感影像解译数据。

（4）土壤深度

土壤深度数据来源于全国第二次土壤调查数据库，并将水体（水库和河流）和人工硬表面（居住地、工业用地和交通用地）的土壤深度设定为 0 mm，得到土壤深度分布图。

（5）植物可利用含水量

植物可利用含水量即植被有效含水量 PAWCv，由田间持水量和永久萎蔫点含水量来计算获取，取值范围为 0~1。计算公式如下：

$$\begin{aligned}
\mathrm{PAWCv}\% = {} & 54.509 - 0.132 \times \mathrm{sand}\% - 0.003 \times (\mathrm{sand}\%)^2 \\
& - 0.055 \times \mathrm{silt}\% - 0.006 \times (\mathrm{silt}\%)^2 - 0.738 \times \mathrm{clay}\% + 0.007 \times (\mathrm{clay}\%)^2 \\
& - 2.688 \times \mathrm{OM}\% + 0.501 \times (\mathrm{OM}\%)^2
\end{aligned} \tag{5-6}$$

式中，sand%、silt%、clay%、OM% 分别为土壤砂粒（0.02~2.0 mm）、土壤粉砂（0.002~0.02mm）粒、土壤黏粒（<0.002 mm）、土壤有机质的百分含量。

（6）生物物理参数表

模型相关参数具体数值见生物物理参数表 5-2。

表 5-2　松花江流域生物物理参数表

生态系统类型	植被蒸散系数	根系深度	LULC_ veg
草甸	0.65	2000	1
草原	0.65	2000	1
草丛	0.65	2000	1
草本绿地	0.65	1000	1
灌丛湿地	1	2500	1
草本湿地	1	2000	1
湖泊	1	1000	0
水库	0.7	1000	0
河流	1	500	0
运河	1	500	0
水田	0.75	500	1
旱地	0.75	2100	1
居住地	0.3	500	0
工业用地	0.3	500	0
交通用地	0.1	50	0
采矿场	0.1	500	0
稀疏林	0.8	4750	1
稀疏灌木林	0.8	2000	1
稀疏草地	0.6	3000	1
苔原	0.6	500	1
裸岩	0.1	10	0
裸土	0.2	10	0
沙漠	0.1	9000	0
盐碱地	0.2	10	1
落叶阔叶林	1	7000	1
常绿针叶林	1	7000	1
落叶针叶林	1	7000	1
针阔混交林	1	7000	1
落叶阔叶灌木林	1	7000	1
常绿针叶灌木林	1	7000	1
乔木园地	0.85	5000	1
灌木园地	0.85	3000	1
乔木绿地	0.85	3000	1

注：LULC_ veg 用于判别土地利用类型是否被植被覆盖。1 为是，0 为否。

5.4.2 InVEST 土壤保持模型

植被的土壤保持能力是相对裸地的土壤侵蚀率而言的，裸地的土壤侵蚀可用式（5-7）表示

$$\text{RKLS}_x = R_x \times K_x \times \text{LS}_x \qquad (5\text{-}7)$$

式中，RKLS_x 为栅格单元 x 的潜在土壤流失量；R_x 为降雨侵蚀力因子；K_x 为土壤可蚀性因子；LS_x 为坡长坡度因子。这说明潜在的土壤流失首先取决于地理和气候条件。

通用土壤流失方程（universal soil loss equation，USLE）在 RKLS_x 的基础上考虑了植被管理因子 C 和经营支持因子 P。并计算实际的土壤流失量，公式如下

$$\text{USLE}_x = R_x \times K_x \times \text{LS}_x \times C \times P \qquad (5\text{-}8)$$

因此，实际的土壤流失量比潜在土壤流失量的减少量就是土壤保持量。本书的生态系统土壤保持量等于潜在土壤流失量（RKLS）减去实际土壤流失量（USLE），如式（5-9）所示

$$\text{sedret}_x = \text{RKLS}_x - \text{USLE}_x \qquad (5\text{-}9)$$

式中，$\text{sedret}x$ 为栅格单元 x 的土壤保持量；RKLS_x 为栅格单元 x 的潜在土壤流失量；USLE_x 为栅格单元 x 的实际土壤侵蚀量；USLE_x 在 RKLS_x 的基础上考虑了 C_x（植被覆盖和经营管理因子）；R_x 为降雨侵蚀力因子；K_x 为土壤可蚀性因子；LS_x 为坡长坡度因子（length-slope factor）。

坡长坡度因子（LS_x）是 USLE 的一个重要地形因子，在坡面尺度上，可通过实测坡度和坡长计算得到，但是在小流域和区域尺度上只能通过 DEM 提取。

$$\text{LS}_x = L_x \times S_x \qquad (5\text{-}10)$$

式中，S_x 为栅格单元 x 的坡度因子，S_x 可通过基于坡度的函数计算得到

$$S_x = \begin{cases} 10.8 \times \sin(\theta) + 0.03, & \text{prct\_ slope} < 9\% \\ 16.8 \times \sin(\theta) - 0.05, & \text{prct\_ slope} \geqslant 9\% \end{cases} \qquad (5\text{-}11)$$

式中，θ 为坡度（弧度），prct_ slope 为坡度百分比（%）。

L_x 为栅格单元 x 的坡长因子，计算公式为

$$L_x = \frac{(A_x + D^2) - A_x^{m+1}}{D^{m+2} \times a_x^m \times 22.13^m} \qquad (5\text{-}12)$$

式中，A_x 为基于 D-infinity 汇流累积量算法得到栅格单元 x 的贡献面积（m^2），（上坡来水流入该像元的总像元数）；D 为栅格单元的边长（m）；a_x 因子用于校正栅格单元对应的水流程度，等于（$|\sin(\alpha_x)| + |\cos(\alpha_x)|$）；$\alpha_x$ 为栅格单元 x 的坡向；m 为坡长指数公式（McCool，1989）如下，其中 β 为中间变量。

$$m = \begin{cases} \dfrac{\beta}{1+\beta}, & \text{prct\_ slope} > 9\% \\ 0.5, & 5\% < \text{prct\_ slope} \leqslant 9\% \\ 0.4, & 3.5\% < \text{prct\_ slope} \leqslant 5\% \\ 0.3, & 1\% < \text{prct\_ slope} \leqslant 3.5\% \\ 0.2, & \text{prct\_ slope} \leqslant 1\% \end{cases} \qquad (5\text{-}13)$$

$$\beta = \frac{\sin(\theta)\ /0.896}{3 \times [\sin(\theta)]^{0.8} + 0.56} \tag{5-14}$$

5.4.3 产品供给模型

产品提供服务是指人类可以从自然界中提取的任何类型的物质或者产品，如食物、饮用水、木材、木材燃料，天然气和石油、可以制成衣服和其他材料的植物以及药材等。本书中松花江流域生态系统的产品供给服务是指生态系统的食物供给能力。基于流域内109个区县2000年和2010年水果、蔬菜、粮食作物、油料作物和肉类产量统计数据，将其转换为统一的热量单位来进行评价。计算公式为

$$E_s = \sum_{i=1}^{n} E_i = \sum_{i=1}^{n} (10\ 000 \times M_i \times \mathrm{EP}_i \times A_i) \tag{5-15}$$

式中，E_s 为区县食物总供给热量（kcal）；E_i 为第 i 类产品所提供的热量（kcal）；M_i 为区县第 i 类产品的产量（t）；EP_i 为第 i 类产品可食部的比例（%）；A_i 为第 i 类产品每100 g可食部中所含热量（kcal），$i=1，2，3，\cdots；n$ 为区县食物种类。

5.5 流域生态系统服务及变化

松花江流域作为完整的地理单元为人类提供多种生态系统服务，其不仅为区域提供调节服务和保持服务，同时作为国内最大的粮食生产基地，为保障我国的粮食生产和安全提供保障。本节针对松花江流域的具体特点重点关注土壤保持、水源涵养和食物生产服务。

5.5.1 土壤保持

松花江流域的土壤保持服务的空间分布特征整体表现为流域东部山地最高，其次是西部山区，中部平原区最低。

从子流域来看，松花江干流子流域的土壤保持量最大，约为保持量最小的西流松花江子流域的1.80倍。从不同分区来看，松花江干流子流域中游区和西流松花江子流域上游区土壤保持量最大，约为各分区平均土壤保持量的2.88倍和1.91倍。西流松花江子流域中游区土壤保持量最小，约为各分区平均土壤保持量的0.13倍。

如图5-1所示，2000~2010年松花江流域土壤流失状况并不严重，但存在较大的空间差异。松花江流域的山地、丘陵区的土壤流失量远大于平原区。嫩江子流域下游区的西南部和松花江干流子流域中游区的东北部山区的土壤流失量高于其他地区。

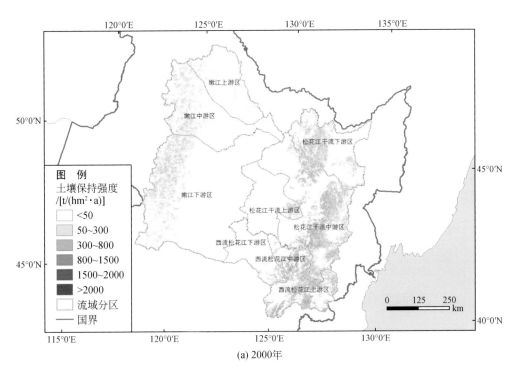

(a) 2000年

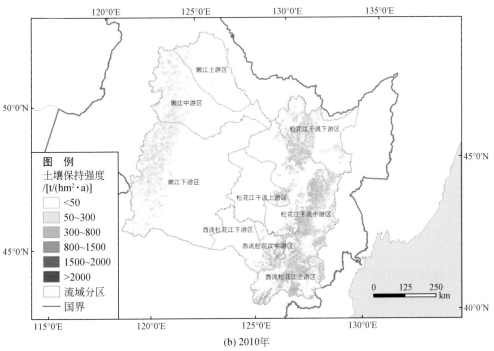

(b) 2010年

(c) 2000~2010年松花江流域土壤保持功能空间格局变化

图 5-1   松花江流域 2000~2010 年土壤保持服务空间格局及变化示意图

5.5.2   水源涵养

松花江流域的水源涵养服务在空间上整体表现为山地和丘陵区显著高于平原区。其中西流松花江子流域上游的山地区域的水源涵养能力最高，而嫩江子流域下游区的西南部水源涵养能力最差。从不同分区来看，松花江干流子流域中游区和嫩江子流域下游区的水源涵养量最大，约为各分区平均水源涵养量的 2 倍，西流松花江子流域中游区和下游区的水源涵养量最小，分别为各子流域平均水源涵养量的 0.09 倍和 0.17 倍。

如图 5-2 所示，2000~2010 年，水源涵养量变化不大，绝大部分区域的水源涵养能力没有变化，仅有个别的小块零星区域的水源涵养量减少。

5.5.3   食物生产

松花江流域食物生产服务整体表现为平原地区的食物生产服务比山区更好，西流松花江子流域下游区和松花江干流子流域上游区食物生产服务最好，而嫩江子流域上游区、西流松花江子流域上游区和松花江干流子流域下游区则较差。

如图 5-3 所示，2000~2010 年，松花江流域食物生产服务整体呈大幅增加的趋势。2010 年约为 2000 年食物生产服务 2.32 倍。食物生产服务呈现以西流松花江子流域下游区和松花江干流子流域上游区为中心向四周扩展的趋势。

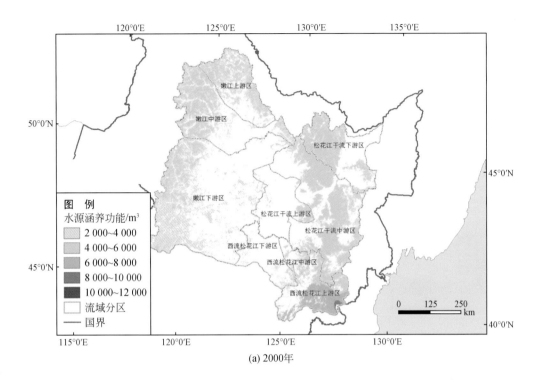

(a) 2000年

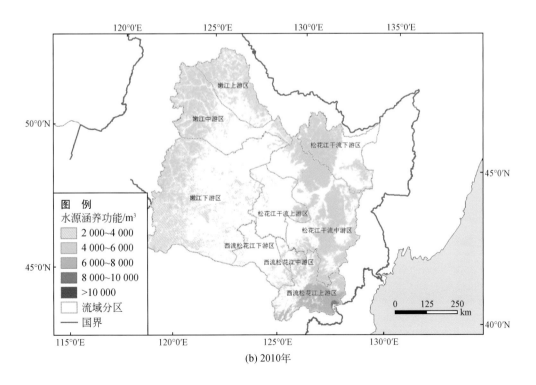

(b) 2010年

(c) 2000~2010年松花江流域水源涵养功能空间格局变化

图 5-2　松花江流域 2000～2010 年水源涵养服务空间格局及变化示意图

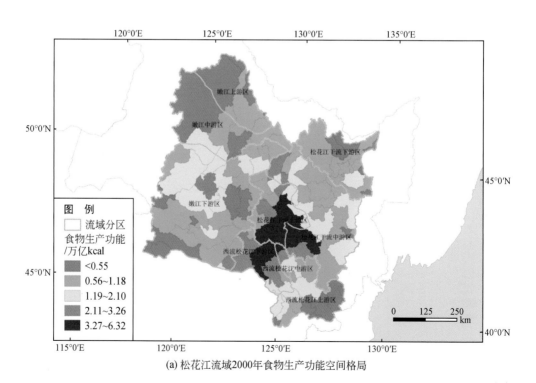

(a) 松花江流域2000年食物生产功能空间格局

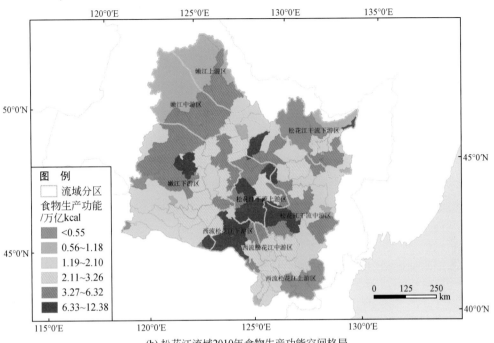

(b) 松花江流域2010年食物生产功能空间格局

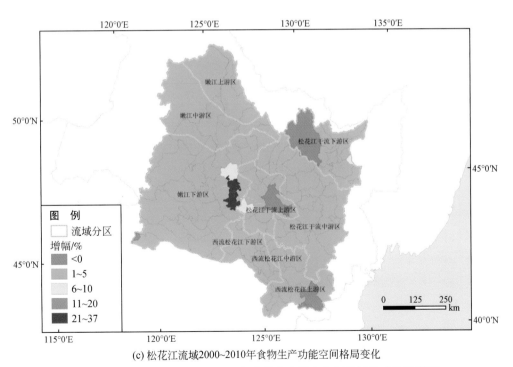

(c) 松花江流域2000~2010年食物生产功能空间格局变化

图 5-3　松花江流域 2000～2010 年食物生产服务空间格局及变化示意图

除个别区域外，食物生产服务均呈现增加的趋势。大部分区域增幅在 5% 以下，最大的地区位于嫩江下游区东部的平原区，食物生产服务增幅超过 30%。

5.6 生态系统服务价值及变化

5.6.1 生态系统服务价值评估方法

在我国，谢高地等（2005）提出的计算生态系统服务价值的方法应用较为广泛，其在 2002 年提出了我国的生态服务价值系数，制定了中国生态系统服务价值当量因子表，并于 2007 年重新制定。据此表，运用不同生态系统类型类型的不同生态服务的价值系数来计算出 ESV（谢高地等，2008）。不仅如此，谢高地还提出全国省域的地区修正系数，使其更贴近每个省的生态状况。

由于谢高地等（2005）提出的生态系统服务评估方法及更适合我国生态状况，且评估结果易于与同类研究进行对比和融合，这里应用其方法进行松花江流域生态系统服务价值评估及变化。生态系统服务价值的公式为

$$ESV = \sum_{i=1}^{n} (A_i \times C_i) \tag{5-16}$$

式中，ESV 为区域生态系统服务总价值；A_i 为土地类型 i 的分布面积；C_i 为单位面积上生态系统类型 i 的生态系统服务价值；单位面积上我国生态系统类型的生态系统服务价值参考表 5-3。

表 5-3 中国生态系统单位面积生态服务价值（2007 年） ［单位：元/（hm²·a）］

一级类型	二级类型	森林	草地	农田	湿地	水土	荒漠
供给服务	食物生产	148.2	193.11	449.1	161.68	238.02	8.98
	原材料生产	1 338.32	161.68	175.15	107.78	157.19	17.96
调节服务	气体调节	1 940.11	673.65	323.35	1 082.33	229.04	26.95
	气候调节	1 827.84	700.6	435.63	6 085.31	925.15	58.38
	水文调节	1 836.82	682.63	345.81	6 035.9	8 429.61	31.44
	废物处理	772.45	592.81	624.25	6 467.04	6 669.14	116.77
支持服务	保持土壤	1 805.38	1 005.98	660.18	893.71	184.13	76.35
	维持生物多样性	2 025.44	839.82	458.08	1 657.18	1 540.41	179.64
文化服务	提供美学景观	934.13	390.72	76.35	2 106.28	1 994	107.78
	合计	12 628.69	5241	3 547.89	24 597.21	20 366.69	624.25

5.6.2 生态系统服务价值及变化评价

松花江流域不同的生态系统类型类型生态系统服务价值差异显著。近 1/2 的生态系统

服务价值由森林生态系统提供，其次为湿地和耕地。不同生态系统类型类型的生态系统服务价值变化规律略有不同，林地和耕地生态系统服务价值呈微弱增长趋势，而湿地生态系统服务价值呈降低趋势。不同生态系统类型类型生态系统服务价值的比例见表5-4。

表5-4　不同生态系统类型类型生态系统服务价值的比例　　（单位：%）

年份	林地	湿地	耕地	草地	其他
2000	48.96	33.21	14.17	3.63	0.06
2005	49.43	32.56	14.31	3.65	0.06
2010	49.71	32.16	14.44	3.65	0.05

在多种生态系统服务类型中，水文调节提供的生态系统服务价值最高，约占生态系统服务价值总量的20%，食物生产提供的生态系统服务价值最低，不足生态系统服务价值总量的3%。从空间上来看，松花江流域生态系统服务价值的55.9%由嫩江子流域提供，西流松花江子流域和松花江干流子流域分别提供约12.0%和32.1%。不同分区之间生态系统服务差异显著，嫩江子流域和西流松花江子流域从上游至下游逐渐升高，松花江干流子流域中游区高于本子流域内的其他两个分区。嫩江子流域下游区生态系统服务价值最高，约占松花江流域生态系统服务价值总量的28%，西流松花江子流域中游区生态系统服务价值最低，所占比例不足流域生态系统服务价值总量的1%（表5-5）。

表5-5　松花江流域生态系统服务价值评估　　（单位：10⁸元）

项目	年份	流域	嫩江子流域				西流松花江				松花江干流			
			子流域	上游	中游	下游	子流域	上游	中游	下游	子流域	上游	中游	下游
气体调节	2000	589.79	291.98	61.1	88.2	142.68	82.66	60.09	6.08	16.49	215.15	21.69	129.75	63.71
	2005	588.75	290.97	60.95	87.69	142.33	82.56	60.02	6.05	16.49	215.22	21.8	129.7	63.72
	2010	587.82	290.15	60.7	87.43	142.02	82.57	60.04	6.05	16.48	215.1	21.74	129.86	63.5
水文调节	2000	1131.33	696.58	150.81	205.36	340.41	113.12	70.51	8.99	33.62	321.63	43.48	176.68	101.47
	2005	1114.76	683.26	148.54	200.7	334.02	113.07	70.2	8.98	33.89	318.43	43.06	174.74	100.63
	2010	1103.95	675.28	147.41	197.61	330.26	113.44	70.52	8.99	33.93	315.23	42.82	174.91	97.5
气候调节	2000	834	472.47	99.32	138.66	234.49	97.34	64.01	7.59	25.74	264.19	33.97	150.11	80.11
	2005	826.25	466.18	98.26	136.4	231.52	97.27	63.84	7.57	25.86	262.8	33.83	149.23	79.74
	2010	821.1	462.36	97.65	134.93	229.78	97.41	63.98	7.57	25.86	261.33	33.69	149.37	78.27
原材料生产	2000	356.59	165.66	36.09	53.37	76.2	53.3	40.14	3.84	9.32	137.63	12.03	84.75	40.85
	2005	356.61	165.54	36.08	53.22	76.24	53.23	40.1	3.82	9.31	137.84	12.13	84.8	40.91
	2010	356.5	165.35	35.95	53.17	76.23	53.24	40.11	3.82	9.31	137.91	12.09	84.93	40.89
食物生产	2000	161.01	82.05	10.94	18.16	52.95	22.84	10.29	2.21	10.34	56.12	15.17	27.29	13.66
	2005	160.67	81.91	10.94	18.18	52.79	22.79	10.28	2.19	10.32	55.97	15.13	27.25	13.59
	2010	160.7	82.09	10.96	18.19	52.94	22.74	10.25	2.18	10.31	55.87	15.12	27.2	13.55

续表

项目	年份	流域	嫩江子流域				西流松花江				松花江干流			
			子流域	上游	中游	下游	子流域	上游	中游	下游	子流域	上游	中游	下游
保持土壤	2000	640.73	319.12	60.41	88.7	170.01	90.24	60.42	7.06	22.76	231.37	31.37	134.26	65.74
	2005	640.02	318.51	60.35	88.39	169.77	90.11	60.35	7.02	22.74	231.4	31.45	134.23	65.72
	2010	639.43	318.08	60.16	88.25	169.67	90.04	60.34	7.01	22.69	231.31	31.39	134.32	65.6
废物处理	2000	898.28	576.22	118.01	161	297.21	83.38	42.8	7.32	33.26	238.68	44.78	120.67	73.23
	2005	883.1	564.27	115.98	156.98	291.31	83.34	42.54	7.31	33.49	235.49	44.29	118.84	72.36
	2010	873.54	557.47	115.1	154.27	288.1	83.61	42.79	7.31	33.51	232.46	44.08	118.84	69.54
生物多样性	2000	727.38	380.41	78.14	111.49	190.78	95.59	66.14	7.25	22.2	251.38	29.53	147.43	74.42
	2005	724.19	377.73	77.71	110.42	189.6	95.48	66.03	7.22	22.23	250.98	29.57	147.11	74.3
	2010	721.83	375.91	77.33	109.77	188.81	95.51	66.09	7.22	22.2	250.41	29.47	147.26	73.68
美学景观	2000	416.29	243.5	53.25	72.79	117.46	45.76	31.4	3.43	10.93	127.03	13.86	73.29	39.88
	2005	411.71	239.74	52.61	71.41	115.72	45.74	31.31	3.42	11.01	126.21	13.79	72.77	39.67
	2010	408.5	237.31	52.24	70.51	114.56	45.83	31.4	3.42	11.01	125.36	13.71	72.86	38.79
合计	2000	5755.38	3227.99	668.08	937.72	1622.19	684.22	445.8	53.75	184.67	1843.17	245.88	1044.23	553.06
	2005	5706.1	3188.13	661.42	923.4	1603.31	683.6	444.67	53.59	185.34	1834.37	245.05	1038.68	550.64
	2010	5673.37	3162.99	657.49	914.13	1592.37	684.4	445.53	53.56	185.31	1824.98	244.1	1039.56	541.32

2000~2010 年，松花江流域生态系统服务价值变化不明显（表 5-5）。2010 年比 2000 年减少 1.4%，其中嫩江子流域变化最大，减少约为 2%。不同分区表现为嫩江子流域中游区和松花江干流子流域下游区生态系统服务价值减少最多，分别减少 2.5% 和 2.1%，嫩江子流域上游和下游区分别减少 1.6% 和 1.8%，其他分区变化量不超过 1%。

从单位面积上来看，各流域及其分区间不同生态系统服务价值差异显著（表 5-6）。嫩江子流域单位面积所提供的生态系统服务价值最高，平均为 $11.19 \times 10^5 / km^2$，显著高于松花江干流子流域的 $9.40 \times 10^5 / km^2$ 和西流松花江子流域的 $8.65 \times 10^5 / km^2$。各子流域内不同分区之间差异也很明显。嫩江子流域上游区和中游区是下游区的约 1.5 倍。西流松花江子流域内不同分区则表现为上游区分别是中游区和下游区 1.3 和 1.6 倍。松花江干流子流域内不同分区的生态系统服务价值表现为上游区最低，不足中游区和下游区的 60%。

表 5-6　松花江流域单位面积生态系统服务价值评估（单位：$10^5 / km^2$ 元）

项目	年份	流域	嫩江子流域				西流松花江				松花江干流			
			子流域	上游	中游	下游	子流域	上游	中游	下游	子流域	上游	中游	下游
气体调节	2000	1.06	1.03	1.40	1.31	0.83	1.04	1.40	0.89	0.56	1.11	0.53	1.27	1.25
	2005	1.06	1.03	1.39	1.30	0.83	1.04	1.40	0.89	0.56	1.11	0.54	1.27	1.25
	2010	1.06	1.03	1.39	1.30	0.83	1.04	1.40	0.89	0.56	1.11	0.54	1.27	1.25

项目	年份	流域	嫩江子流域				西流松花江				松花江干流			
			子流域	上游	中游	下游	子流域	上游	中游	下游	子流域	上游	中游	下游
水文调节	2000	2.04	2.46	3.45	3.05	1.98	1.43	1.64	1.32	1.15	1.66	1.07	1.72	1.99
	2005	2.01	2.42	3.39	2.98	1.95	1.43	1.64	1.32	1.15	1.64	1.06	1.70	1.98
	2010	1.99	2.39	3.37	2.94	1.92	1.43	1.64	1.32	1.16	1.62	1.05	1.71	1.91
气候调节	2000	1.50	1.67	2.27	2.06	1.37	1.23	1.49	1.11	0.88	1.36	0.84	1.46	1.57
	2005	1.49	1.65	2.25	2.03	1.35	1.23	1.49	1.11	0.88	1.35	0.83	1.46	1.57
	2010	1.48	1.64	2.23	2.01	1.34	1.23	1.49	1.11	0.88	1.35	0.83	1.46	1.54
原材料生产	2000	0.64	0.59	0.82	0.79	0.44	0.67	0.94	0.56	0.32	0.71	0.30	0.83	0.80
	2005	0.64	0.59	0.82	0.79	0.44	0.67	0.93	0.56	0.32	0.71	0.30	0.83	0.80
	2010	0.64	0.58	0.82	0.79	0.44	0.67	0.93	0.56	0.32	0.71	0.30	0.83	0.80
食物生产	2000	0.29	0.29	0.25	0.27	0.31	0.29	0.24	0.32	0.35	0.29	0.37	0.27	0.27
	2005	0.29	0.29	0.25	0.27	0.31	0.29	0.24	0.32	0.35	0.29	0.37	0.27	0.27
	2010	0.29	0.29	0.25	0.27	0.31	0.29	0.24	0.32	0.35	0.29	0.37	0.27	0.27
保持土壤	2000	1.15	1.13	1.38	1.32	0.99	1.14	1.41	1.04	0.78	1.19	0.77	1.31	1.29
	2005	1.15	1.13	1.38	1.31	0.99	1.14	1.41	1.03	0.77	1.19	0.77	1.31	1.29
	2010	1.15	1.12	1.37	1.31	0.99	1.14	1.41	1.03	0.77	1.19	0.77	1.31	1.29
废物处理	2000	1.62	2.04	2.70	2.39	1.73	1.05	1.00	1.07	1.13	1.23	1.10	1.18	1.44
	2005	1.59	2.00	2.65	2.33	1.70	1.05	0.99	1.07	1.14	1.21	1.09	1.16	1.42
	2010	1.57	1.97	2.63	2.29	1.68	1.06	1.00	1.07	1.14	1.20	1.09	1.16	1.36
生物多样性	2000	1.31	1.35	1.79	1.66	1.11	1.21	1.54	1.06	0.76	1.30	0.73	1.44	1.46
	2005	1.30	1.34	1.78	1.64	1.10	1.21	1.54	1.06	0.76	1.29	0.73	1.44	1.46
	2010	1.30	1.33	1.77	1.63	1.10	1.21	1.54	1.06	0.76	1.29	0.73	1.44	1.45
美学景观	2000	0.75	0.86	1.22	1.08	0.68	0.58	0.73	0.50	0.37	0.65	0.35	0.71	0.78
	2005	0.74	0.85	1.20	1.06	0.67	0.58	0.73	0.50	0.38	0.65	0.34	0.71	0.78
	2010	0.73	0.84	1.19	1.05	0.67	0.58	0.73	0.50	0.38	0.65	0.34	0.71	0.76

同一生态系统服务类型，在不同子流域表现差异显著。嫩江子流域单位面积的水文调节、气候调节和废物处理等的服务价值远高于其他两个子流域。而不同子流域单位面积的气体调节、原材料生产、食物生产、土壤保持、生物多样性和美学景观等服务价值无明显差异。不同分区间单位面积的生态系统服务价值的差异则更加显著。生态系统服务价值最高的分区约为最低分区的三倍。但基本规律表现为嫩江子流域上游区和中游区、西流松花江子流域上游区提供最高的生态系统服务价值，而西流松花江子流域下游区和松花江干流子流域上游区的生态系统服务价值最低。

第6章 松花江流域水资源、水环境与水旱灾害的变化

松花江流域属水资源短缺的地区，人均水资源量低于全国人均水平。水资源量年际间差异较大。流域污染排放量大，农业面源污染有加重趋势，部分地区水环境污染严重。流域内水旱灾害发生频率高、影响范围广，且灾害发生的频率和强度在空间上差异明显，应根据区域的具体情况采取有效措施予以防范和补救。

6.1 水文特征分析

河流的水文特征极易受流域地形的影响。松花江流域地域广大，流域内地形地势差异明显。特殊的地理条件，加之该流域气温偏低，因此，松花江流域的水文有其独有的特征（陈春桥等，2009）。

总的来看，松花江流域雨量较为充沛，降水较为集中，汛期的水量占75%以上（水利部松辽水利委员会，2004）。松花江流域降水量在年际比较中，丰枯变化剧烈，不同年份间差异显著。2000～2010年，降水量最高的2005年比降水量最低的2001年多1000亿 m³。10年的年平均降水量为2740亿 m³，其中2003年、2005年、2009年和2010年降水量超过平均值（图6-1）。

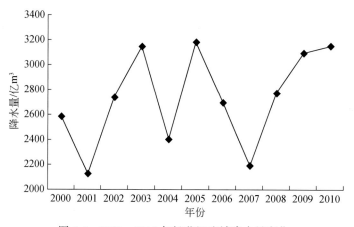

图6-1　2000～2010年松花江流域降水量变化

2000～2010年，不同子流域间降水量及其变化差异明显，西流松花江子流域降水相对较少，在400亿～600亿 m³，且年际变化相对稳定。而嫩江子流域和松花江干流子流域年

际变化剧烈，降水量范围在 800 亿 ~ 1500 亿 m³。除个别年份外，嫩江子流域和松花江干流子流域不同年份的降水量变化趋势基本一致（图6-2）。

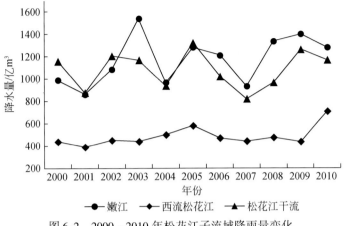

图 6-2 2000 ~ 2010 年松花江子流域降雨量变化

从空间上来看，受太平洋东南季风的影响，加上松花江流域内山脉阻隔使内地水汽含量减少，造成了降水量地区分布极不均匀，流域降水量整体呈现由东南向西北递减的趋势（图6-3）。夏秋季风是造成松花江流域范围大暴雨的主要天气系统之一，它对西流松花江、拉林河和牡丹江流域影响尤其大，因此西流松花江上游区，拉林河、蚂蚁河和牡丹江上游交界区，呼兰河、汤旺河流域交界地区是流域内降水量分布的高值区。长白山位于流域东南方，迎风坡是流域内降水量最高的区域，尤其是长白山天池附近区域，长年降水量均超过 800 mm。而嫩江下游的洮儿河、霍林河流域处于流域腹地，大多数年份中的降水量在 300 ~ 400mm。

降水量的年际变化在 2000 ~ 2010 年变化程度较大。2003 年和 2010 年，流域内年均降水量普遍增加，流域内各区域的降水量普遍高于其他年份。而 2001 年和 2007 年，流域内降水普遍减少，尤其是流域的西部的嫩江子流域，降水量比往年减少 3 成左右，形成了东部和西部迥然不同的降水格局。对比具体区域的降水量年际变化发现，西流松花江子流域，尤其是子流域上游区降水量的年际差异不大，而松嫩平原区域降水量年际间差异显著（图6-3）。

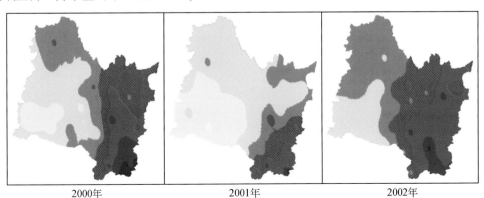

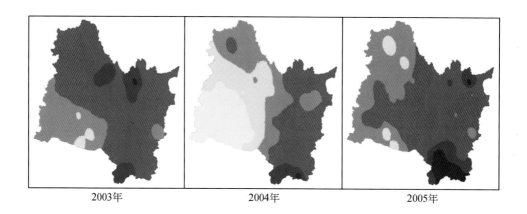

2003年   2004年   2005年

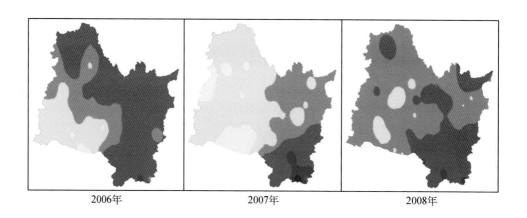

2006年   2007年   2008年

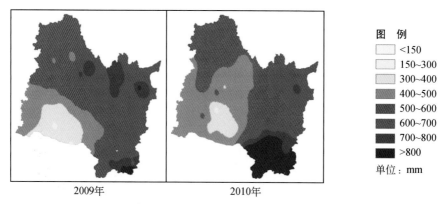

2009年   2010年

图 6-3   2000～2010 年松花江流域降水分布图

松花江流域降水量虽然不大，但是由于其气温偏低，蒸发量小，径流量较为充沛。此外径流量的大小也受到河道自身特征的影响（陈志恺，2003）。嫩江和西流松花江分别为松花的南北两源，嫩江的水系形态为扇形，主干河道明显，而西流松花江河道迂回曲折，加上河道长度较短，因此径流量明显小于嫩江的主干河道的径流量。此外，由于嫩江和西流松花江在三岔口交汇后合流形成松花江干流，因此，松花江干流的年径流量显著高于其他两个子流域。

嫩江子流域的年径流量约占流域年径流量的1/3；西流松花江子流域的年径流量约占流域年径流量的20%左右；松花江干流子流域年径流量最大，约占流域年径流量的45%。从图6-4中可知，松花江流域径流量表现为自东向西或自东北向西南呈逐渐减少的趋势。不同区域径流量在年际间变化趋势也不同。西流松花江子流域河源一带年际差异较小。而松花江干流子流域一带的径流量在年际间变化剧烈（图6-4）。

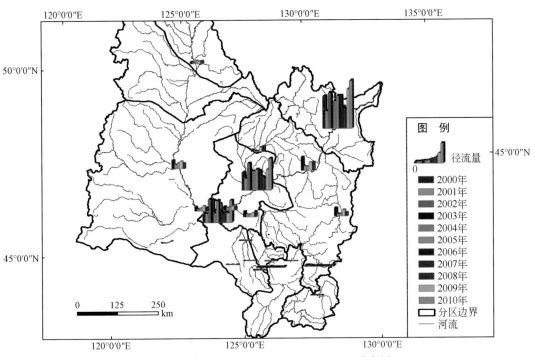

图6-4　松花江流域2000~2010年径流量分布图

松花江属于少沙河流，但由于年径流量大，因此流域年输沙量依然不可小视（郭永龙等，2004；孟宪民，1999）。如图6-5所示，松花江流域的泥沙含量在空间分布上差异显著。西流松花江子流域各水系的泥沙量均较少，而嫩江子流域和松花江干流子流域由于河道宽阔，携带泥沙量大，故年泥沙含量明显高于西流松花江子流域数倍以上，尤其是三江平原区的入河口，泥沙含量最大。此外，泥沙含量在不同年份间分配极不均匀，这可能与当年的气候条件有关，降雨量大的年份，冲刷严重，年泥沙含量也大。

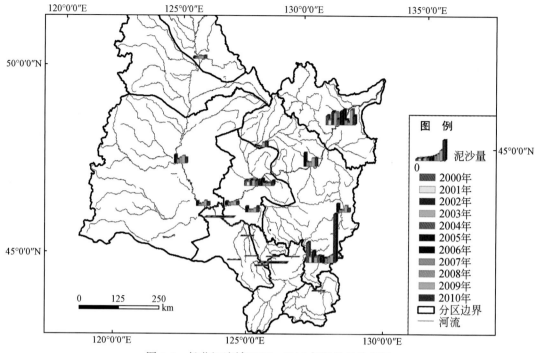

图 6-5　松花江流域 2000～2010 年泥沙量分布图

6.2　水资源特征变化及开发

6.2.1　水资源特征及变化

6.2.1.1　水资源总量

松花江流域的水资源总量在全国七大河中排第三位，仅次于长江和珠江。但由于径流时空分布不均和水资源利用的不合理，松花江流域人均水资源量远低于全国平均水平（丁文喜，2011；方红松和刘云旭，2002）。

松花江流域 2000～2010 年平均水资源总量为 780.8 亿 m^3，最大为 1137 亿 m^3，最小为 602 亿 m^3，产水系数（水资源总量与降水量的比值）为 0.27。以 2010 年流域总人口计，松花江流域人均水资源量 1834 m^3，仍低于全国人均水资源量。

各子流域水资源量从大到小依次为松花江干流、嫩江和西流松花江。各子流域水资源量的年际间变化也较大，且不同子流域的变化趋势差异也较大，水资源总量年际间的变化特征与降水量的变化特征基本一致（图 6-6）。

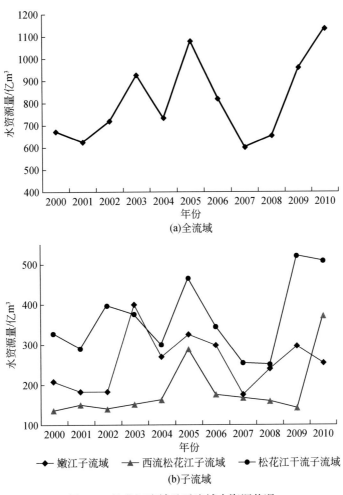

图 6-6　松花江流域及子流域水资源状况

6.2.1.2　地表和地下水资源量

（1）地表水资源量

地表水资源量是指河流、湖泊等地表水体的动态水量，用天然河川径流量表示。本书研究在单站径流还原及下垫面一致性修正的基础上计算地表水资源量。还原水量包括各行业用水耗损量、引入引出水量及水库蓄变量等（闵庆文和成升魁，2002；左其亭和陈曦，2003）。

松花江流域 2000～2010 年平均地表水资源量为 661 亿 m^3，最大为 972 亿 m^3，最小为 470 亿 m^3。地表水资源量时空分布特征与降水量基本相同，但变化幅度更大。在年内分配上，地表水资源量的大部分，即山区的 45%～75%、平原的 85% 以上，集中在汛期。在年际变化上，丰枯变化剧烈。

松花江干流地表径流量显著高于其他两个子流域，同样在年际变化上，丰枯变化剧烈。但三个子流域中，西流松花江子流域除个别年份外地表径流量较为稳定［图 6-7（a）］。

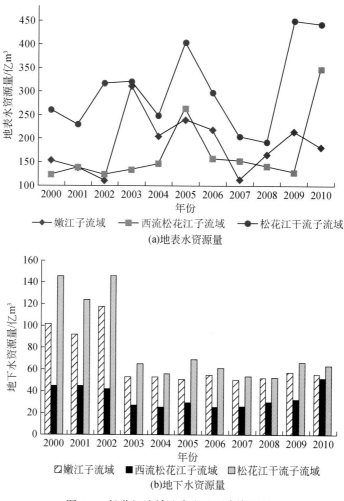

图 6-7　松花江流域地表和地下水资源量

（2）地下水资源量

地下水资源量是指评价区域内降水和地表水体入渗补给浅层地下水含水层的动态水量（不含井灌回归补给量）。山丘区地下水资源量采用排泄量法计算，包括河川基流量、山前侧渗流出量、山前泉水溢出量、潜水蒸发量及开采净消耗量；平原区地下水资源量采用补给量法计算，包括降水入渗补给量、地表水体入渗补给量、山前侧渗补给量。

松花江流域 2000~2010 年平均地下水资源量为 183.36 亿 m³，最大为 350 亿 m³，最小为 129 亿 m³。值得注意的是，各子流域地下水资源在 2003 年急剧下降，并持续维持相对较低的水平［图 6-7（b）］。据统计，由于部分大城市水资源供应压力较大，地下水过量开采，致使地下水位下降，形成了地下水降落漏斗，对水资源的正常循环产生影响。

6.2.1.3　供水量和用水量

从水资源的供用水量来看（表 6-1），与 2000 年相比，2010 年供水量有所增加，且地下水增加的比例较大，说明增加供水量主要依靠开采地下水来实现。这种供水量的增加是非常有限的，过度的开采地下水也会对环境产生诸多不利的影响。用水方面，农业用水占松花江流域用水量的 70% 左右，且有逐年增加的趋势。由于生活水平的提高，居民对生活质量的需求加大，生活用水量持续增加。2010 年生活用水比 2000 年增加了 60% 左右。因此，应利用技术手段加大废污水处理回用的力度和开发替代水，并尽可能地实行包括节水灌溉在内的各种节水环节，同时依靠蓄水、引水和提水工程增加供水量。2000~2010 年工业用水量下降超过 20%，这是由于用水效率的提高和经济结构调整的实施，提高了工业用水效率（周大杰等，2005）。另外，由于生态文明建设的需求增加，生态用水也开始增加。

表 6-1 松花江流域水资源开发利用情况 （单位：亿 m³）

年份	供水量				用水量				
	地表水	地下水	其他	总供水量	生活	工业	农业	生态	总用水量
2000	242.3	163.4	0.0	405.0	21.4	102.9	282.1	0.0	405.0
2005	223.0	155.3	0.0	378.3	32.7	74.7	265.5	5.5	378.3
2010	259.2	197.3	0.1	456.6	34.4	82.5	331.4	8.3	456.6

6.2.2 水库及水电站特征

松花江流域有大型水库 22 座，总库容为 255.19 亿 m³，中型水库 107 座，总库容为 29.82 亿 m³，小型水库 1381 座，总库容为 16.90 亿 m³。大型水库名录及特征值见表 6-2。

表 6-2 松花江流域主要大型水库特征值

水库名称	水库位置	建设时间	建设主要目的	控流域面积/km²	总库容/亿 m³	蓄水能力/亿 m³	发电量装机容量
丰满水库	吉林中部、松花江南源西流松花江中游	1937~1993 年	发电为主，发电与防洪并重，兼有灌溉、供水、航运、养殖和旅游	42 500	107.8	兴利库容 53.5 防洪库容 26.7	18 亿 kW·h 55.4 万 kW
尼尔基水库	黑龙江与内蒙古交界的嫩江干流上，坝址右岸为尼尔基镇，左岸为讷河市二克浅乡	2001~2005 年	防洪、工农业供水、发电、航运、环境保护、鱼苇养殖等	11 000	86.11	兴利库容 59.68 防洪库容 23.68	6.4 亿 kW·h 25 万 kW
白山水库	长白山区桦甸市与靖宇县交界的西流松花江上游	1975~1992 年	发电为主，兼顾防洪及其他	19 000	64	调洪库容 14.89	20 亿 kW·h 170 万 kW

水库名称	水库位置	建设时间	建设主要目的	控流域面积/km²	总库容/亿 m³	蓄水能力/亿 m³	发电量装机容量
莲花水库	松花江干流东南部的中部丘陵地区	—	—	66 400	41.80	兴利库容 15.90	—
镜泊湖水库	宁安县四季通	1938 ~ 1978 年	发电为主，兼顾下游工农业生产、生活用水、库内养鱼、水上运输及防洪调节	66 000	18.24	兴利库容 6.65 防洪库容	6 万 kW
石头口门水库	九台市西营城子乡石头口门村西南 500m 处的饮马河中游	1958 ~ 1965 年	防洪除涝、城市供水、农田灌溉为主，结合发电、养鱼	4 944	12.64	兴利库容 1.69 防洪库容 5.97	210 万 kW·h 1600kW
察尔森水库	嫩江支流洮儿河中游兴安盟科右前旗境内，距乌兰浩特市 32km	1971 ~ 1974 年	以灌溉、防洪为主，结合发电、养鱼、旅游	7 780	12.53	兴利库容 10.33	0.27 亿 kW·h 1.28 万 kW
月亮泡水库	白城大安市月亮泡镇	1974 ~ 1976 年	养鱼、灌溉	—	11.99	兴利库容 4.59	—
山口水库	五大连池市东南部、嫩江一级支流讷谟尔河上游	1995 ~ 2000 年	发电、供水、灌溉、防洪、养鱼、旅游等	3 745	9.95	兴利库容 7.4 防洪库容 2.03	0.44 亿 kW·h 2.6 万 kW
新立城水库	长春市南郊距市区 20km 的伊通河上	1958 ~ 1962 年	供水为主，兼防洪除涝、发电和养鱼	—	5.92	兴利库容 2.75 防洪库容 3.02	—
西泉眼水库	阿什河干流上游，阿城市平山镇西泉眼屯附近	1991 ~ 1992 年	灌溉、防洪、除涝、发电、供水、养鱼	1 151	4.78	兴利库容 2.9 防洪库容 4.07	530 万 kW·h 6600 kW
海龙水库	梅河口市大柳河支流杨树河中游的海龙县小杨乡	1958 ~ 1984 年	防洪、灌溉为主，结合养鱼、发电	548	3.16	兴利库容 1.24 防洪库容 2.13	184 万 kW·h 1600kW
双阳河水库	依安县	—	—	—	2.79	—	—
龙凤山水库	五常县城东南约 50km 蔡家街附近，拉林河支流牤牛河中游	1958 ~ 1965 年	灌溉、发电、养鱼	1 740	2.33	兴利库容 1.61 防洪库容 1.33	—

水库名称	水库位置	建设时间	建设主要目的	控流域面积/km²	总库容/亿 m³	蓄水能力/亿 m³	发电量装机容量
星星哨子水库	永吉县岔路河镇,饮马河支流岔路河中游	1958~1979 年	灌溉为主,结合防洪、发电、养鱼	845	2.65	兴利库容 0.95 防洪库容 2.03	3200kW
桃山水库	七台河市桃山东北部,倭肯河上游	1986~1991 年	—	—	2.64	—	—
绰尔水利枢纽	绰尔河中游,距扎赉特旗政府所在地音德尔镇 20km	2002~2004 年	灌溉为主,结合防洪、发电、养殖、旅游	—	2.6	—	—
音河水库	甘南县城西北 4km 处,嫩江中游右侧支流音河中游	1958~1985 年	—	1 660	2.49	兴利库容 1.46 调洪库容 1.07	—
东方红水库	海沧县东北部,小兴安岭西麓,松花江二级支流扎音河上游	—	防洪和灌溉为主,兼顾发电、养鱼,多年调节	500	1.62	兴利库容 0.725	500 kW
红石水库	吉林桦甸市红石镇	1982~1987 年	发电为主,兼顾防洪	1 300	2.84	—	4.4 亿 kW·h 20 万 kW
向海水库	白城市通榆县向海乡	1973 年	灌溉农田和芦苇、养鱼、供水、防洪等	—	2.35	兴利库容 1.75 防洪库容 0.78	—
太平池水库	农安县龙玉乡境内的新凯河支流翁克河下游	1942~1958 年	防洪除涝为主,兼灌溉、养鱼	1 706	2.01	—	—
亮甲山水库	舒兰县亮甲山乡,松花江二级支流卡岔河上游	1966~1968 年	防洪除涝为主,结合灌溉、养鱼和发电	618	1.93	兴利库容 0.41 防洪库容 1.55	17 万 kW·h
向阳山水库	桦南县东北 9km,在倭肯河支流八虎力河支流柳树河和小八虎力河汇流处	1958~1970 年	灌溉为主,结合防洪、发电、养鱼	865	1.31	兴利库容 7300	—
太平湖水库	甘南县东北,嫩江支流黄蒿沟中游	1941~1943 年	灌溉为主,兼顾防洪、养鱼	683	1.17	兴利库容 370	
桦树川水库	宁安县兴隆乡三道河村,牡丹江上游支流蛤蟆河上游,距县城 55km	1958~1985 年	灌溉为主,兼防洪、发电、养鱼	505	1.32	兴利库容 0.63 防洪库容 0.46	

水库名称	水库位置	建设时间	建设主要目的	控流域面积/km²	总库容/亿 m³	蓄水能力/亿 m³	发电量装机容量
红旗泡水库	大庆市区东侧卧里屯境内，位于安达市和大庆市之间。	1972～1974 年	供应大庆石油化工用水为主	—	1.16	兴利库容1.0	—
泥河水库位于	呼兰、兰西、绥化 3 县市交界处、呼兰河支流泥河下游	1958～1977 年	防洪除涝为主，兼灌溉、养鱼	1 515	1.0	兴利库容0.65 防洪库容0.81	—
大庆水库	位于大庆市萨尔图以东 15km	1975～1977 年	供给大庆石油化工工业用水为主，兼顾灌溉、养鱼	—	1.13	兴利库容1.03	—

西流松花江子流域水库的建设密度远大于其他两个子流域（图 6-8）。统计发现，西流松花江子流域每 1 万 km² 有 6 座大中型水库，松花江干流子流域为 3 座，嫩江子流域为 1 座。西流松花江子流域单位面积的水库数远大于其他两个子流域，这是因为西流松花江子流域水资源开发强度相对其他两个子流域较高。水库的修建可以解决径流在时间上和空间上的重新分配问题，充分开发利用水资源，进行径流调节，蓄洪补枯，使天然来水能在时间上和空间上较好地满足用水部门的要求（邱德华，2005）。但是由于库区水面面积大，大量的水被蒸发，土壤盐碱化使土壤中的盐分及化学残留物增加，从而使地下水受到污染，提高了下游河水的含盐量，并影响水系的水质，西流松花江子流域下游区的饮马河和伊通河水质均为劣 V 类可能也与此有关（李昌峰等，2002）。

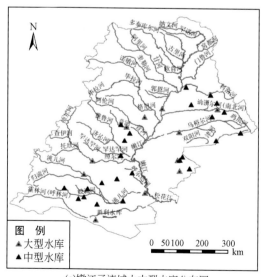

(a)嫩江子流域大中型水库分布图

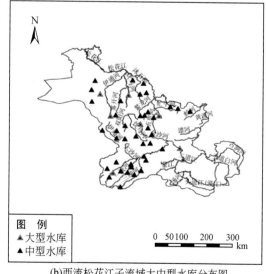

(b)西流松花江子流域大中型水库分布图

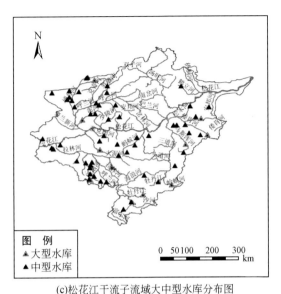

(c)松花江干流子流域大中型水库分布图

图 6-8　松花江流域大中型水库分布图

　　松花江流域大中型水库蓄水量变化如图 6-9 所示。与 2000 年相比，不同年份的水库蓄水量变化较大，且不同子流域间差异较大。西流松花江子流域大型和中型水库的蓄水量在十年间持续增加，2005 年和 2010 年，其大型水库的蓄水量比 2000 年分别增加了 23 亿 m³ 和 38 亿 m³，而嫩江子流域和松花江干流子流域增加最多的年份仅分别增加了 5.7 亿 m³ 和 4.7 亿 m³（图 6-9）。分析原因发现，除了西流松花江子流域在 2005 年和 2010 年降水和地表水资源量显著高于其他地区外，水库数量和库容量的增加是蓄水量显著增加的原因（张利平等，2009）。

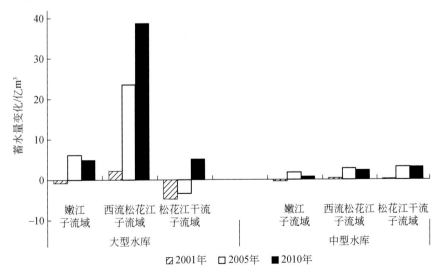

图 6-9　松花江流域大型和中型水库蓄水量变化

松花江流域的水能资源丰富，并以嫩江、西流松花江与松花江干流的支流牡丹江较为集中，流域内水能资源理论蕴藏量在 1 万 kW 以上的干支流有 71 条，总理论蕴藏量为 659.33 万 kW。目前，在松花江流域已建的装机容量在 1 万 kW 以上的水电站共 10座，其中黑龙江省 3 座，吉林省 6 座，内蒙古自治区 1 座，各水电站具体的装机容量和年发电量见表 6-3。

表 6-3 松花江流域装机容量 1 万 kW 以上已建水电站

地区	电站名称	装机容量/万 kW	年发电量/(亿 kW·h)
黑龙江	镜泊湖	9.60	3.13
	晨光	1.25	0.67
	莲花	55.00	7.97
吉林省	白山	150.00	20.37
	丰满	55.40	18.90
	丰满 9#，10#机扩建	17.00	0.51
	丰满三期扩建	28.00	
	红石	20.00	4.40
	北江	1.28	0.47
内蒙古	察尔森	1.28	0.27

这些以防洪与水资源开发利用为目的的水利工程，包括水库、闸坝和水电站等，在防洪、灌溉供水等方面发挥巨大效益，有效地降低了流域内洪涝灾害发生的概率，使地表水资源得到了有效利用。但这些水利工程修建后引起径流变化，直接改变了河流水系的联系性，并对中游平原地区河流流量产生直接的影响（姜文来，2001）。加之水污染过程叠加，导致河流水环境发生变化。另外，目前松花江流域水资源开发利用程度还不够，目前利用率只达到 29.9%，缺少可调蓄水量的水库工程。除西流松花江子流域外，其余地区的径流利用还处于自然状态，水资源开发利用的潜力还很大。

6.2.3 水资源评价

根据《松辽流域水资源公报》显示，2000～2010 年松花江流域的平均水资源量为813 亿 m³。流域水资源量年际变化大，范围在 636 亿～1137 亿 m³，剧烈年际变化加大了水资源有效利用的难度（表 6-4）。

表 6-4 松花江流域水资源量　　　　　　　　　　　　（单位：亿 m³）

年份	2001	2001	2002	2003	2004	2005	2006	2007	2008	2009	2010	平均
水资源量	674	626	721	928	735	1081	822	602	656	962	1137	813

2010 年，松花江流域人均水资源量为 1800 多立方米，不足全国平均水平，而亩均水资源量更是只为全国平均水平的 1/4。另外，尽管流域水资源总量充沛，但是松花江流域的耗水率高达 50% 以上，因此流域水资源短缺严重（吴季松，2000）。

流域内水资源量区域分布不均衡。吉林省的水资源条件相对较好，但水资源的分布与城市布局不协调；中西部地区城市用水量比较集中，水资源短缺。黑龙江省由于水源污染和城市用水量大而集中，部分城市也存在水源短缺问题。哈尔滨、大庆、四平等大城市是东北地区典型的深层承压水超采区，已出现不同程度的地质环境问题，以哈尔滨最为严重，已造成地面沉降、地下水环境恶化。从整个流域看，吉林省和黑龙江省的大城市分布区水资源供需缺口较大。

另外，流域内部分区域严重的水环境问题也使本不太富裕的水资源量捉襟见肘，供需矛盾更加突出。水资源供需矛盾已严重制约流域经济社会的可持续发展。随着社会经济的进一步发展，人口的增加，城市化进程的加快，未来水资源的供需矛盾将更加尖锐。

6.3　污染排放及水环境变化

6.3.1　污染物排放特征及变化

6.3.1.1　农药和化肥

化肥和农药施用量增加是影响农业面源污染的重要因素（韩玉婷等，2013）。2000 ~ 2010 年，松花江流域农药和化肥的施用量总体呈增加的趋势。化肥施用量的增长较为平缓，而农药施用量表现为波段性迅速增长后下降，如此反复的情况，具体表现为 2000 ~ 2002 年农药施用量急剧增加，2002 ~ 2003 年迅速下降，之后又开始增加，直到 2007 年又有所下降，但 2007 年之后的几年农药施用量的增加较平稳。农药施用量的增长幅度在十年间逐渐减小，而化肥施用量的增长幅度则基本保持不变，如图 6-10 所示。

对西流松花江子流域的化肥施用量空间分布进行分析发现（图 6-11），不同区域间化肥使用量差异较大，中游地区高于上下游地区，且十年间呈现出显著的持续增加的趋势，且增加的趋势已蔓延到上游河源段，这将有可能对当地乃至全流域面源污染的控制和水源安全造成不利影响。

从松花江流域农药施用量空间分布图可知，各区域十年间的农药施用量均显著升高。农药施用量空间差异显著，施用量高的区域主要在西流松花江子流域和松花江干流子流域的平原区。2000 年，流域东部的化肥施用量远高于西部，2005 年和 2010 年化肥施用量高的区域则位于流域中间位置，呈条带状分布。2000 年，西流松花江子流域各县市的农药施用量明显高于其他两个流域，2005 年和 2010 年各区域的农药施用量均显著增加，尤其是松花江干流子流域的上游地区（图 6-12）。

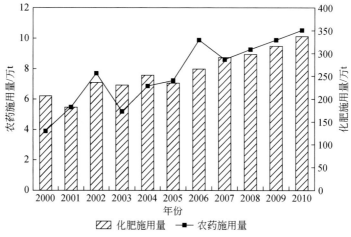

图 6-10 松花江流域化肥和农药施用量

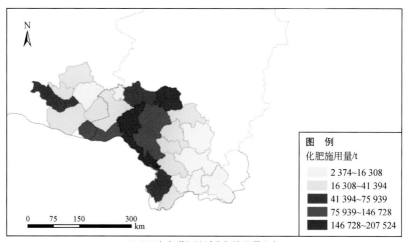

(a) 2000年松花江流域化肥施用量分布

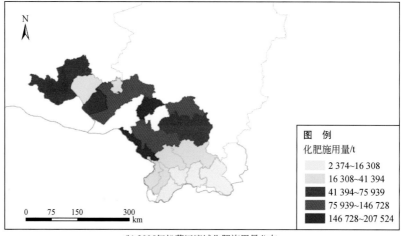

(b) 2005年松花江流域化肥施用量分布

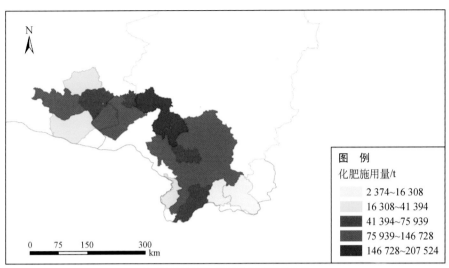

(c) 2010年松花江流域化肥施用量分布

图 6-11　西流松花江子流域化肥施用量分布图

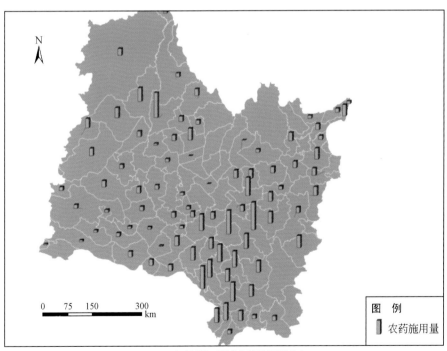

(a) 2000年松花江流域农药施用量分布

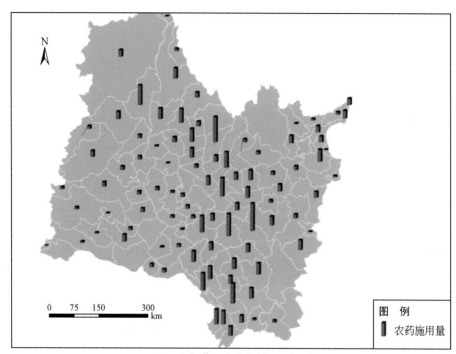

(b) 2005年松花江流域农药施用量分布

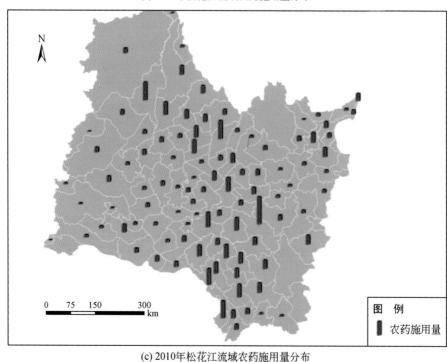

(c) 2010年松花江流域农药施用量分布

图 6-12　松花江流域农药施用量分布图

6.3.1.2 污染物排放

由于松花江流域废水排放量统计口径的变化，无法进行十年的年际间比较。2006年以后的数据统计的范围和汇总方法相同，因此，在此只对2006～2010年的数据进行比较分析。从表6-5中可以看出，废水排放量呈增加的趋势，但工业COD和氨氮的排放量有所减少，这说明在节能减排的政策实施过程中，工业废水排放得到了更严格的控制，废水排放达标率等环保指标有所提高（李平，2005）。

表6-5 松花江流域废水排放情况

年度	废水排放量/亿吨			COD排放量/万吨			氨氮排放量/万吨		
	合计	工业	生活	合计	工业	生活	合计	工业	生活
2001	—	4.6	—	—	13.6	—	—	0.2	—
2002	17.8	6.3	11.5	74.8	16.6	58.1	7.7	0.6	7.1
2003	16.3	6.3	10.0	68.0	18.5	49.5	6.7	0.6	6.1
2004	20.2	8.0	12.2	88.2	28.9	59.3	8.0	0.8	7.3
2005	21.8	8.7	13.1	94.9	32.8	62.1	9.8	2.0	7.8
2006	17.6	7.1	10.5	72.3	25.1	47.2	7.3	1.4	5.9
2007	17.4	7.5	9.9	71.4	25.7	45.7	6.3	1.2	5.1
2008	17.5	6.8	10.7	71.6	24.9	46.7	6.7	1.2	5.5
2009	19.3	5.7	13.6	68.2	22.3	45.9	6.4	0.9	5.5
2010	21.3	6.8	14.6	64.2	21.4	42.9	6.4	0.7	5.7

注：从2004年起，松花江流域统计范围包括松花江流域和黑龙江流域。从2006年起，流域数据的汇总方法有所变化，流域规划所含区县的全部数据，不再沿用以前的按"排水去向"统计的方法，汇总的区县数有所减少。

松花江流域污染物排污强度呈现出明显的空间异质性（史正涛等，2008；孙亚男和谢永刚，2008；张俊艳和韩文秀，2005）。选取2000～2010年松花江流域工业废水排放量、工业COD排放量、工业氨氮排放量、生活废水排放量、生活COD排放量、生活氨氮排放量6个指标进行分析。

（1）工业废水和生活废水排放量

松花江流域各区县工业废水排放量空间差异较大，随时间的变化特征也明显不同（图6-13）。2000年松花江流域工业废水排放量分布较为不均。沿嫩江干流东侧及嫩江子流域下游部分区县排放量较大，吉林市、哈尔滨市、双鸭山市部分区县的排放量也较大。2005年松花江流域工业废水排放量总体较2000年有所降低，排放量的分布改变不显著。2010年松花江流域工业废水排放量，在嫩江子流域与西流松花江子流域总体上表现为上升，在松花江干流子流域总体下降。

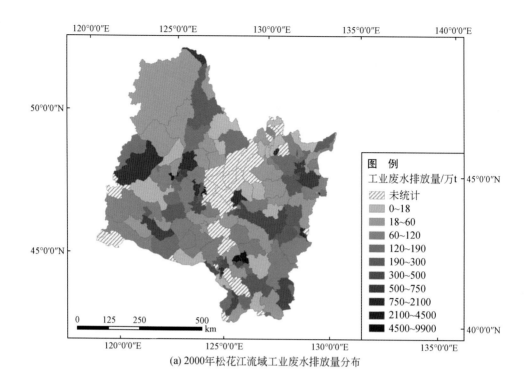

(a) 2000年松花江流域工业废水排放量分布

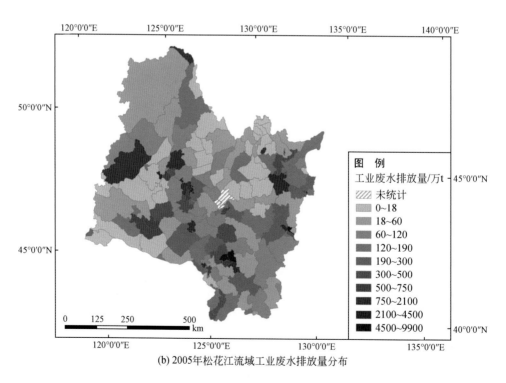

(b) 2005年松花江流域工业废水排放量分布

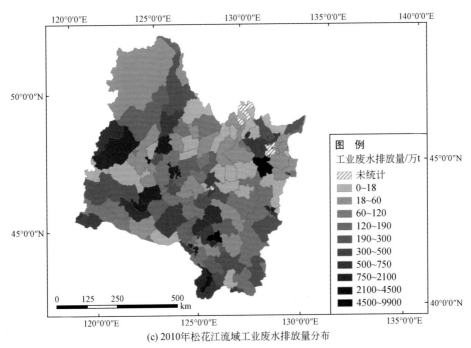

(c) 2010年松花江流域工业废水排放量分布

图 6-13　2000~2010 年松花江流域工业废水排放量分布图

在本节中，若 2000 年数据缺失严重，将选取 2001 年数据替代 2000 年进行对比分析。如图 6-14 所示，整体上，2001~2010 松花江流域生活废水排放量呈增加的趋势，松花江流域生活废水排放量的高值区主要是西流松花江子流域下游和松花江干流子流域上游的区县。不同子流域的生活废水排放量的变化差异显著。西流松花江子流域整体显著增加，松花江干流子流域次之，嫩江子流域增加不明显。在西流松花江子流域，2005 年生活废水排放量增加的区域主要在子流域的下游区，而 2010 年，西流松花江子流域生活废水排放量的增加则几乎涉及除河源段的所有区县。

（2）工业 COD 和生活 COD 排放量

2000~2010 年，工业 COD 排放量总体呈现下降的趋势（图 6-15）。工业 COD 高的区县主要集中于嫩江子流域下游区域，吉林市、牡丹江市、双鸭山市的排放量也很高。2000~2005 年，在统计分析的所有区县中，工业 COD 排放呈下降的区县约 70 个，而排放呈上升的约 60 个，且增加的工业 COD 排放量是减少的 1.5 倍工业 COD 排放量增加较大的区域主要是嫩江子流域下游区，西流松花江子流域中下游区，松花江干流子流域上游区、中游区的北部和下游区南部。2005~2010 年，有约 90 个区县工业 COD 的排放量下降，增加的区县数有近 70 个，排放量的减少量是增加量的 1.4 倍。工业 COD 排放量降低显著的区域主要位于三个子流域的交汇处及松花江干流子流域下游区的南部，而工业 COD 排放量增加较为明显的区域则位于西流松花江子流域的下游区，松花江干流子流域上游区和牡丹江流域的部分地区。

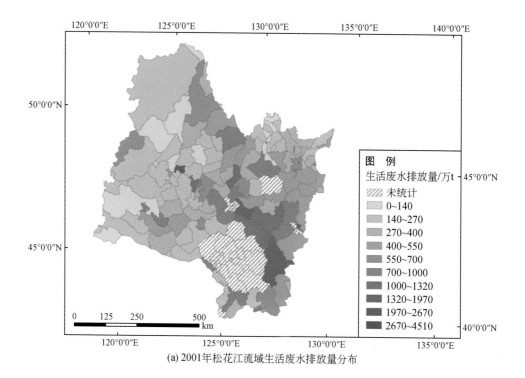

(a) 2001年松花江流域生活废水排放量分布

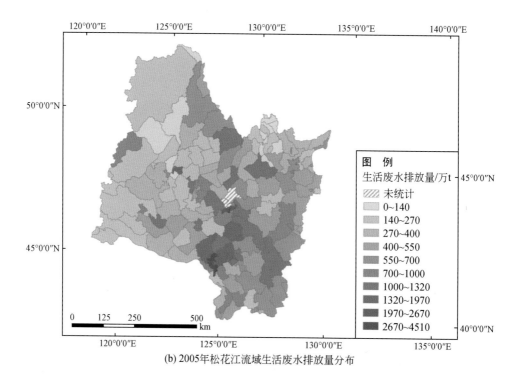

(b) 2005年松花江流域生活废水排放量分布

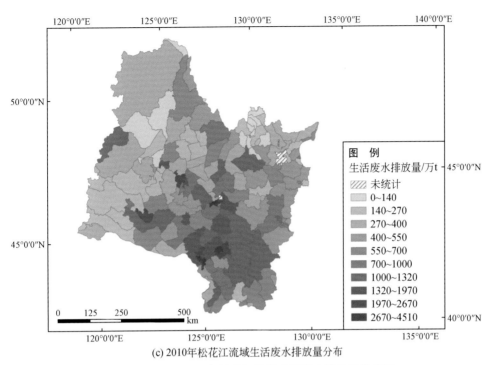

(c) 2010年松花江流域生活废水排放量分布

图 6-14　2001～2010 年松花江流域生活废水排放量分布图

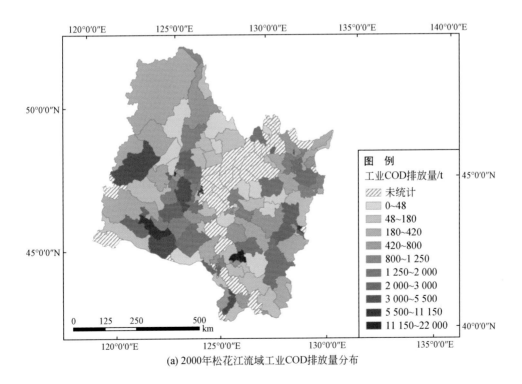

(a) 2000年松花江流域工业COD排放量分布

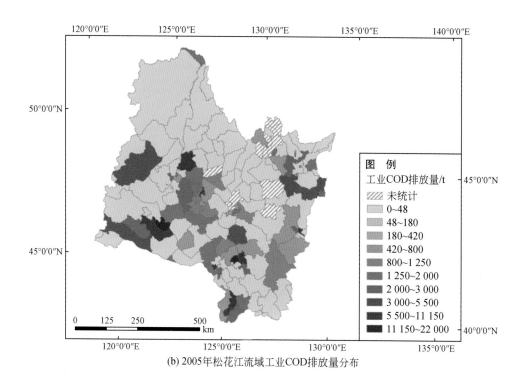

(b) 2005年松花江流域工业COD排放量分布

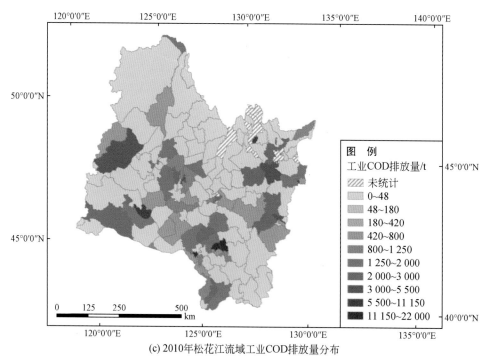

(c) 2010年松花江流域工业COD排放量分布

图 6-15　2000～2010 年松花江流域工业 COD 排放量分布图

松花江流域生活 COD 排放量整体呈增加趋势，在嫩江子流域上游东侧和下游东侧区域、松花江干流子流域中游大部分地区和西流松花江下游区均较高（图 6-16）。2000 ~ 2005 年，在统计分析的所有区县中，流域内有约 40 个区县的生活 COD 排放量下降。而生活 COD 排放量增加的区县约有 60 个。生活 COD 排放量降低显著的区域主要是西流松花江子流域源头区和各城市的市辖区，而生活 COD 排放量增加较为明显的区域主要位于流域的东部，嫩江子流域下游部分地区、西流松花江子流域的中下游区和松花江干流子流域上游区和中游区交界地区。2005 ~ 2010 年，生活 COD 的排放量下降和增加的区县数量几乎相当，但排放的减少量是增加量的 1.7 倍。生活 COD 排放量增加较大的区域主要是鄂伦春自治旗、嫩江子流域下游区及松花江干流子流域零星分布的部分地区。而减少较为明显的区域主要位于西流松花江子流域中下游区，另外，佳木斯市辖区、黑河市市辖区、桦川县和林口县等地区生活 COD 排放量也大幅下降。

（3）工业氨氮和生活氨氮排放量

2000 ~ 2010 年，工业氨氮和生活氨氮排放量整体呈增加趋势，且生活氨氮排放增加的幅度高于工业氨氮排放量。工业氨氮排放量和生活氨氮排放量在空间上分布不均（图 6-17），工业氨氮排放量较大的区县主要集中在西流松花江子流域及松花江干流子流域的少数区县，由于数据缺失较多，无法进行深入的对比分析，但可以看出，2000 ~ 2010 年，工业氨氮排放量的空间分布格局变化不大。

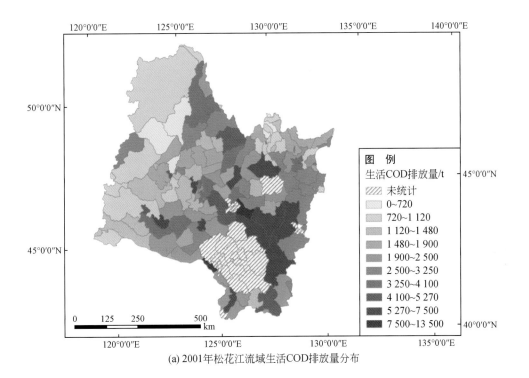

(a) 2001 年松花江流域生活 COD 排放量分布

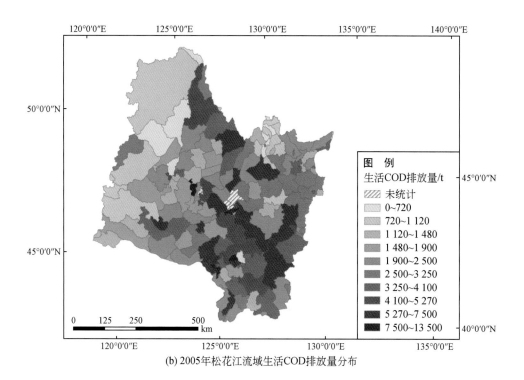

(b) 2005年松花江流域生活COD排放量分布

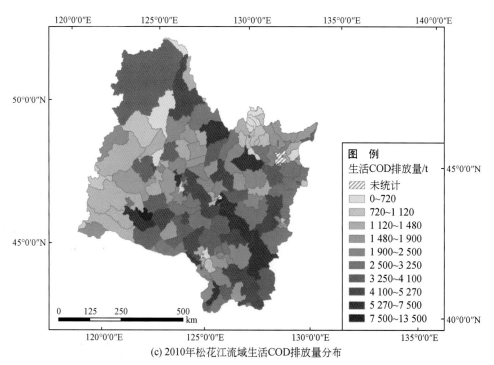

(c) 2010年松花江流域生活COD排放量分布

图6-16　2000~2010年松花江流域生活COD排放量分布图

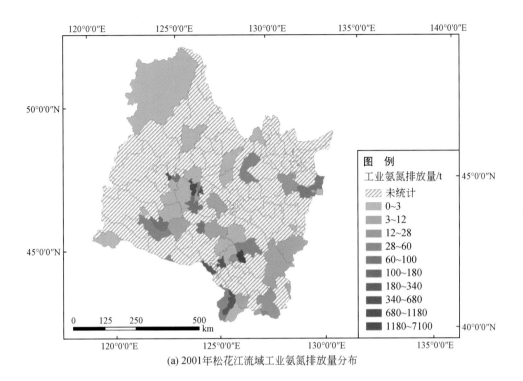

(a) 2001年松花江流域工业氨氮排放量分布

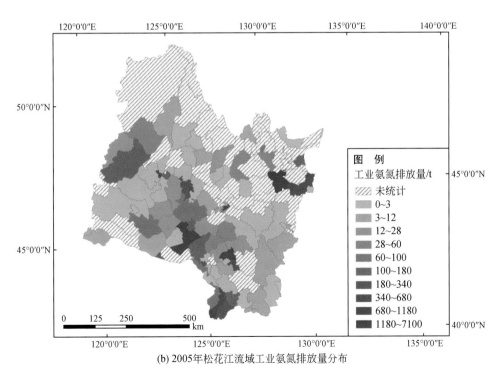

(b) 2005年松花江流域工业氨氮排放量分布

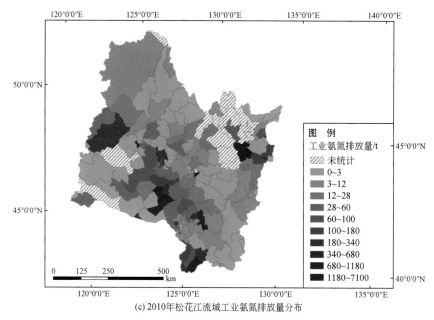

(c) 2010年松花江流域工业氨氮排放量分布

图6-17 2000～2010年松花江流域工业氨氮排放量分布图

　　生活氨氮排放量总体表现为东部大于西部，流域周边区县大于流域中心区域。生活氨氮排放量的高值区位于嫩江子流域西侧地区和松花江干流子流域的中游地区。2000～2005年，生活氨氮排放量的空间分布变化不大，2005年很多区县的生活氨氮排放量显著下降，这些区域主要位于流域的东南部。2005～2010年，嫩江子流域上中游和西流松花江子流域的中下游的生活氨氮排放量显著下降，而嫩江子流域下游和松花江干流子流域上游区的大部分地区和中下游的部分地区都显著增加，如图6-18所示。

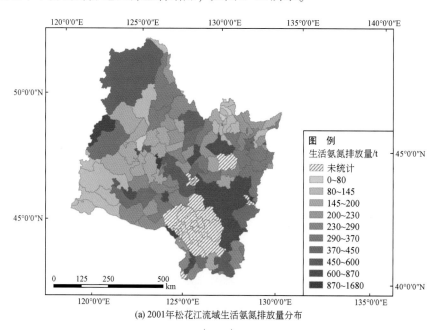

(a) 2001年松花江流域生活氨氮排放量分布

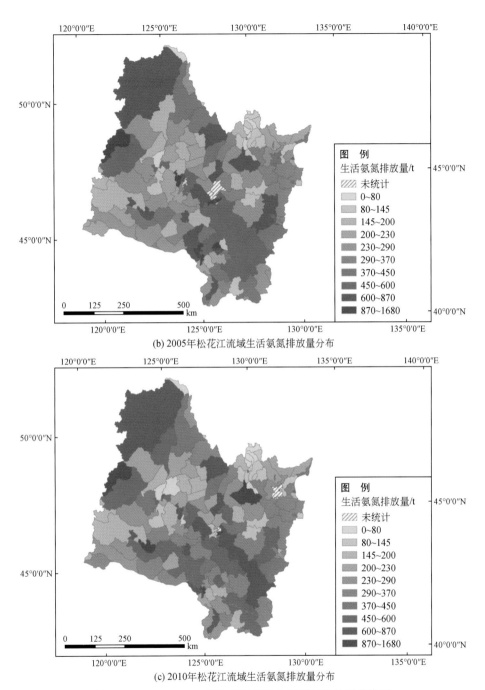

(b) 2005年松花江流域生活氨氮排放量分布

(c) 2010年松花江流域生活氨氮排放量分布

图 6-18　2000～2010 年松花江流域生活氨氮排放量分布图

　　总的来说，松花江流域的污染表现为总排放量大、大城市集中排放、污染趋势加重的特点。2000～2010 年松花江流域工业与生活各污染物排放量总体表现为空间分布不均，除工业 COD 下降之外，其余各排放指标都呈稳定或上升趋势。这一方面说明工业生产过程中，节能减排取得一定成效，另一方面也表明松花江流域的污染治理任重道远，针对污染治理的合理高效的相关政策和技术应尽早实施。

6.3.2 水环境特征变化

6.3.2.1 水环境变化

本节应用水质指标来指示水环境的变化。松花江流域水资源质量总体较差。多项水质指标超标，主要是化学需氧量、氨氮、高锰酸盐指数、五日生化需氧量和石油类（覃雪波等，2007；王颖，2005；王东辉等，2007）。从图6-19可知，劣于Ⅳ类水河长的比例超过53%，其中Ⅴ类和劣Ⅴ类水河长分别占9.1%和14.5%。从子流域来看，劣于Ⅲ类水的河长所占比例最高的为松花江干流子流域，其次为嫩江子流域和西流松花江子流域，但劣Ⅴ类水河长所占比例最高的为西流松花江子流域，而松花江干流子流域相对最低。从分区来看，松花江干流子流域下游区和西流松花江子流域下游区的Ⅴ类和劣Ⅴ类水河长所占比例最高，其次为西流松花江子流域和松花江干流子流域的上游区，嫩江子流域的三个分区Ⅴ类和劣Ⅴ类水河长所占比例相对最低。

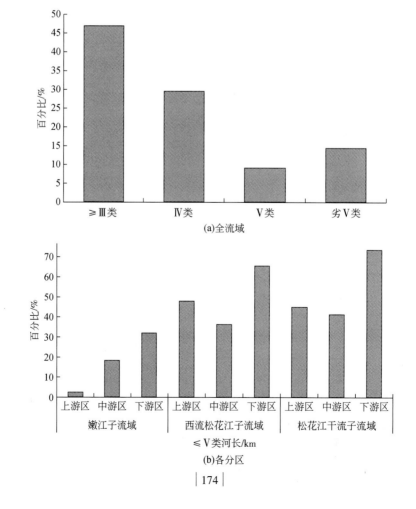

(a)全流域

(b)各分区

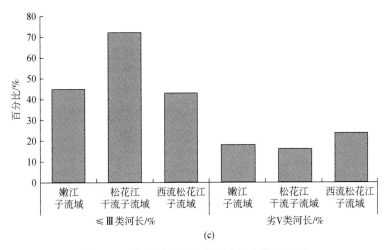

图 6-19　松花江流域及各分区的水资源质量

分析松花江流域干流和主要支流水系水质的空间分布可知（图 6-20），松花江干流子流域总体水质属轻度污染水平，主要支流总体水质属中度污染水平。嫩江子流域的水质状况明显好于其他两个子流域，西流松花江子流域内，饮马河与伊通河的全部河段水质为劣Ⅴ类；松花江干流子流域内，梧桐河全部河段与牡丹江的上中游河段水质为劣Ⅴ类，松花江上下游河段、牡丹江中游河段和安邦河、海浪河及汤旺河的全部河段水质为Ⅴ类。从水质的十年变化来看，嫩江子流域的水质状况整体在改善。在 2010 年，大部分水系为Ⅲ类水，洮儿河、雅鲁河等水系水质优良为Ⅱ类水。松花江干流子流域水系整体未有大范围的改善，部分河段的水质有所提高，但梧桐河及牡丹江的中下游段仍为劣Ⅴ类，而西流松花江子流域 2005 年干流长春段为中度污染；吉林段水质良好，中下游的水系水质堪忧，多年来未有所改善。

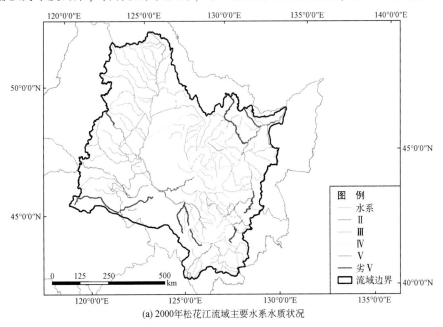

(a) 2000年松花江流域主要水系水质状况

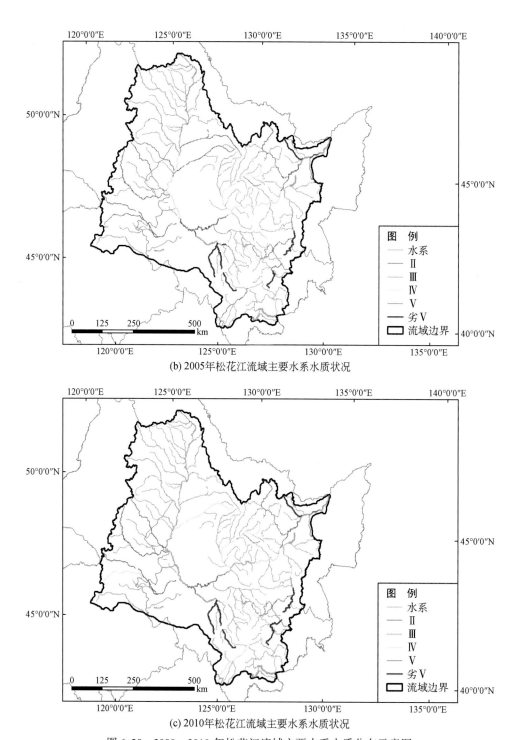

(b) 2005年松花江流域主要水系水质状况

(c) 2010年松花江流域主要水系水质状况

图 6-20　2000～2010 年松花江流域主要水系水质分布示意图

6.3.2.2 水环境变化的影响因素

自然条件对水质有一定的影响，分析松花江流域水质和水文数据发现，径流量小、含泥沙量大的地区水质相对较差。这是因为河流径流量小，自净能力差，上游若有水质差的水量汇入，受到的影响也更明显（王海燕，2013）。但从影响程度上来看，人类干扰毋庸置疑是水质变化的影响因素。因此，本节主要从人类活动影响的角度探讨水质变化的影响因素。

6.3.2.3 人口

区域人口与水质之间呈现出较强的关联性（图 6-21）河流水质较差的区域往往是人口密集区域，这些区域的普遍特征为土地表面人工化痕迹明显，人口密集，工农业发达。这些特点的综合作用表现为制造和排放了大量的废水和污染物质，这些废水和污染物质直接或间接的进入到河流，严重影响了河流的水质状况。与此相反的是，人口分布较为稀疏的区域往往为林地和草地，这些区域的工农业一般较为落后，制造和排放的废水和污染物质较少，从而保证了这些区域河流水质较好。因此，在松花江流域内，人口增加和工农业发展驱动了流域生态系统格局的改变，而生态系统类型的改变直接导致和影响了流域内主要河流水环境质量的改变。生态系统格局改变成为流域河流水环境质量改变的主要驱动力。

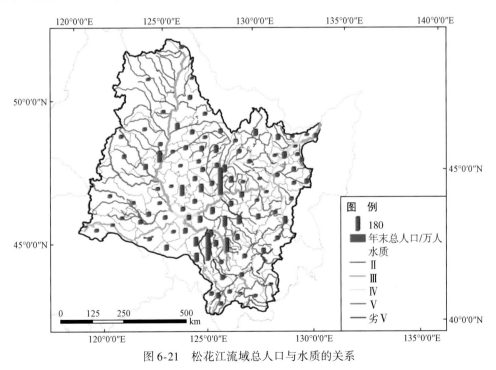

图 6-21 松花江流域总人口与水质的关系

6.3.2.4 地区生产总值

地区生产总值对区域水质具有重要影响。从图 6-22 可以看到，在松花江流域内，人口密集的工农业发达区域地区生产总值一般较高。而高地区生产总值的代价是区域内河流水质下降。地区生产总值在170亿元以上的区域，河流水质一般在Ⅲ类以下，部分区域甚至达到Ⅴ类或劣Ⅴ类水平。结合以上生态系统、人口及地区生产总值与水质的关系可以看到，人口的增加导致城镇化进程的加快，工农业的发展保证了区域生产总值的升高，但同时改变了地区生态系统格局，以上因素的综合作用是导致河流水环境质量下降。从这一过程的梳理可以看到，区域生态系统格局的转变主导了河流水环境质量的下降。

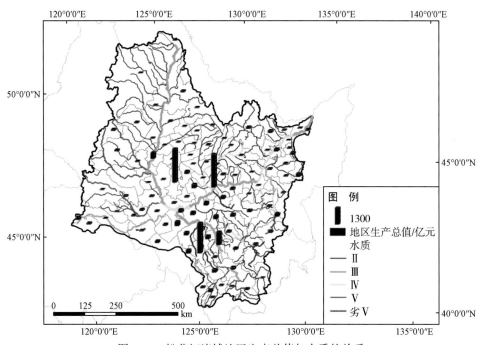

图 6-22　松花江流域地区生产总值与水质的关系

6.3.2.5　政策保障

另外，为了全面彻底治理松花江流域水体污染，国家早在2006年便决定对处于松花江上游的嫩江子流域先期进行治理，以达到从源头消灭污染源的目的，在5年内投入9.85亿元，用于齐齐哈尔市嫩江子流域的12个污染治理项目，其中包括齐齐哈尔市中心城区污水处理厂二期工程、富拉尔基污水处理厂建设、黑化集团等企业的7个污染治理工程。这种政策的倾斜和环保的资金投入可能是嫩江子流域的水质明显好于其他两个子流域的原因。

6.3.3　水旱灾害特征及变化

随着松花江流域的开发强度不断加大，生态环境恶化加剧水土流失，导致松花江流域经常发生各种自然灾害，其中，水旱灾害是流域内最主要的自然灾害，二者的受灾面积约占总受灾面积的 90% （范立君，2013）。总的来说，松花江流域的水旱灾害中，水灾的发生次数多于旱灾。虽然水灾的受灾面积远没有旱灾大，但其造成的损失往往比旱灾大得多。可见，与旱灾相比，水灾对人类的更威胁更严重（水利部松辽水利委员会，2004）。

水旱灾害 2005 年以前主要表现为干旱较为严重，而水灾相对较为轻微。2005 年以后流域内水灾发生的范围、频度及强度持续增加（表 6-6）。从 2005 年起，几乎每年都有较大及以上程度的水灾害发生，范围逐渐由个别地区扩展到局部地区，强度也由较大洪水发展为特大洪水。其原因在于降水增加，而流域源头植被数量或质量下降导致生态系统服务功能降低，兼之湿地萎缩造成洪水调蓄能力下降（熊正为，2004；张建云等，2008）。由于区域的地理条件空间差异较大，气候水文条件受到影响，加上同一地区不同季节气候差异显著，导致在流域范围内会出现洪水和旱情并发，或者同一地区水灾和旱灾相继发生的情况。

表 6-6 2000~2010 年松花江流域水灾和旱灾情况

年份	水/旱灾	受灾范围	级别
2000	旱灾	大部分地区	严重灾害
2005	水灾	个别地区	200 年一遇
2006	水灾	个别地区	较大洪水
2007	水灾	局部地区	大洪水或较大洪水
	旱灾	个别地区	特大旱情
2008	水灾	局部地区	大洪水或较大洪水
2009	水灾	局部地区	大洪水或较大洪水
2010	水灾	局部地区	特大洪水和大洪水

灾害导致人们的生产生活均受到不利影响，甚至可能导致人员的伤亡，经济遭到极大损失。分析吉林省和黑龙江省洪涝灾害受灾人数和直接经济损失发现（图 6-23 和图 6-24），由洪涝灾害的突发性决定，受灾人口和直接经济损失在时间上没有明显的规律。二者之间也没有必然联系，这是因为，灾害发生的具体状况呈现多样化，范围广而程度轻的灾害导致受灾人口多，但直接经济损失并不严重。而发生在局部地区的严重灾害可能导致直接经济损失呈倍数增长。由图 6-23 和图 6-24 可知，2006 和 2009 年属于发生范围广而程度较轻的洪涝灾害，2007 年吉林省发生了局部地区的严重洪涝灾害，2008 年两省洪涝灾害的范围和强度都不大，而 2010 年吉林省发生范围广而强度高的洪涝灾害，而黑龙江省 2010 年的洪涝灾害并不严重。

水旱灾害等自然灾害的影响形式是多种多样的，除了造成人员伤亡和直接的财产损失外，还对农业生产具有极强的破坏性，农作物减产，甚至绝收，严重阻碍国民经济持续发展。

水旱灾害的受灾面积一般约占总受灾面积的 90%，因此，本节运用总受灾面积分析灾害变化情况。由于不同行政区面积差异较大，受灾面积的绝对值之间难以进行对比，因此，采用受灾面积占行政区面积的比例（以下简称受灾比例）来表征区域的受灾强度。流域内各省的受灾比例如图 6-25 所示，整体上，除极端年份外，内蒙古自治区的受灾比例远低于其他两省，其他两省的受灾比例相差不大，但黑龙江省的受灾比例的年际间表现更为稳定。

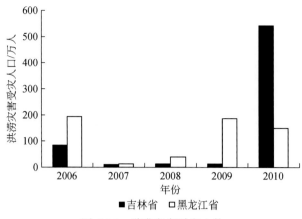

图 6-23　洪涝灾害受灾人数

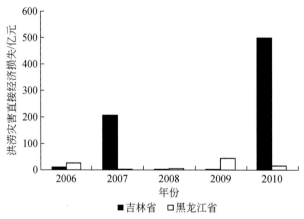

图 6-24　洪涝灾害直接经济损失

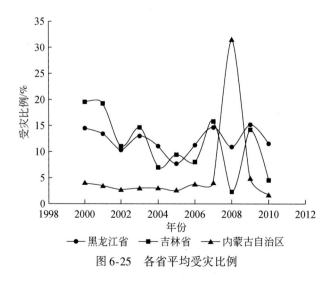

图 6-25　各省平均受灾比例

分析吉林省和内蒙古自治区的自然灾害状况可知（表 6-7 和表 6-8），吉林省受灾面积和绝收/成灾面积的年际间差异较大。水灾和旱灾的年均受灾面积约占年均总受灾面积的88%。一般情况下，水灾受害面积远小于旱灾的受灾面积，且水灾面积相对较大的年份造成的农业直接经济损失远大于其他年份，这也证明在吉林省水灾造成的危害远大于旱灾。2010 年水灾的受害面积和强度较大，导致转移安置人口 200 多万，从损坏和倒塌的房屋数量和造成的农业直接经济损失来看，2010 年的自然灾害，尤其是水灾，是 2000～2010 年最为严重的。

表 6-7　吉林省自然灾害

项目	2000 年	2001 年	2002 年	2003 年	2004 年	2005 年	2006 年	2007 年	2008 年	2009 年	2010 年
受灾面积/万 hm²	366.2	361.1	205.0	274.2	130.8	176.5	150.9	295.8	42.7	265.7	85.3
旱灾/万 hm²	353.8	329.4	122.9	144.8	116.1	84.6	119.4	288.8	31.3	244.0	35.0
水灾/万 hm²	6.9	14.5	38.0	31.4	3.6	73.2	9.8	0.6	5.2	2.4	38.8
绝收/成灾面积/万 hm²	321.5	303.3	151.3	173.3	30.3	66.0	7.8	28.9	1.1	31.2	11.3
旱灾/万 hm²	304.2	276.2	90.6	97.5	26.9	34.0	—	27.3	—	28.3	—
水灾/万 hm²	4.7	11.4	27.8	14.4	0.8	21.0	3.0	0.1	0.4	0.6	10.6
受灾人口/万人	—	—	—	—	232.9	298.0	287.0	701.0	315.0	998.0	750.0
转移安置人口/万人	—	—	—	—	0.7	9.7	13.0	4.2	2.9	0.3	201.2
损坏房屋/万间	—	—	—	—	0.8	12.5	3.4	3.0	2.7	0.9	61.9
其中：倒塌房屋/万间	—	—	—	—	0.1	4.5	0.6	0.9	0.6	0.2	31.1
农业直接经济损失/亿元	—	—	—	—	26.7	53.0	32.0	3.5	48.0	169.2	579.1

注：2000～2003 年的绝收/成灾面积及下属的旱灾和水灾的面积为成灾面积。

除 2008 年外，内蒙古自治区的自然灾害受灾面积比较稳定。水灾和旱灾的年均受灾面积占年均总受灾面积的比例远低于吉林省，约为 78%。与吉林省情况类似，内蒙古自治区的水灾受害面积也远小于旱灾的受灾面积，2008 年水灾受灾面积约为旱灾受灾面积的 1/2 外，2002 年、2003 年、2005 年和 2010 年分别约为 12%、22%、24% 和 15%，其他年份均小于 10%（表 6-8）。

表 6-8　内蒙古自治区自然灾害　　　　　　　　　　（单位：万 hm²）

项目	2000 年	2001 年	2002 年	2003 年	2004 年	2005 年	2006 年	2007 年	2008 年	2009 年	2010 年
受灾面积	479.3	405.6	320.8	355.2	356.1	308.8	444.6	475.5	3725.5	575.7	203.3
旱灾	377.3	312.5	189.9	210.3	249.4	195.1	264.1	431.4	1809.4	492.9	143.4
水灾	13.2	11.5	22.4	46.3	20.2	46.0	17.9	13.6	877.9	45.6	21.6
绝收/减产面积	185.3	327.3	101.3	168.4	100.8	97.4	115.0	215.9	1057.8	186.6	61.6
旱灾	157.3	253.5	38.7	101.7	70.0	60.2	59.8	205.0	462.0	152.3	51.1
水灾	4.6	8.2	9.7	24.5	8.0	17.8	7.5	4.6	341.9	12.1	3.5

注：2000 年和 2001 年的绝收/减产面积及下属的旱灾和水灾的面积为减产面积。

为分析灾害变化的时空分布特征，本节选取各地级市的受灾比例进行分析。因数据限制，黑龙江省采用各地级市的受灾比例，而内蒙古自治区和吉林省采用的是全区（省）的受灾平均比例。

从图 6-26 可知，黑龙江省的受灾比例表现为平原区远大于山区。2000～2010 年齐齐哈尔和绥化市受灾面积比例远高于其他地区，尤其是齐齐哈尔市，除 2002 年外，其他各年的受灾比例都超过 30%，2010 年受灾比例甚至高达 53%。而大兴安岭地区、黑河市和伊春市受灾比例常年处于较低水平。这可能是因为前两者处于多耕地的平原区，而后者多为山区的林区。哈尔滨市、大庆市和佳木斯市的受灾比例处于中间水平，但其年际间变化很大，哈尔滨市受灾比例为 3%～26%，大庆市受灾比例为 6%～24%，佳木斯市受灾比例略高于前两者，为 10%～30%。

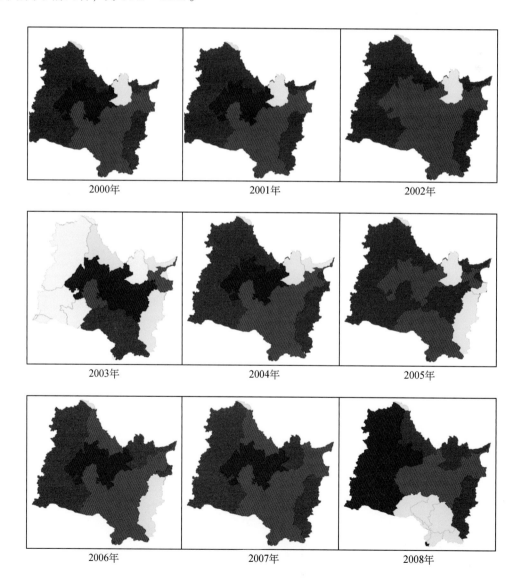

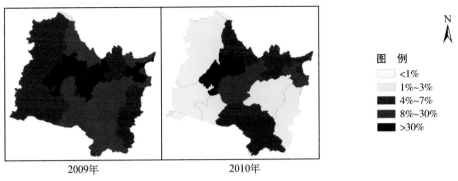

2009年　　　　　　　2010年

图 6-26　松花江流域受灾比例分布

目前，松花江流域的水旱灾害具有发生频率高、影响范围广的特点，对当地的经济和人民财产生命安全造成不利影响。因此要采取有效措施予以防范和补救。除了进行生态恢复，改善水旱灾害发生的本底环境外，对于水灾，可通过事前建设水利工程加以防范；对于旱灾，可因地制宜地开发一些农田灌溉工程加以补救。同时要辅以科学合理的管理措施积极应对包括水旱灾害在内的自然灾害。

6.4　生态系统类型与水环境的关系

长期以来，针对生态系统类型对生态环境尤其是水环境的影响已开展大量的研究（Didonato et al.，2009；Abell et al.，2011；Dahm et al.，2013）。由人类活动驱动的生态系统类型变化对水质和水生态系统具有负面的影响，但是这种影响在多大的范围内起作用一直未有定论（Tran et al.，2010）。本节分别从全流域尺度、子流域尺度及岸边带尺度探讨生态系统类型变化与水环境的关系。

6.4.1　全流域尺度

为探讨全流域尺度上生态系统类型与水质的关系，本节以 2010 年为例，叠加水质与生态系统类型的空间分布图进行定性分析。由图 6-27 可知，西流松花江子流域和松花江干流子流域人工表面的聚集区水质多为劣 V 类，人工表面聚集区多为城镇等人口稠密区域，大量人口的聚集地区必然产生大量的工业生产和生活废水和污染物，这些废水和污染物质进入河道导致流经这些区域的河流水质普遍下降；除了生活和工业生产导致河流水质变差，农业的发展也是导致河流水质变差的重要原因。如图 6-27 所示，从农耕区域穿过的河流水质基本在Ⅲ类及以下，导致这一现象的主要原因为农业面源污染。随着农业集约化程度的增加，为了提高农业的产量和质量，大量农药和化肥被应用于农业生产，而施用的农药和化肥除部分被作物吸收外，大量农药和化肥直接或间接地通过地表径流进入河流，大量 N、P 和重金属及有机污染物因此进入河流造成河流水质的下降。与人工表面和耕地区域不同的是，流经林地和草地的河流水质较好，嫩江子流域下游发源于山地的河流

| 183 |

水质一般在Ⅱ类以上，这也充分表明森林和草地对河流水质保持的重要作用。

嫩江子流域为我国重要的农业基地，而西流松花江子流域和松花江干流子流域工业相对发达。相对于其他两个子流域，嫩江子流域水质较好这一结果也证明了在该流域工业污染仍占水质污染的主导作用，农业面源污染占次要地位。

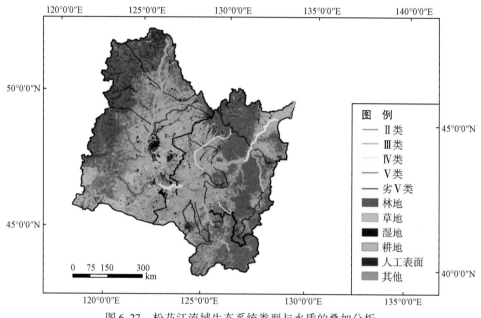

图 6-27　松花江流域生态系统类型与水质的叠加分析

6.4.2　子流域尺度

嫩江子流域是生态系统变化相对剧烈的区域，因此，本节以嫩江子流域为例，定量探讨生态系统组成比例与水环境之间的关系。

由于水质站点数据体现的是集水区而不是行政区域的范围，因此，本节利用 DEM 高程数据，运用 GIS 的水文分析工具，在嫩江子流域生成 4420 个集水区，并识别出与水质站点对应的可用于水质分析的 19 个面积为 $12 \sim 267 \ km^2$ 的小集水区，并通过叠加分析分别计算每个集水区内的各生态系统类型的比例。通过这些步骤在集水区尺度建立了水质与生态系统类型间的联系。为进一步的水质空间分析提供数据基础。

这些被用于水质分析的集水区虽然生态系统类型组成各不相同，但主要分为以耕地为主和以林地为主的类型。将水质指标作为自变量，生态系统类型的比例指标作为因变量进行相关性分析。由于 COD 和氨氮是反映河流水环境污染情况和健康与否的重要指标（张德刚等，2008；郭萧等，2010；Abdalla and McNabb，1999）。因此，本节选择 COD 和氨氮为研究对象，系统分析生态系统类型的改变导致的河流水环境变化情况。

从图 6-28 可知，随着耕地面积在集水区内所占比例的增加，COD 含量显著上升。森林面积在集水区内所占比例和 COD 含量间存在明显的负相关关系，森林面积所占比例越高，COD 含量越低。其他各类生态系统类型比例和 COD 含量间没有明显关系。

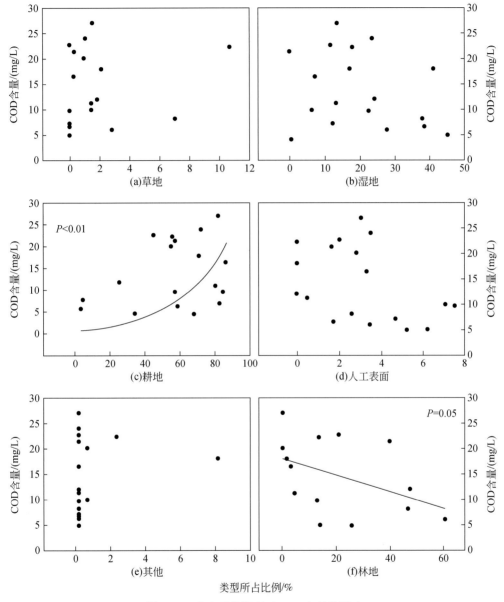

图 6-28　生态系统类型对 COD 含量的影响

由图 6-29 可知，与 COD 的趋势类似，随着耕地面积在集水区内所占比例的增加，氨氮含量呈上升趋势，而随着森林面积比例的增加，氨氮含量呈下降趋势，其余土地类型的比例与氨氮间无明显关系。由此可知，在小集水区尺度，生态系统类型对水质的影响主要体现在耕地和林地两种生态系统类型上。

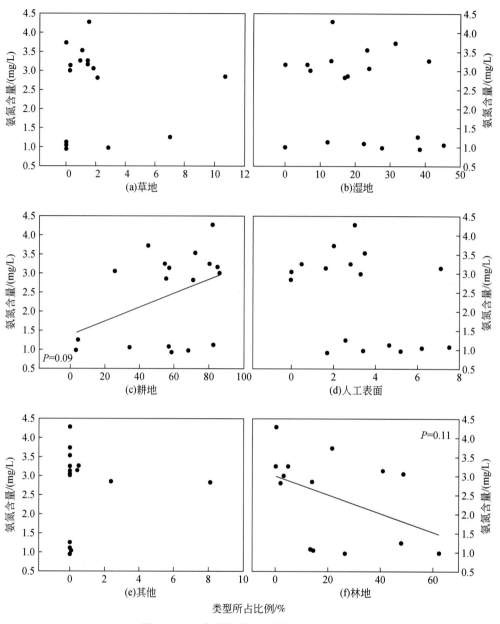

图 6-29　生态系统类型对氨氮含量的影响

6.4.3　岸边带尺度

为探讨岸边带生态系统类型与水质之间的关系，本节对不同水质级别河段的岸边带生态系统类型进行统计分析。其中，基于林地、草地和湿地的生态系统是对水体具有净化涵养功能的有益生态系统；相反地，基于耕地与人工表面等其他生态系统类型则会产生污染并对水环境产生不利影响。

对比同一年份相同宽度内，不同水质级别河段的岸边带生态系统类型，整体趋势呈现出随水质的恶化，沿岸有益类生态系统比例下降，而不利类比例上升（图6-30）。具体而言，2000年岸边带有益类生态系统比例随水质级别由Ⅱ类下降到Ⅴ类而降低，但在劣Ⅴ类时有益类生态系统比例明显升高；2005年、2010年岸边带有益类生态系统比例随水质级别下降而波动下降。以上结果反映出，松花江流域岸边带生态系统与水环境存在一定的关联，即有益类生态系统比例与水质具有某种程度的同一性。此外，对比同一年份相同水质级别的河段，不同宽度沿岸生态系统类型，随着沿岸宽度的增加，有益类生态系统比例逐渐降低，而不利类比例上升。这表明随着与河道距离的增加，有益类生态系统的发展受到了更多限制。

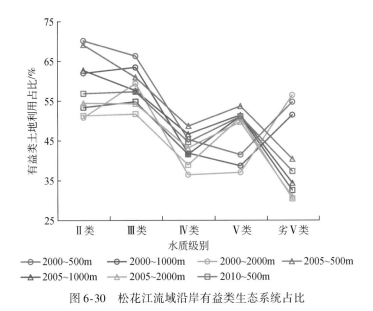

图6-30 松花江流域沿岸有益类生态系统占比

对比相同宽度和水质级别的情况下，不同年份的岸边带生态系统类型，呈Ⅱ类、Ⅲ类和劣Ⅴ类水质的河段随时间的推移，岸边带有益类生态系统比例下降，而不利类比例上升，但Ⅳ类和Ⅴ类水质河段的岸边带有益类生态系统比例则先大幅上升后小幅下降（表6-9）。这体现出时间序列上，流域岸边带生态系统与水环境的变化情况，分析原因可能是水质较好（Ⅱ类和Ⅲ类）的河段在十年间不是松花江流域水环境管理的重点区域，其岸边带的有益类生态系统受到较为严重的人为干扰而使得比例下降；水质恶化（Ⅳ类和Ⅴ类）的河段在十年间由于得到了保护与治理，岸边带植被经过恢复而使得有益类生态系统比例升高，但岸边带植被的恢复保持仍需要更多的努力；因在2000～2010年水质极度恶化（劣Ⅴ类）的河段长度减少了约一半，且不利的岸边带生态系统方式难以改观，导致有益类生态系统比例持续下降。

表 6-9　松花江流域河段水质级别与沿岸生态系统对比　　　（单位:%）

宽度	水质级别	2000 年		2005 年		2010 年	
		河段占比	有益类占比	河段占比	有益类占比	河段占比	有益类占比
500 m	Ⅱ类	0.8	70.21	2.1	69.15	12.1	56.90
	Ⅲ类	42.2	66.32	44.2	60.98	43.5	57.36
	Ⅳ类	15.8	45.34	18.6	48.66	17.0	44.69
	Ⅴ类	25.8	41.49	28.0	53.72	19.4	51.10
	劣Ⅴ类	15.4	54.76	7.1	40.40	8.0	37.35
1000 m	Ⅱ类	0.8	62.04	2.1	62.75	12.1	53.43
	Ⅲ类	42.2	63.49	44.2	57.65	43.5	54.87
	Ⅳ类	15.8	41.93	18.6	46.66	17.0	41.62
	Ⅴ类	25.8	38.71	28.0	51.45	19.4	51.13
	劣Ⅴ类	15.4	51.48	7.1	34.38	8.0	32.54
2000 m	Ⅱ类	0.8	50.85	2.1	54.53	12.1	51.33
	Ⅲ类	42.2	59.42	44.2	54.35	43.5	51.74
	Ⅳ类	15.8	36.49	18.6	43.20	17.0	38.94
	Ⅴ类	25.8	37.06	28.0	49.72	19.4	50.77
	劣Ⅴ类	15.4	56.47	7.1	30.88	8.0	30.44

由表 6-12 可知，2000 年时，Ⅱ类、Ⅲ类水体对应沿岸生态系统类型中有益类比重较大，Ⅳ类和Ⅴ类水体对应的有益类比重较低，而劣Ⅴ类水体对应的有益类生态系统比例又明显升高。松花江流域Ⅱ类、Ⅲ类水体大部分位于嫩江子流域，其长度约占全部Ⅱ类、Ⅲ类水体的 79.1%，该地区原本植被或湿地分布较多，加之水质较好、具有更高的生态系统服务，所以有益类生态系统及水质均得到较好保护。劣Ⅴ类水体对应的有益类生态系统比例高，则可能是由于劣Ⅴ类河段在水环境治理中得到更多关注，除了针对水质本身的治理和控制外，沿岸生态系统的改善也是劣Ⅴ类水体水环境治理中的关键内容。此外，随着沿岸宽度的增加，同一水质级别对应的有益类生态系统比例逐渐降低，这表明随着与河道距离的增加，有益类生态系统的发展受到了更多限制。

2000～2010 年，Ⅱ类、Ⅲ类和劣Ⅴ类水体对应沿岸生态系统类型中有益类比重表现为逐渐下降，而Ⅳ类和Ⅴ类的有益类比重则先大幅上升后小幅下降，但总体上仍表现为Ⅱ类、Ⅲ类水体对应沿岸生态系统类型中有益类比重较大。十年间水质极度恶化（劣Ⅴ类）的河段长度明显减少，其对应的有益类生态系统比例也逐渐降低，有可能是沿岸生态系统比较合理的河段，通过一定时间的治理后，其水质更容易得到改善而变为Ⅴ类水体或其他。余下的劣Ⅴ类水体主要分布在饮马河、伊通河、牡丹江及梧桐河，这些河流所在区域的植被恢复较为困难，导致有益类生态系统比例持续下降。

第7章 松花江流域湿地变化分析

松花江流域的湿地面积持续减少，2000～2010 年，湿地总面积减少近 2000 km²，且几乎均来源于草本湿地的减少。湿地面积减少主要发生在嫩江子流域。农田开垦是导致湿地退化的主要原因，而开垦农田则是由人口增长以及保障粮食生产驱动的。

湿地是水陆相互作用形成的特殊自然综合体，是地球上最富有生物多样性的生态系统之一，因具有巨大的水文和元素循环功能，被称为"地球之肾"，在维持生态平衡、保持生物多样性和保护珍稀物种资源方面具有重要作用（金春久等，1999；安娜等，2008）。湿地为人类提供多种生态系统服务，是自然界最具生产力的生态系统和人类最重要的生存环境之一（牛振国等，2012）。保护湿地及其生物多样性已经成为当前国际社会备受关注的热点。

松花江流域是我国湿地最多的地区之一，在我国湿地研究中具有独特的重要意义。该区湿地类型众多，分布广泛，生境类型丰富。表现为一种湿地类型分布于不同地区和一个地区内有多种湿地类型，且构成了丰富多样的组合类型（崔瀚文，2010）；该区地跨多个气温带，湿地从平原到高原山区都有分布，且主要集中分布在三江平原、松嫩平原、大小兴安岭山地、长白山区，并呈现由南向北逐渐增加的趋势（李凤娟，2010）。这些区域发育了大面积的沼泽，是我国淡水沼泽的集中分布区。区内有多个列入《湿地公约》的国际重要湿地和国家重点湿地自然保护区，为大量生物提供了不可或缺的生存环境和重要栖息地。因此，松花江流域湿地具有重要的科研价值和经济价值。定量研究该区域湿地的空间格局及其影响因素，不但对湿地科学具有重要理论意义，而且对发挥湿地的生产潜力、科学合理地利用湿地资源、维持生态平衡和流域生态环境健康都具有重要意义。

7.1 流域湿地变化特征

近年来松花江流域天然湿地减少，人工湿地增加，但湿地总面积仍然大幅减少（刘晓曼等，2004），湿地退化严重已是不争的事实。流域沼泽湿地较为丰富，分布面积约占全国沼泽湿地分布面积的30%，但人类活动对沼泽湿地的破坏十分严重。有研究认为，随着时间的推进，作为湿地的核心部分，东北地区沼泽湿地总面积已呈现急剧减少趋势，预计到2100 年，沼泽湿地将几乎消失殆尽（贺伟等，2013）。但该区域湿地退化的原因既有人为因素，也有气候因素（张树清等，2001；刘晓曼等，2004；王继富等，2005）。三江平原湿地面积的消长与气候变化有关，气候恶化导致"冷湿"的三江平原已经趋向于"暖干"，并导致洪涝干旱发生的范围和频率加大（张树清等，2001）。大庆市湿地则因以石油天然气开发与加工为主的经济活动导致的湿地面积萎缩、污染加剧、生态供水日趋紧张、生态功能全面退化（王继富等，2005）。松花江流域作为重要的粮食生产基地，农业活动也是引起流域湿地变化的重要因素（牛振国等，2012）。刘晓曼等（2004）总结了松花江流域天然湿地减少，人工湿地增加的原因在于气候变化、人口增长和生态系统类型的改变，其中生态系统类型变化主要表现为大量开垦、土地改良、围湖造田、农业产业结构调整、城市化等原因。尽管从长时间尺度上看，气候变化对湿地退化有影响，但人类活动仍是该区域湿地退化的主要驱动因素。随着人口增长与土地资源减少之间矛盾的日益突出，湿地被大面积开垦，逐渐严重的水污染，再加上水资源短缺、浪费现象，湿地环境遭到严重干扰和破坏。松花江流域湿地的保护和恢复面临重大挑战（刘兴土，2007）。目前，系统研究松花江流域这一地理单元内湿地变化的相关研究较少，大部分研究集中在大型的典型湿地区域，如三江平原区湿地（姜琦刚等，2009），且主要关注沼泽湿地类型（张树清等，2001；严登华等，2006），这些研究未能针对大尺度的完整地理单元的湿地变化进行深入研究。因此，本章以松花江流域为研究对象，系统分析 2000～2010 年该区域湿地的分布状况及动态变化，以期为制订湿地可持续利用及保证区域粮食和生态安全策略提供科学基础。

7.1.1　湿地十年变化

这里将松花江流域内的湿地分为森林湿地、灌丛湿地、草本湿地、湖泊、水库/坑塘、河流、运河/水渠七大类。如图 7-1 所示，松花江流域总体上山区以草本湿地为主，尤其是嫩江北部的大小兴安岭地区。中部平原区以湖泊湿地、河流湿地和水库/坑塘湿地为主（王立群等，2008）。

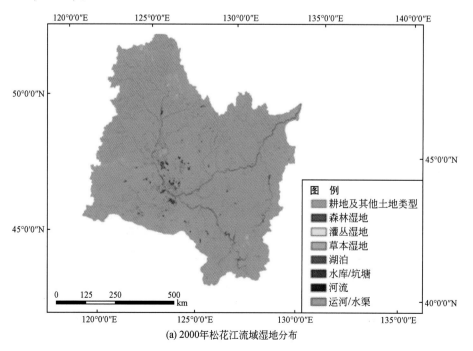

(a) 2000 年松花江流域湿地分布

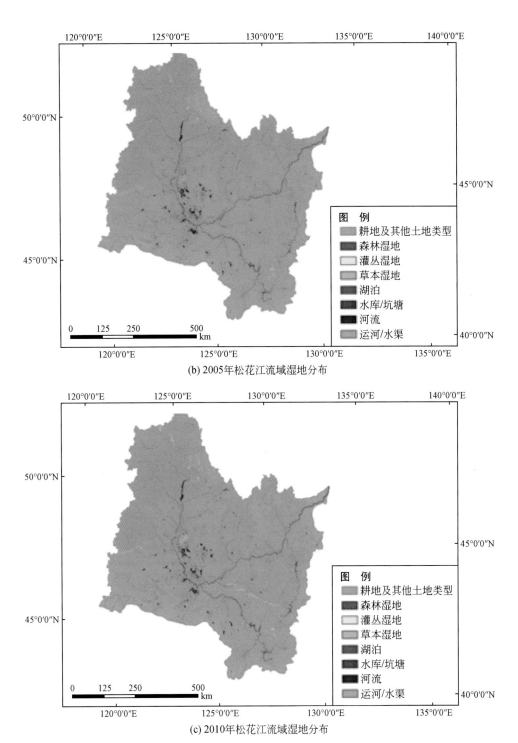

(b) 2005年松花江流域湿地分布

(c) 2010年松花江流域湿地分布

图 7-1　2000~2010 年松花江流域湿地分布示意图

　　流域内共有湿地面积 4 万多平方公里,草本湿地面积约占 75%,其次为湖泊和河流湿地。从时间序列上来看,松花江流域的湿地面积在持续减少,十年间,湿地总面积减少了近 2000 km^2,且几乎均来源于草本湿地的减少。另外,为保障城镇工农业生产生活用水,水库和闸坝大量修建,导致水库/坑塘类型的人工湿地面积增加(白军红等,2003;乔恒等,2006),见表 7-1。

表 7-1　2000~2010 年松花江流域各类湿地面积

湿地类型	2000 年		2005 年		2010 年	
	面积/km^2	占比/%	面积/km^2	占比/%	面积/km^2	占比/%
森林湿地	140.94	0.33	139.48	0.35	124.90	0.30
灌丛湿地	1 176.29	2.77	1 169.22	2.83	1 136.74	2.80
草本湿地	31 992.35	75.27	30 757.40	74.43	30 078.59	74.14
湖泊	4 694.54	11.05	4 749.56	11.49	4 603.52	11.35
水库/坑塘	986.81	2.32	1 013.90	2.45	1 128.42	2.78
河流	3 454.99	8.13	3 438.49	8.32	3 452.26	8.51
运河/水渠	56.69	0.13	54.90	0.13	47.59	0.12
总计	42 502.61	100	41 322.95	100	40 572.01	100

　　2000~2010 年松花江流域的湿地面积持续减少,且几乎均来源于草本湿地的减少。嫩江和松花江干流子流域的湿地面积呈逐年锐减的趋势,西流松花江湿地的面积则表现为小幅的增加,面积的增减主要体现在草本湿地的增加或减少。流域内典型湿地的面积稳定或略有增加,说明湿地面积的减少主要是由于面积较小的湿地消失或萎缩引起的。尽管气候因素也对该流域湿地面积的变化起作用,但农田开垦是导致湿地退化的主要原因,而开垦农田则主要是由于人口增长以及保障粮食生产的需要(董李勤,2013)。

　　从湿地分布的景观格局上来看,十年间,湿地斑块数呈下降趋势,平均斑块面积在 2005 年下降,到 2010 年又上升到 2000 年的水平,边界密度呈逐年下降的趋势(刘红玉和李兆富,2006),见表 7-2。分析原因是在 2005 年湿地面积下降,部分湿地退化消失导致景观破碎化程度加深,到 2010 年,湿地面积进一步下降,斑块数减少,但平均斑块面积增加,可能表明面积较小的湿地消失,导致湿地形成连片的格局,整体性增强(郭跃东等,2004)。

表 7-2　湿地景观格局指数

年份	斑块数 (NP)/个	平均斑块面积 (MPS)/hm^2	边界密度(ED) /(m/hm^2)	斑块形状指数 (MSI)
2000	78 048	54.45	4.26	1.57
2005	77 821	53.09	4.21	1.57
2010	74 445	54.49	4.10	1.58

森林湿地斑块数变化不大，平均斑块面积先上升后下降；灌丛湿地的斑块数和平均斑块面积变化也不大；草本湿地的斑块数变化不大，但平均斑块面积显著下降，说明草本湿地破碎化程度在加深；河流和湖泊的斑块数下降，平均斑块面积上升（章光新等，2008），见表 7-3。

表 7-3　不同类型湿地的景观格局指数

年份	湿地类型	斑块数 （NP）/个	平均斑块面积 （MPS）/hm²	边界密度（ED） /（m/hm²）	斑块形状指数 （MSI）
2000	森林湿地	1 515	9.28	0.04	1.51
2005	森林湿地	1 450	9.59	0.04	1.51
2010	森林湿地	1 401	8.89	0.03	1.49
2000	灌丛湿地	6 008	19.56	0.22	1.60
2005	灌丛湿地	5 931	19.70	0.22	1.61
2010	灌丛湿地	5 767	19.70	0.22	1.60
2000	草本湿地	73 554	43.50	3.70	1.58
2005	草本湿地	74 556	41.26	3.65	1.58
2010	草本湿地	73 774	40.78	3.53	1.57
2000	河流	20 713	16.68	0.80	1.74
2005	河流	19 908	17.27	0.79	1.76
2010	河流	17 518	19.71	0.77	1.79
2000	湖泊	10 222	45.91	0.35	1.46
2005	湖泊	9 743	48.74	0.34	1.45
2010	湖泊	6 696	68.75	0.29	1.47
2000	水库/坑塘	7 134	13.81	0.16	1.42
2005	水库/坑塘	6 774	14.94	0.16	1.42
2010	水库/坑塘	7 239	15.56	0.18	1.42
2000	运河/水渠	893	6.30	0.03	1.82
2005	运河/水渠	837	6.51	0.04	1.81
2010	运河/水渠	832	5.67	0.02	1.77

7.1.2　湿地变化的分区特征

从空间上来看，流域近四分之三面积的湿地分布在嫩江子流域。松花江干流子流域湿地面积为 8000 多 km²，湿地面积最小的西流松花江子流域约有 2500 km²。从湿地面积变化上来看，嫩江子流域和松花江干流子流域的湿地面积呈逐年锐减的趋势，西流松花江子流域的面积则表现为小幅的增加，面积的增减主要体现在草本湿地的增加或减少（表7-4）。

表7-4　2000～2010年松花江流域湿地面积变化

年份	项目	流域	嫩江				西流松花江				松花江干流			
			子流域	上游	中游	下游	子流域	上游	中游	下游	子流域	上游	中游	下游
2000	面积/km²	42 497	31 329	6 990	9 148	15 191	2 521	991	232	1 298	8 647	1 639	3 954	3 054
	比例/%	—	73.72	22.31	29.20	48.49	5.93	39.31	9.22	51.47	20.35	18.95	45.73	35.32
2005	面积/km²	41 317	30 392	6 829	8 831	14 732	2 525	973	234	1 318	8 400	1 599	3 811	2 990
	比例/%	—	73.55	22.47	29.06	48.47	6.11	38.53	9.27	52.21	20.33	19.04	45.36	35.60
2010	面积/km²	40 567	29 846	6 761	8 616	14 469	2 554	996	235	1 323	8 167	1 586	3 811	2 768
	比例/%	—	73.57	22.65	28.87	48.48	6.30	39.00	9.20	51.81	20.13	19.42	46.68	33.90

从不同分区来看，湿地面积的差异显著，嫩江子流域的各分区湿地面积较大，西流松花江子流域各分区的湿地面积相对较小，最大的嫩江子流域下游区的湿地面积是最小的西流松花江子流域中游区的60多倍。不同分区的湿地面积的变化趋势也差异较大，十年间，湿地面积变化最大的嫩江子流域下游区湿地面积减少了722 km²，嫩江子流域中游区减少了532 km²，嫩江子流域上游区减少了229 km²。与此显著不同的是，西流松花江子流域三个分区的湿地面积均呈小幅增加的趋势。松花江干流子流域各分区的湿地面积也呈减少的趋势，上游区减少了52 km²，减少最大的下游区湿地面积减少了286 km²。

从各市县湿地面积的变化情况来看，湿地退化主要发生在平原区，且在空间上呈现聚集分布，与2000年相比，2005年湿地退化主要发生在嫩江子流域中游平原区的克山县、拜泉县、讷河市和五大连池市；嫩江子流域下游区平原区的甘南、龙江、泰来、镇赉县、大安市；嫩江子流域下游区平原区的洮南市、通榆县、突泉县和长岭县；松花江干流子流域上游和中游平原区的北林区、海伦市、望奎县、兰西县和绥棱市；松花江干流子流域下游平原区的依兰县和桦南县。到2010年，湿地退化进一步加剧，除了退化的强度更大，范围也沿着原来聚集的区域外展。

总的来看，嫩江子流域各县退化的强度较高、其次为松花江干流子流域，而西流松花江子流域各县的湿地面积则普遍增加，其中东丰县的湿地面积增加的比例超过30%，如图7-2所示。

7.1.3　典型湿地变化

嫩江子流域是我国湿地集中分布区之一，区内分布着扎龙湿地和向海湿地两个国际重要湿地，以及查干湖、莫莫格和科尔沁三个国家级自然保护区。

（1）扎龙自然保护区

扎龙自然保护区位于黑龙江省齐齐哈尔市东南部，是松嫩平原左岸乌裕尔河和双阳河流域（简称乌双流域）下游湖沼苇草地带，始建于1979年，1987年4月经国务院批准为

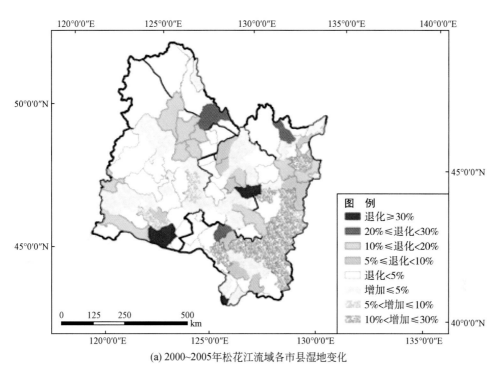

(a) 2000~2005年松花江流域各市县湿地变化

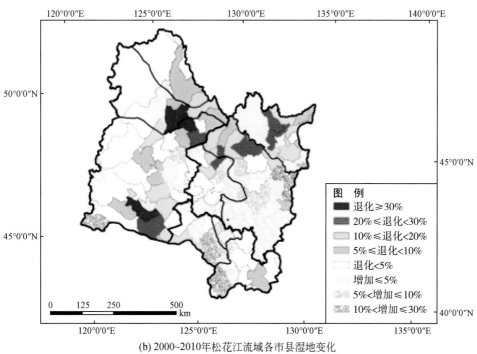

(b) 2000~2010年松花江流域各市县湿地变化

图 7-2　各市县湿地变化情况

国家级自然保护区，1992 年中国加入《关于特别是作为水禽栖息地的国际重要湿地公约》，扎龙保护区被列入国际重要湿地名录，是我国现存最大的以鹤类等大型水禽为主体的珍稀鸟类和湿地生态类型国家级自然保护区。根据黑龙江省人民政府关于扎龙国家级自然保护区划界和功能区区划的批复，保护区总面积为 2100 km²。保护区内内陆沼泽湿地面积占总面积的 80% 左右，并分布有少量的湖泊湿地，属于典型的内陆沼泽湿地分布区。扎龙自然保护区内的湿地呈 2000 年以前减少，2000 年后增加的变化趋势。

（2）向海自然保护区

向海自然保护区总面积为 1055 km²，主要包括内陆沼泽湿地和湖泊湿地两种湿地类型，保护区内湿地面积占保护区总面积的 20% ~ 30%。湿地面积在 1990 ~ 2000 年有所减少，2000 年后，湿地面积有小幅增长趋势。

（3）莫莫格自然保护区

莫莫格自然保护区地处吉林省西部镇赉县境内，1981 年建立省级自然保护区，1997 年被国务院批准为国家级自然保护区，并明确规定，该保护区是以鹤、鹳和天鹅等珍稀水禽及其栖息环境为主要保护对象的湿地保护区。莫莫格自然保护区总面积为 1440 km²，保护区内分布着内陆沼泽湿地、河流湿地、湖泊湿地和洪泛湿地等多种湿地类型，湿地面积占保护区总面积的 50% ~ 70%。湿地面积 1990 ~ 2000 年减少趋势最为明显，2000 年后有小幅度增长。

（4）科尔沁自然保护区

科尔沁自然保护区位于科右中旗东部，1985 年经兴安盟公署批准建立，1994 年升为省级自然保护区，1995 年晋升为国家级自然保护区，主要保护对象为湿地珍禽及典型的科尔沁草原自然景观。科尔沁自然保护区总面积为 1200 km²，保护区内分布有内陆沼泽湿地、湖泊湿地和洪泛湿地，湿地面积占保护区总面积的 3% ~ 10%。从图 7-3 中可以看出，科尔沁湿地面积 1990 年后急剧下降，2000 年后下降速度趋于缓慢，湿地面积减少为 1978 年的一半。

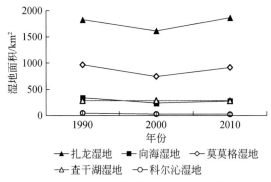

图 7-3　嫩江流域典型湿地面积变化

（5）查干湖自然保护区

查干湖湿地保护区位于吉林省松原市西部前郭尔罗斯蒙古族自治县，地处松嫩平原中部,北临嫩江,西接西流松花江。区内主要水域为查干湖及三个附属水体,即新庙泡、库里泡和新甸泡。其水源补给源为霍林河,因长期断流干涸,后在松原市西南 10km 处开凿引松干渠,引西流松花江水为补给水源,以保持湿地湖泊正常水位。1986 年 8 月成立省级自然保护区,2007 年被列为国家级自然保护区。查干湖自然保护区总面积为 506 km²,包括湖泊湿地、内陆沼泽湿地和洪泛湿地等几种湿地类型,其中,湖泊湿地面积占湿地总面积的93% 以上,湿地总面积占保护区总面积的 50% 以上。图 7-3 所示,查干湖湿地面积并没有很大变化,这与查干湖长期补水是分不开的。

在西流松花江子流域范围内,选择三湖湿地、哈泥湿地、龙湾湿地和雁鸣湖湿地等典型湿地进行分析,其中三湖湿地和雁鸣湖湿地属于人工湿地,而哈尼湿地和龙湾湿地属于天然湿地(表 7-5)。分析各湿地十年变化发现,人工湿地面积小幅增加,三湖湿地和雁鸣湖湿地分别增加了 24.8 km² 和 104km²,而天然湿地的面积变化不大(图 7-4)。

表 7-5 西流松花江子流域重要湿地面积　　　　　　　　　　(单位:km²)

名称	属地	主要湿地类	湿地区面积	2001 年湿地面积	2010 年湿地面积
三湖湿地	吉林市、白山市	人工湿地	1 152 776.6	56 497	56 521.8
哈泥湿地	柳河县	沼泽湿地	28 619.8	2 063	2 048.6
龙湾湿地	辉南县	湖泊湿地	15 234.3	507	510.5
雁鸣湖湿地	敦化市	人工湿地	52 944.8	6 693	6 797

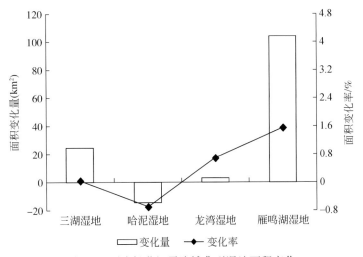

图 7-4 西流松花江子流域典型湿地面积变化

三江平原湿地是松花江干流子流域的典型湿地,堪称北方沼泽湿地的典型代表,也是全球少见的淡沼泽湿地之一。尽管现在的三江平原湿地的面积与 50 年前相比,已锐减了超过 70%,但是在 1990 年之后三江平原湿地面积呈增加的趋势,但值得注意的是,天然湿地面积急剧减少,而人工湿地面积大幅度增加(图 7-5)。现有湿地中人工湿地比重较大。这说明人类活动的影响在三江平原地区的湿地变化过程中发挥了主要的作用（姜琦刚等，2009）。

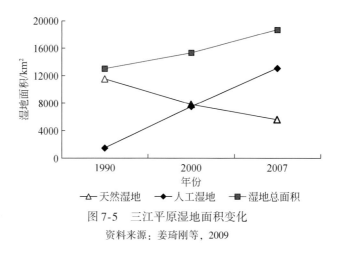

图 7-5　三江平原湿地面积变化

资料来源：姜琦刚等，2009

进一步分析天然湿地面积变化可知，三江平原地区湖泊湿地变化不明显，趋于稳定。河流湿地次之，沼泽湿地持续大量减少。对比 2000 年和 2007 年各湿地类型面积发现，湖泊湿地面积增加 124 km^2，河流湿地面积减少 1005km^2，而沼泽湿地面积减少 1340 km^2（表 7-6）。

表 7-6　三江平原天然湿地面积变化　　　　　　　　　　（单位：km^2）

天然湿地类型	1990 年	2000 年	2007 年
湖泊湿地	1 354	1 302	1 426
沼泽湿地	6 954	2 937	1 597
河流湿地	3 223	3 573	2 568
总计	11 533	7 813	5 592

从整个流域来看，2000 年以后典型湿地的面积变化并不大，且表现为湿地面积或稳定，或略有增加。由于这些典型湿地的面积一般均较大，这说明松花江流域内，湿地退化主要是由面积较小的湿地消失或萎缩引起的。

7.2　湿地退化原因

由于流域降水格局分布不均以及地形地貌的差别，使得水资源在整个流域上分布极不均匀。降水量年际间差异较大，湿地面积的变化极易受到降雨变化的影响。但通过分析发现嫩江和松花江干流子流域 2005 年和 2010 年的降水量没有较 2000 年减少，因此，这两个子流域湿地面积的减少并不是因降水量变化导致（崔保山和杨志峰，2001；金春久等，1999）。

湿地面积的变化与耕地面积的变化间存在显著的相关关系（图 7-6），随着耕地面积的增加，湿地面积减少（图 7-7）。例如，由于人口持续增长，吉林省稻田面积比 2000 年增加 8 万多公顷，这些稻田面积增加主要是由于开垦沼泽。随着农业开发规模的持续变大，耕地面积特别是水田面积逐渐增多，对农业灌溉用水的需求也逐渐增加，导致河流流入湖泊和沼泽地的水量减少，也使沼泽面积趋于缩小，并遭受面源污染的威胁。因此，对于嫩江和松花江干流子流域来说，农田开垦是导致湿地退化的主要原因，而开垦农田则是由人口增长以及保障粮食生产来驱动（李昌峰等，2002）。

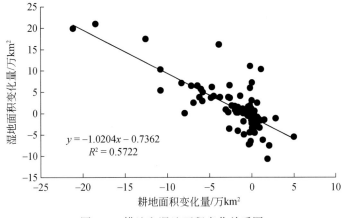

图 7-6　耕地和湿地面积变化关系图

与其他两个子流域不同的是，西流松花江子流域耕地面积减少，但湿地面积表现为小幅增加。分析发现，这主要是因为 2005 年和 2010 年该子流域降水量明显高于 2000 年（图 7-8）。因此，松花江流域湿地面积的变化既有人为因素的干扰，也受自然因素的影响（刘艳芳，2013）。尽管降水量显著增加，但是西流松花江子流域上游和中游区的天然湿地的面积仍然减少（图 7-9），湿地面积的增加很大程度来源于水利工程建设导致的人工湿地面积增加，这些水利设施的建设不仅会对流域径流以及湿地的水文状况产生影响，也可能破坏了其湿地生态、水文过程。

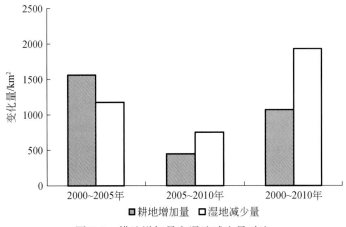

图 7-7　耕地增加量和湿地减少量对比

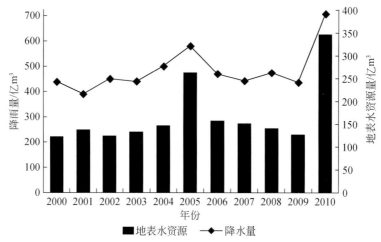

图 7-8　西流松花江子流域和地表水资源量状况

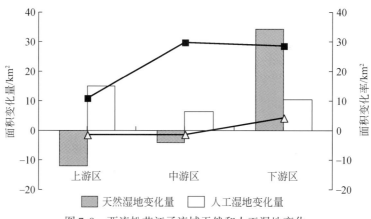

图 7-9　西流松花江子流域天然和人工湿地变化

对比嫩江子流域中下游 5 个国家自然保护区内的洪泛湿地分布状况发现，与 1990 年相比，扎龙湿地和莫莫格湿地的洪泛湿地面积在 2000 年急剧增加，后急剧减少，扎龙湿地的洪泛湿地消失（图 7-10）。向海湿地的洪泛湿地面积也在 2000 年达到最大值；科尔沁湿地自 2000 年有洪泛湿地存在，至 2010 年仍有少量分布。表明 1998 年嫩江洪水直接导致中下游洪泛湿地的面积增加，进一步导致湿地总面积增加。这说明洪水等偶发的水文事件可导致湿地面积及空间分布的急剧变化，且这种影响有可能持续一段时间。

分析还发现，下游区湿地面积减少的程度明显比上游区和中游区更大，这是因为随着流域工农业的发展，社会经济大量用水挤占生态环境用水的现象也十分严重，水资源短缺以及下游人口、经济的用水压力，导致下游湿地生态缺水现象十分严峻，造成湿地生态系统结构和功能的退化。

另外，分析典型湿地变化发现，在这些湿地保护区中还存在人类活动干扰加剧、水利工程破坏湿地生态系统的完整性、保护区管理能力不足和资金缺乏等情况（许林书和姜明，2003；刘正茂，2006；毛德华，2014）。

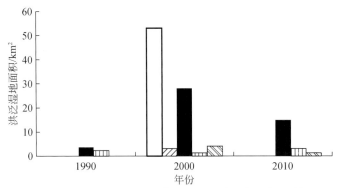

图 7-10　嫩江流域重点湿地洪泛湿地面积变化

7.3　湿地保护对策及建议

松花江湿地退化的原因既有人为因素也有气候因素。湿地保护是一个复杂的过程，涉及方方面面的关系。尽管总的来说在过去十年间湿地的退化并不如之前的几十年剧烈，但是过去的 50 年间，松花江流域的湿地面积已锐减了超过 50%，因此，松花江流域的湿地恢复及保护工作仍然刻不容缓。因此，基于对松花江流域湿地生态环境调查与评估结果的分析，提出以下湿地保护的对策和建议。

（1）科学管理，促进湿地健康发展

1）针对不同区域的湿地环境，从具体情况出发，积极的退耕还湿。

2）合理分配水资源，合理开发地下水。加强区域水资源的合理调配。积极进行多方协作，补充湿地水源和地下水补给，提高地下水位，以缓解湿地面临的缺水危机。

3）恢复湿地植被，控制资源开采，改善水禽栖息地，控制水体污染，加强湿地恢复。

4）合理利用洪水资源补给和恢复洪泛区湿地。

5）实施湿地补水工程，恢复湿地生境和功能。调整和改造原有的排水工程，根据河流中下游地区的具体情况，实施对下游河道的补水，重建河流纵向的生态廊道。

6）加强湿地科学研究，为湿地恢复和保护提供基础数据和科学有效的管理方法。

（2）加快湿地保护区建设，严格落实保护规划。

1）依照《全国湿地保护总体规划》的总体布局，统筹考虑、突出重点、分步实施。对典型独特的湿地类型区和生态敏感区、脆弱区，建立保护区，扩大湿地保护面积。

2）按照湿地保护规划近期目标和远期目标，采取切实行动，分期分批地落实各项规划工程的实施计划。

3）为避免人类活动对湿地造成重大影响，严格控制保护区内游客数量。

4）培养和培训具有湿地保护知识的有素质的专业管理人员，增强湿地自然保护区自身管理水平。

5）针对保护区资金缺乏的现状，应积极拓宽资金渠道，争取社会资助和国际援助，同时合理分配和管理资金，做到资金最大化的有效利用。

（3）完善法律法规，加强宣传教育

1）建立健全保护制度，积极实施、严格执行，依法有效地保护湿地生态环境。坚决依法制止、打击各种破坏湿地的违法行为，确保湿地保护工作科学、健康、顺利开展。

2）加大宣传力度，巩固退耕还湿的现有成果。拓展宣传渠道，进一步提高公众湿地保护意识。

第8章 松花江流域水环境污染潜在风险源识别及评价

松花江流域沿江企业的水环境污染潜在风险存在区域差异。其中牡丹江市辖区（牡丹江中游河段）因潜在污染风险源强、水体对潜在污染风险的缓冲能力低且自然生态系统对潜在污染风险的敏感程度高，是松花江流域受沿江企业产生的水环境潜在污染风险最严重的地区。不同区域间水体缓冲能力和所敏感的生态系统差异较大，应采取不同的管理和控制手段。

人类干扰对沿岸水环境具有一定风险（孙亚男和谢永刚，2008），并通过降低河流生态系统的质量与服务，对流域的生态安全产生影响（韩玉婷等，2013），其作用过程在时空尺度上非常复杂。与陆地和海洋生态系统相比，河流生态系统因水资源需求增加、气候变暖、土地利用变化而导致其生物多样性受到更大的威胁。日益加剧的人类干扰使得世界范围内健康完整的河流生态系统难以为继，进而导致人类的水安全遭受风险。评价是管理的前提，大尺度的生态评估可以提升流域的保护效率，增强管理机构的管理能力，对流域综合治理具有积极作用。因此，本章在流域尺度上，定量评价人类干扰对水体产生的生态威胁，同时，识别并评价沿岸水环境污染的潜在风险，可为松花江流域水环境管理提供丰富的科学依据。

8.1 水环境生态威胁评价

8.1.1 数据与方法

8.1.1.1 威胁因素选取

城镇化伴随工业化发展，对河流生态系统的威胁是一个持续增长并长期存在的过程；松花江流域作为我国商品粮基地，其农业发展对生态系统产生重大影响；人工设施建设改变了土地利用方式，对河流生态系统安全具有直接作用。通过比较文献资料中指标的适用性，考虑数据的可获得性，并基于松花江流域的生态环境现状，研究中选取了威胁流域生态安全的人类干扰共10个因素，具体包括与城镇化相关的人口、第二产业产值、城镇化与工业化用地3个因素，与农业发展相关的大型牲畜、化肥、农药和农业用地4个因素及与人工设施建设相关的水库容量、交通用地、采矿与制造点3个因素。全部数据均以2010

年为基准年，统计数据来源于省级统计年鉴，土地利用数据由中国科学院资源环境科学数据中心提供，水库容量数据来自松辽流域水资源公报。

8.1.1.2 威胁频度与强度

威胁频度与强度是计算生态威胁指数的两个基本要素。威胁频度用于指示人类活动的密集程度，并假设认为距离河流近的人类活动对河流生态系统的影响较大。研究中以评价区域中各栅格沿水流路径至下游河道中心的距离，赋予频度权重：5（0~2 km），4（2~5 km），3（5~10 km），2（10~20 km），1（> 20 km）。威胁强度用来指示威胁因素对河流生态系统各组分的潜在危害程度，在一定程度上可以体现出不同因素的相对影响大小。本章对水流流态、水质和生境质量三组分别赋予强度权重，并加和得到总的强度权重值（表8-1）。

表8-1 松花江流域各因素的威胁强度权重值

威胁因素	强度权重			
	水流流态	水质	生境质量	总强度
人口/（人/km²）	1	2	3	6
第二产业产值/（万元/km²）	1	3	3	7
城镇化与工业化用地/%	2	3	3	8
大型牲畜/（只/km²）	2	2	2	6
化肥/（kg/km²）	0	3	0	3
农药/（kg/km²）	0	1	3	4
农业用地/%	2	0	0	2
水库容量/（m³/km²）	3	3	3	9
交通用地/%	1	2	2	5
采矿与制造点/（个/km²）	1	3	3	7

注：0表明对河流生态系统的组分无影响，1表示较小影响，2表示较大影响，而3则表示最严重的影响。

8.1.1.3 统计分析方法

每个评价单元的生态威胁指数是全部威胁因素经频度与强度权重计算后的总和，具体计算过程如下

$$\text{FIF}_i = \sum_{j=1}^{n} (T_{ij} \cdot F_{ij}) \tag{8-1}$$

$$\text{Standardized\_FIF}_i = (\text{FIF}_i - \text{Min\_FIF}_i) / (\text{Max\_FIF}_i - \text{Min\_FIF}_i) \tag{8-2}$$

式中，T_{ij}为因素i第j个栅格的威胁值；F_{ij}为因素i第j个栅格的频度权重；FIF_i则为因素i的频度。对于每个威胁因素，经频度权重计算后需进行标准化，使分值范围为0~1，即为单因素频度，并以四分位数法分成低、中、高和非常高4个等级。

$$ETI = \sum_{i=1}^{n=10} \left[Standardized\_ FIF_i \cdot S_i \right] \tag{8-3}$$

$$Standardized\_ ETI = (ETI - Min\_ ETI)/(Max\_ ETI - Min\_ ETI) \tag{8-4}$$

式中，S_i 为因素 i 的强度权重。若 S_i 为单组分强度权重，则 ETI 指单组分生态威胁指数；若 S_i 为总的强度权重，需再进行标准化与分级，得到综合生态威胁指数。

对 204 个评价单元的计算结果进行分析，利用 ArcGIS 10.2 的空间统计工具对单因素频度进行高/低聚类分析，运用其空间管理工具对生态威胁指数的空间格局进行比较。高/低聚类工具可针对指定的研究区域测量高值或低值的密度，汇总空间现象聚类的程度以检查不同时期或不同位置的变化。另外，基于 SPSS 统计软件，分析单因素间的相关性，并对单因素与综合生态威胁指数的关系进行 Pearson 相关分析。

8.1.2 生态威胁指数

8.1.2.1 单因素频度

204 个评价单元的 10 个单因素的频度分布如图（图 8-1）所示，各因素的空间格局都具有明显特征。人口、城镇化与工业化用地、化肥 3 个因素在流域西南部平原形成明显的片状高频度区域；第二产业产值、大型牲畜、农药 3 个因素在流域中南部形成带状的高频度区；水库容量、交通用地、采矿与制造点 3 个因素分布于全流域，高频度区域较为分散；与以上因素相比，农业用地高频度区位于流域偏北部地区，且团块状格局显著；除水库容量外，其余各因素在近流域出水口的下游区域频度均较高。与城镇化相关的因素（人口、第二产业产值、城镇化与工业化用地）在省会城市哈尔滨与长春连线及周边呈现高频度，而与农业发展相关的因素（大型牲畜、化肥、农药与农业用地）的频度则在省会城市及周边稍有减弱，同时，与人工设施建设相关的因素（水库容量、交通用地、采矿与制造点）主要依赖地域的资源禀赋与发展需求分布，因而在空间上较为分散。

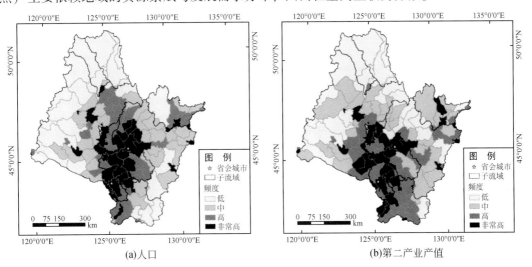

(a)人口　　　　　　　　　　　　　(b)第二产业产值

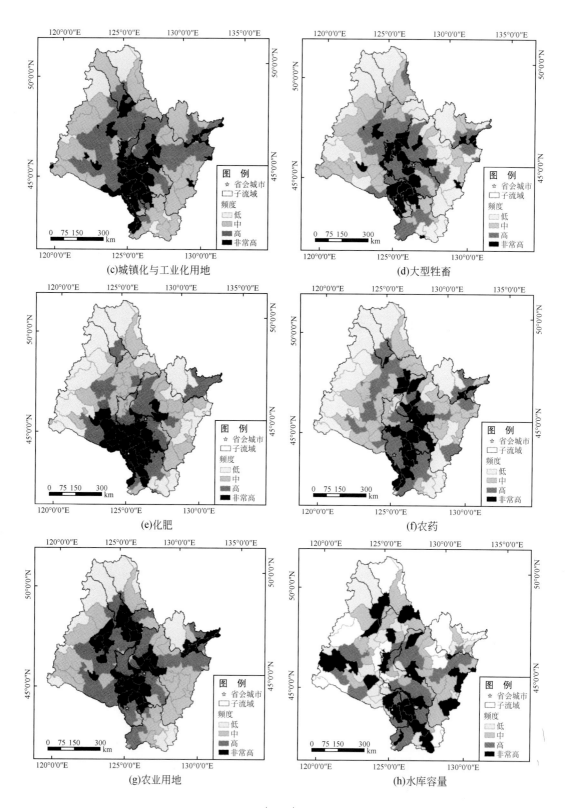

(c)城镇化与工业化用地

(d)大型牲畜

(e)化肥

(f)农药

(g)农业用地

(h)水库容量

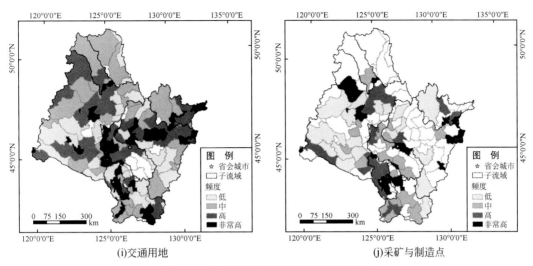

(i)交通用地   (j)采矿与制造点

图 8-1   松花江流域单因素频度空间格局

应用 ArcGIS 10.2 的空间统计工具对单因素频度格局进行高/低聚类（Getis- Ord General G）。分析表明（表8-2），除采矿与制造点为随机分布，城镇化与工业化用地为显著（$p<0.05$）高聚类分布外，其余8因素均为极显著（$p<0.01$）高聚类分布，这体现出高频度区域在空间上的聚集效应，有助于从降低单因素威胁频度的角度来减轻河流生态系统的综合威胁程度。

表 8-2   威胁频度格局的高/低聚类结果

因素	z 得分	p 值
人口	5.644	0.000
第二产业产值	3.422	0.000
城镇化与工业化用地	2.526	0.012
大型牲畜	3.793	0.000
化肥	10.068	0.000
农药	8.176	0.000
农业用地	4.680	0.000
水库容量	6.376	0.000
交通用地	2.818	0.005
采矿与制造点	0.489	0.625

8.1.2.2   单组分生态威胁指数

为综合评价松花江流域河流生态系统所受的威胁程度，所有评价因素都从水流流态、水质和生境质量三方面被赋予特定的权重值。由各单组分生态威胁指数（图8-2）对比发现，水流流态所受威胁程度（平均值=1.04）最小，这主要是评价因素的权重之和较低引起的；而在因素的权重之和相同的情况下，水质（平均值=1.44）所受的威胁程度高于生境质量（平均值=1.71），表明各因素高频度发生区对流域生境质量的影响具有聚集性与叠加性。从空间格局分析，单组分生态威胁指数的分布趋势较为相似，高值区主要分布在流域中南部；省会城市哈尔滨与长春在水流流态、水质和生境质量三方面均受到很高的威胁，且随着威胁程度的降低，形成以省会城市为中心向周边区域辐射的高威胁区；此外，各地级市市辖区的单组分生态威胁指数也较高。

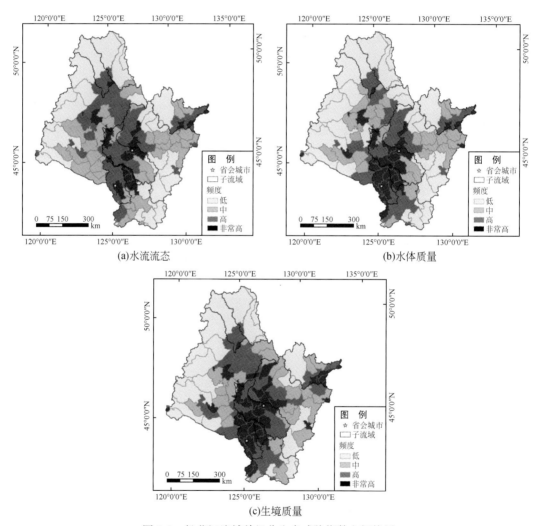

图 8-2　松花江流域单组分生态威胁指数空间格局

8.1.2.3　流域的综合生态威胁指数

基于选取的 10 个因素指标，从水流流态、水质和生境质量三方面，对松花江流域 204 个评价单元的河流生态系统所受到的生态威胁进行综合评价（图 8-3），结果显示：评分很高的区域主要位于流域西南部的平原区，以省会城市哈尔滨和长春为中心形成片状的高威胁区，地级市市辖区所受的威胁程度也很高，表明以上地区的河流生态系统受到很大的人类活动压力；而位于松花江流域西北部与东南部边界的山区所受的威胁程度较低，这主要是因为这些地区土地面积较广、海拔高度较高且活动强度较弱，从而使当地的人类干扰得以减轻。从流域角度看，西流松花江子流域中下游与松花江干流子流域上游为河流生态系统的高威胁集中区。对比单因素频度分布与综合指数空间格局发现，人口、城镇化与工业化用地和综合指数的分布格局较为相似，反映出城镇化相关的因素对全流域综合生态威胁的空间格局起主导作用；对比单组分与综合生态威胁指数可知，生境质量对综合指数的空间格局影响最为显著，这主要与其所受的威胁程度最高有关。

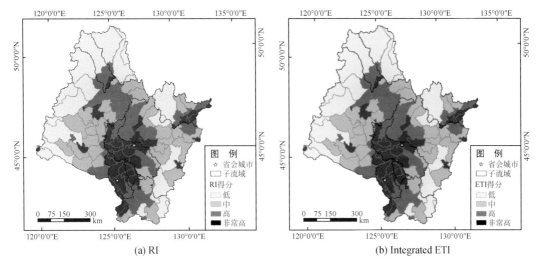

(a) RI   (b) Integrated ETI

图 8-3　松花江流域综合生态威胁指数空间格局

8.1.2.4　单因素对综合生态威胁指数的影响

人口作为人类活动的实施者，与其他因素产生一定的相关性，但相关程度均不高（表8-3）。最高的是人口与大型牲畜的相关性，为 0.762；其次是人口与第二产业产值的相关性，为 0.712。其他因素的两两相关性均低于 0.7，表明研究所选取的因素均具有独立性。

表 8-3　威胁因素相关矩阵

单因素生态威胁指数	P1	S	U	C	F	P2	A	R	T	M
人口（P1）	1.000									
第二产业产值（S）	0.712	1.000								
城镇化与工业化用地（U）	0.655	0.558	1.000							
大型牲畜（C）	0.762	0.560	0.515	1.000						
化肥（F）	0.512	0.293	0.366	0.354	1.000					
农药（P2）	0.542	0.211	0.46	0.305	0.620	1.000				

续表

单因素生态威胁指数	P1	S	U	C	F	P2	A	R	T	M
农业用地（A）	0.507	0.179	0.600	0.399	0.408	0.575	1.000			
水库容量（R）	0.407	0.387	0.250	0.237	0.137	0.247	0.030	1.000		
交通用地（T）	0.371	0.308	0.412	0.513	0.178	0.142	0.436	−0.016	1.000	
采矿与制造点（M）	0.091	0.083	0.116	0.077	0.019	0.046	0.043	0.051	0.016	1.000

由 10 个因素的相对频度值可知（表 8-4），农业用地（平均值 = 0.212，标准差 = 0.182）对综合指标产生最大的频度效应，而水库容量的则最小（平均值 = 0.020，标准差 = 0.093）。单因素频度与综合指数的相关分析结果表明，人口（$R^2 = 0.991$）、城镇化与工业化用地（$R^2 = 0.814$）和综合指数的相关性较高，反映出两者对流域的综合生态威胁格局产生重要影响。

表 8-4　统计与相关性检验结果

因素	单因素-平均值（标准差）	单因素-相关系数	移除单因素-相关系数	移除单因素-平均值（标准差）
人口	0.138（0.167）	0.911**	0.994**	0.119（0.140）
第二产业产值	0.066（0.157）	0.765**	0.984**	0.130（0.142）
城镇化与工业化用地	0.097（0.145）	0.814**	0.985**	0.123（0.142）
大型牲畜	0.056（0.116）	0.757**	0.994**	0.121（0.137）
化肥	0.074（0.122）	0.552**	0.998**	0.119（0.139）
农药	0.173（0.172）	0.608**	0.992**	0.111（0.141）
农业用地	0.212（0.182）	0.592**	0.998**	0.112（0.138）
水库容量	0.020（0.093）	0.492**	0.987**	0.140（0.156）
交通用地	0.043（0.099）	0.489**	0.996**	0.118（0.137）
采矿与制造点	0.009（0.072）	0.203**	0.995**	0.123（0.142）

注：**表示1%水平上显著相关（双尾）。

为进一步探究各因素对综合生态威胁指数的影响，这里将单因素移除后的指数进行统计分析（表 8-4），移除后的指数与综合指数的相关性都达到 0.99 左右，表明任何单因素的移除并不会对流域综合生态威胁的空间格局产生显著影响。比较而言，化肥（$R^2 = 0.998$）移除后对流域的综合指数的影响最小，而第二产业产值（$R^2 = 0.984$）移除后的影响最大。

从空间格局角度看（图 8-4），单因素移除后的指数所指示的高威胁区集中于流域西南部的平原区，与综合指数的空间分布格局一致。从数值上分析，综合生态威胁指数的平均值（方差）为 0.123（0.142），与城镇化与工业化用地和采矿与制造点这两个因素移除后的指数平均值（方差）相同（表 8-4），因此，这两者引起的受威胁程度的变化最小；而第二产业产值或水库容量移除后平均值（方差）增加，其相应的受威胁程度提高，即评价单元颜色趋向加深。

此外，其他因素移除后平均值（方差）均减小，受威胁程度降低，评价单元颜色减弱。但由于单因素移除后，指数平均值（方差）的变化范围很小，仅为 0 ~ 0.017（0 ~

0.024）。因此，并不会引起空间格局的改变，仅有少数评价单元因指数发生改变而使区域的受威胁程度在相邻水平间变化。

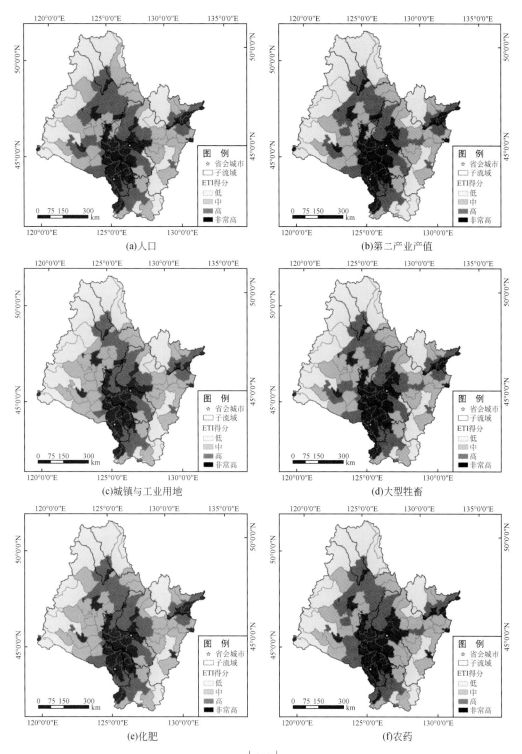

(a)人口 (b)第二产业产值

(c)城镇与工业用地 (d)大型牲畜

(e)化肥 (f)农药

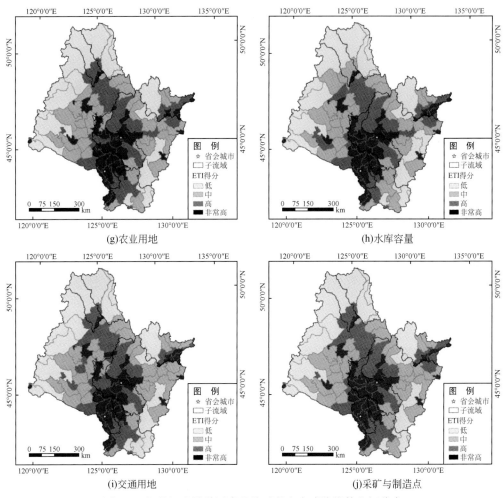

(g)农业用地 　　　　　　　　　　　　　(h)水库容量

(i)交通用地 　　　　　　　　　　　　　(j)采矿与制造点

图8-4　松花江流域单因素移除后的生态威胁指数空间分布

8.2　水环境污染潜在风险源识别

8.2.1　流域水环境污染概况

松花江流域水系发达，支流众多，流域面积大于 1000 km² 的河流有 86 条，大于 10 000km² 的河流有 16 条。松花江是我国七大江河之一，有西流松花江和嫩江南北两源。流域多年平均水资源总量为 961 亿 m³，其中地表水资源量为 818 亿 m³、地下水资源量为 324 亿 m³、地表与地下水资源不重复量为 143 亿 m³（中华人民共和国水利部，2013）。根据环境保护部污染防治司的统计数据，2012 年，松花江流域水质达到Ⅲ类以上的断面占整个流域 88 个国控断面的 58.0%，Ⅳ～Ⅴ类水质断面占 36.3%，而劣Ⅴ类水质仍占 5.7%。水污染严重区域集中在城市河段，主要污染指标为化学需氧量、高锰酸盐指数和五日生化需氧量（中华人民共和国环境保护部，2013）。松花江流域水质在实施《松花江流域水污染防治"十一五"规划》后已有所改善，但由于工业发展过程产生结构性污染问题，使流域整体水环境问题依然严峻，并将成为东北地区老工业基地振兴与可持续发展的障碍。

2005 年 11 月 13 日下午 1 时 45 分左右，位于吉林省吉林市的中国石油天然气股份有限公司吉林石化公司双苯厂（101 厂）的苯胺车间发生着火爆炸事故，造成约 100t 含有苯和硝基苯的污水绕过了专用的污水处理通道，通过吉林石化分公司的东 10 号线排污口直接进入了松花江，导致松花江苯类物质严重超标，形成了长达 80 km 的污染带，致使下游沿岸的哈尔滨、佳木斯，以及松花江注入黑龙江后一些区域面临严重的城市生态危机（覃雪波等，2007）。此次事件引起了国家和地区的强烈关注，并将流域性重大水污染问题推向了流域水环境问题的首位。《2012 年废水国家重点监控企业名单》中，占工业化学需氧量或氨氮排放量 65% 的企业，或者占工业化学需氧量或氨氮产生量 50% 的企业在吉林省有 129 家，黑龙江省有 171 家，内蒙古自治区有 110 家（环境保护部办公厅，2011a）。以上企业中约有 70% 位于松花江流域内，且主要为食品、化工、造纸、采矿等废水产生量大、污染物浓度高的行业类型（环境保护部办公厅，2011b）。由于生产事故、废水违规排放、人为破坏等潜在隐患的存在，可能在短时间内引发与 2005 年类似的突发性重大污染，并可能进一步引发更严重的水源地生态环境和城市供水系统问题，处置不当还会对未来城市安全造成深远影响。

自 2005 年松花江重大水污染事件发生后，国务院于 2006 年 1 月 8 日发布了《国家突发公共事件总体应急预案》；国家环境保护总局亦在 2005 年 12 月到 2006 年 1 月连续发布三个文件：《关于开展环境安全大检查的紧急通知》《关于加强环境影响评价管理防范环境风险的通知》《关于检查化工石化等新建项目环境风险的通知》，要求有针对性地开展环境安全大检查，重点是重要江河干流及其主要支流沿线的大中型企业，特别是化工企业。要求通过查找建设项目存在的环境风险隐患，提出改进措施和建议，防止重大环境污染事故及次生事故的发生（刘桂友等，2007）。《松花江流域水污染防治"十二五"规划编制大纲》也指出，将水环境风险纳入水污染防治的范畴，高度重视沿江化工企业水污染问题，减少有毒有害污染物的事故性排放，建立健全风险防范机制，确保不发生重大水环境突发事件。

8.2.2　流域水环境污染研究现状

8.2.2.1　水环境污染基本概念

广义上，环境风险评价是指对人类的各种社会经济活动所引发或面临的危害（包括自然灾害）对人体健康、社会经济、生态系统等所造成的可能损失进行评估，并据此进行管理和决策的过程。狭义上，环境风险评价是针对建设项目在建设和运行期间发生的可预测突发性事件或事故（一般不包括人为破坏及自然灾害）引起有毒有害、易燃易爆等物质泄漏，或突发事件产生的新的有毒有害物质，所造成的对人身安全与环境的影响和损害进行评估，提出合理可行的防范、应急与减缓措施，以使建设项目事故率、损失和环境影响达到可接受水平（陆雍森，1999）。

对水环境而言，污染主要指在特定时空环境条件下，由于自然环境变化或人为活动影响导致水体污染或水质恶化，从而影响水体正常使用价值的存在状态，通常可分为突发性和非突发性两类。前者是指由于违规排放、生产事故等突发性污染事件造成的水体污染，该类污染具有极强的不可预测性和破坏性，是目前水环境污染研究的焦点，内容包括污染源辨识、风险预警系统建设及应急处理方法等；后者是指由于水体中污染物的不断积累，排入水体的污染物在一定程度上超过环境容量，导致水体水质恶化，当水体受不确定性和非线性等复杂因素的影响时，便可能出现水质超标状况，威胁城市供水安全，该类污染具有累积性和潜伏性，短时间内造成的破坏或影响相对较小，因此受关注程度相对较低（韩晓刚，2011）。突发性水污染问题是本书主要关注的方面。

8.2.2.2 水环境污染研究进展

国外对于水环境污染问题的研究大致可分为两个阶段。9·11事件以前，欧美等地区对水环境问题方面的研究主要集中在水源地保护、水质状况评价以及常规污染防治等方面。Horton（1965）提出了水质评价的质量指数法（QI），标志着现代水质现状评价工作的开始；随后，Brown等（1970）提出了水质现状评价的质量指数法（WQI）；Nemerow（1974）在其《河流污染的科学分析》一书中提出了另一种指数的计算方法——内梅罗法，并对纽约州的一些地表水体的污染状况进行了评价分析；1977年，Ross（1977）以COD、氨氮、悬浮固体及DO为研究指标，对英国克鲁德河流域主、支流的水质状况进行了评价；在原东欧和苏联，研究者在进行水质评价时不仅考虑物理、化学指标，同时考虑生物指标对水体状况的反映，使水质评价结果更加全面（Boyle and Scott，1984；Sarikaya et al.，1999）。此后，随着不同评价目的的需要，新的评价指标和对象被引入，水质评价工作日趋完善（Overton et al.，1980）。9·11事件以后，研究内容不仅局限于水质指标评价，包括恐怖主义袭击、有毒化学品和石油泄漏、人为投毒在内的水源地突发性污染事件影响分析及供水系统的安全性评价受到高度重视（Murray，2004）。Lennox等（1998）对北爱尔兰、英格兰和威尔士的农业面源突发性污染影响进行了对比研究，分析了突发污染事件在数量上的变化趋势及产生的原因（Lennox et al.，1998）。Ward（2003）探讨了影响水源水质的主要威胁、解决方案及突发污染事件的第一反应机制问题。

与国外相似，我国对于水环境问题及应急处理方面的研究也可分为两个阶段。以松花江、北江水污染事件为分水岭，在此之前的研究主要集中于水源地水质评价（申献辰等，2000；杜霞和彭文启，2004；钱家忠等，2004；刘文哲和马欢，2005）、水质分析及预测（陈友超，2002；张宇羽，2002；黄廷林等，2004；徐敏等，2004）、常规污染的防治与污染物的去除（邓广慧，2002；蒋耀新，2003；刘兆德等，2003；冯金鹏等，2004）等方面；松花江、北江水污染事件发生后，关于城市水源地及突发性水环境污染问题的研究逐渐得到各方面的重视，成为研究的焦点（赵文喜和陈素宁，2009；彭竟，2013）。张羽（2006）根据水源地突发性污染事件的污染源不确定性、受体易损性以及需快速反应性等特征，提出了对突发性污染事件的危害影响程度进行应急评估的"时间特征指数"方法；韩晓刚（2011）建立了基于主成分分析的模糊综合评价模型，并采用 Spearman 秩相关系数法和季节性肯达尔法对城市地表水源和地下水源主要水质指标的变化特征进行了分析，探讨了采用混沌学原理分析水质序列变化特征的可行性；邵荃等（2010）建立了基于突发事件模型库的模型动态网络组合方法，解决了突发事件应急决策时模型的组合问题；刘家宏等（2012）将模糊故障树模型以及综合影响指数模型共同应用于河流突发性水污染风险评价研究中，建立了由区域整体到河流单元的多尺度评价模式，并在北部湾经济区开展了应用实践；张妍（2011）以西流松花江干流为研究对象运用层次分析法和综合指数法计算各江段的生态风险综合指数，进而对西流松花江干流区域水环境生态风险进行了初步评价；刘颖（2010）建立了突发性跨界环境污染事件分级的指标体系，运用 AHP-模糊综合评价法对事件进行分级，利用松花江水污染事件对指标进行了验证。

8.2.2.3 水环境污染研究趋势

随着诸多学者对城市水源地与突发性水环境污染问题及相关领域的不断关注，污染源确定、水质变化特征分析、评价模型建立及风险应急决策等方面已有较完善的研究成果，但是针对松花江流域沿江水环境影响分析的研究较为局限。已有的研究集中于对水体中单一污染物的健康风险评价，包括多环芳烃（孙清芳等，2010）、多氯联苯（聂海峰等，2012）、重金属（苏伟等，2006）与非金属元素（张凤英等，2008）等；另外，大多数有关松花江水环境的研究并未从潜在影响分析出发，仍关注于水环境质量（王博等，2008；许琳娟等，2012）、水污染特征（马广文等，2011；张铃松等，2013）及污染防治对策（李晶等，2013；梁云凯，2013）等方面。此外，从松花江全流域尺度开展的沿江水环境影响分析鲜有报道，目前的研究多在西流松花江（张妍，2011）与松花江干流（刘颖，2010）流域及以省域为单位的尺度展开（包存宽等，2000；刘士奇，2012；刘宝林，2013）。因此，以下几方面的研究应得到深入扩展。

1）从产生各污染物的污染源入手，探究不同尺度水环境的潜在污染源、污染强度以及污染对周边环境及水体所产生的潜在影响；

2）运用突发性水环境风险评价的原理及方法，对不同尺度的水污染进行综合性影响分析，以确定发生重大水污染事故的敏感区；

3）将松花江流域水环境影响分析的对象扩展到全流域尺度，并重点分析各地区水环境污染风险特征与风险管理水平，探究造成区域水污染潜在影响差异的原因；

4）基于水环境潜在影响分析的结果，探究适宜于不同区域的水环境风险应急响应措施与风险管理政策以达到全局控制的目的。

因此，以松花江全流域沿江重点企业为研究对象，分析其对沿江水环境的潜在影响是该研究领域的重要前沿方向之一。

8.2.3　数据来源与处理

8.2.3.1　数据来源

企业基本资料依据环境保护部办公厅发布的《2012 年国家重点监控企业名单》逐一调查获取；松花江流域边界及水系数据来源于"全国生态环境十年变化（2000～2010 年）遥感调查与评估项目"提供的地理信息数据；全流域水系水质数据来源于松辽水利委员会提供的重点监测站点水质数据；社会经济数据来源于《内蒙古统计年鉴 2011》《吉林统计年鉴 2011》《黑龙江统计年鉴 2011》；珍稀濒危物种种类与分布数据来源于《中国物种红色名录》《中国濒危动物红皮书》《中国植物红皮书：稀有濒危植物》，并参考各省、市动植物志与地区志。

8.2.3.2　数据处理

数据处理步骤：①依据《2012 年废水国家重点监控企业名单》，利用 ArcMap 10.2 软件筛选得到位于松花江流域沿干、支流（到二级支流）1 km 范围内的重点废水产生企业；②根据收集得到的企业废水处理量，参照该企业的产品类型、生产规模、生产工艺等，推算各企业的年废水产生量（万 t）；③以区县为单位对沿江企业所在区域进行年废水产生总量的统计，以企业所处位置临近的水系（到二级支流）在区域内的总长度进行河段长度（km）的统计，计算各区域的单位河长废水产生量（万 t/km）；④通过 ArcGIS 10.2 软件平台定位沿江重点企业、流域各站点水质及社会–经济–自然复合生态系统敏感区，并进一步综合分析。

8.2.4　流域全部重点废水污染源企业

《2012 年废水国家重点监控企业名单》中，松花江流域内共有重点废水污染源企业264 家，分布于嫩江子流域中下游、西流松花江子流域大部及松花江干流子流域的上、下游地区，主要集中在三个子流域的交汇区域，企业具体的地理位置如图 8-5 所示。

根据重点废水污染源企业的主要产品类型及生产工艺，将其行业分为食品酿造（80家）、化工（65 家）、造纸（22 家）、采矿（17 家）、动物加工（16 家）、冶金（15 家）、机械（14 家）、制药（10 家）、发电（9 家）、纺织印染（8 家）和建材（8 家），共 11 种类别。其中，食品酿造与化工企业数量之和超过重点废水污染源企业总数的一半（图 8-6）。

8.2.5　沿江重点废水污染源企业

本章识别了位于松花江流域沿干、支流（到二级支流）1km 范围内的重点废水污染源企业，共 45 家，涉及食品酿造（12 家）、化工（12 家）、造纸（4 家）、采矿（4 家）、冶

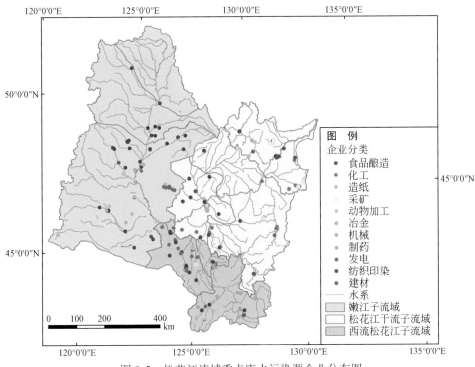

图 8-5 松花江流域重点废水污染源企业分布图

金（4家）、动物加工（3家）、制药（3家）、发电（2家）和建材（1家）共9个行业。同上，沿江企业中食品酿造与化工企业数量之和亦超过重点废水污染源企业总数的一半（图8-7）。

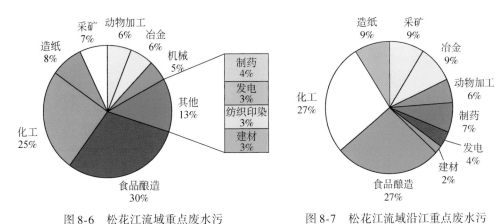

图 8-6 松花江流域重点废水污
染源企业行业分类图

图 8-7 松花江流域沿江重点废水污
染源企业行业分类图

位于流域水系1km范围内的废水国家重点监控企业较易对松花江水环境产生污染，即对流域水体及周边生态系统具有一定程度的潜在污染风险，因此将以上沿江重点废水污染源企业识别为松花江流域水环境污染潜在风险源，并以其为对象展开风险源的评价。

8.3 松花江流域水环境污染潜在风险源的评价

本节对松花江流域水环境污染潜在风险源的评价从三方面展开，包括废水产生量、水环境状况和复合生态系统影响。废水产生量表征了污染风险源的潜在风险大小，水环境状况体现了流域水体对污染风险的缓冲能力，复合生态系统影响指示出社会–经济–自然生态系统对污染风险的敏感程度。

8.3.1 废水产生量

与年废水排放量不同，年废水产生量是指企业或区域每年伴随生产、生活过程而产生的废水总量。按照综合性及行业性水污染排放标准，这些废水应处理到低于污染物浓度限值才可以排放。若企业或个人由于自然或人为原因，未能将废水按照标准要求进行达标处理，这些含高浓度污染物的废水则会对所在区域的水环境产生污染。因此，废水产生量可以从一定程度上表征水环境污染潜在风险源的潜在风险大小。

8.3.1.1 企业废水产生量

根据松花江流域沿江重点废水污染源企业的污染物排放量，参照企业的生产规模和生产工艺等，计算得到沿江各企业年废水产生量，见表8-5。

表8-5 松花江流域沿江重点废水污染源企业年废水产生量表 （单位：万t）

省	市	企业名称	行业类别	主要产品	废水产生量
内蒙古自治区	通辽市	霍煤鸿骏铝电有限责任公司	冶金	电解铝	156
		霍林河煤业集团自备电站厂	发电	电能	50
		霍林河煤业有限责任公司中科腐殖酸厂	化工	腐殖酸、黄腐殖酸类产品	0
		通辽市霍林郭勒市兴发公司（内蒙古草原兴发股份有限公司霍林郭勒肉食品厂）	动物加工	肉鸡、肉羊等	10
	呼伦贝尔市	扎兰屯市伊利乳业有限责任公司	食品酿造	系列奶粉、豆制品、配方粉、乳酸菌素等	6
	兴安盟	内蒙古圣华新药业有限责任公司	制药	无水葡萄糖、葡萄糖糖浆、葡萄糖母液	9
		突泉县禧利多矿业有限责任公司	采矿	常用有色金属矿采选、铜矿采选	45

续表

省	市	企业名称	行业类别	主要产品	废水产生量
吉林省	长春市	农安县华润雪花啤酒（长春）有限公司	食品酿造	熟啤酒、鲜啤酒	120
		长春市御泉豆类食品有限公司	食品酿造	豆制品	15
		吉林省龙家堡矿业有限责任公司	采矿	动力煤	100
		德惠市吉林圣泉倍进股份有限责任公司	化工	糠醛、糠醇和有机肥等	70
	吉林市	中国石油吉化集团公司	化工	精细化工产品和机械仪表加工制造产品	350
		吉林晨鸣纸业股份公司	造纸	系列文化纸及高档环保书写纸、轻型纸产品	1800
		吉林化纤股份有限公司	化工	胶短纤维、粘胶长丝、腈纶纤维、化纤浆粕、纱线	1200
		香港新实业国际集团吉林山梨酸有限公司	化工	巴豆醛、山梨酸、山梨酸钾及其他衍生制品	324
		吉林市沱牌农产品开发有限公司	食品酿造	酒精、酒糟蛋白饲料、胚芽粕、玉米油等	150
		吉林碳素股份有限公司	化工	石墨电极、炭块、特种炭制品、碳纤维制品	612
		吉林铁合金有限公司	冶金	铬系、锰系、氮化、钨铁、钼铁及特种铁合金	432
		吉林制药股份有限公司	制药	原料药、医药中间体、中西药制剂	16
		舒兰市合成药业股份有限公司	制药	咖啡因、茶碱、氨茶碱、可可碱、八氯茶碱等	20
	四平市	伊通元宁电子材料有限公司	冶金	高、中压铝电解电容器用电极铝箔	9
	通化市	辉南县斟澄酒业有限公司	食品酿造	食用酒精、酒糟白饲料、瓶装白酒	40
		柳河县康华牧业有限责任公司	动物加工	鸡产品、冷冻牛肉等	17
	白山市	抚松县松江河中密度纤维板厂	建材	中高密度纤维板、锯材、削片	18
		抚松县铅锌矿	采矿	采选铅锌、铜、铁、硫	75
		池西区付记生态食品厂	食品酿造	无信息	0

续表

省	市	企业名称	行业类别	主要产品	废水产生量
吉林省	松原市	吉林不二蛋白有限责任公司	食品酿造	大豆分离蛋白、大豆粉、高低温豆粕、豆油等	0
	白城市	洮南香酒业有限公司	食品酿造	洮南香系列白酒	26
	延边朝鲜族自治州	延边敖东食品加工有限公司（敖东食品开发有限责任公司）	食品酿造	玉米营养面系列食品	13
黑龙江省	齐齐哈尔市	讷河市第二淀粉厂	食品酿造	马铃薯淀粉及制品	1
		讷河市骨胶厂（宏立明胶厂）	动物加工	药用明胶、食用明胶、磷酸氢钙、骨油、骨粉	90
	双鸭山市	克代尔双鸭山啤酒有限公司	食品酿造	啤酒、麦芽	116
	伊春市	带岭（林业）造纸厂	造纸	箱板纸、工业包装纸、浆	0
		金林矿业集团	采矿	铅、锌及少量硫、白银	95
		伊春市嘉禾农业科技发展有限公司	食品酿造	马铃薯淀粉、种薯研发、种植及其他农副产品	20
		伊春永丰纸业有限公司	造纸	卷筒未漂硫酸盐浆浆板、纱管纸、高强瓦楞纸	366
		西林钢铁集团有限公司	冶金	建筑用热轧圆钢、带肋钢筋、盘条、中型圆钢	800
	七台河市	七台河市宝泰隆煤化工有限公司	化工	冶金焦炭、焦油、粗苯、中煤、甲醇、燃料油、石脑油、沥青等	1100
		七台河市凯博达煤炭化工有限公司	化工	精煤、冶金焦、特种铸造焦、混煤、煤焦油、焦粉、焦粒等	450
		七台河市矿业精煤集团煤气总公司	化工	二级冶金焦炭、洗中煤、煤气、焦油、粗苯等	360
		七台河市隆鹏煤炭发展有限公司	化工	精煤、焦炭、煤焦油、粗苯等产品	920
		七台河市美华焦化有限责任公司	化工	焦炭、焦油、粗苯、洗中煤、城市煤气等	1350
	牡丹江市	中煤焦化牡丹江有限责任公司	化工	二级冶金焦、焦油、粗苯、萘、精煤及矸石	550
		大宇制纸有限公司	造纸	铜版纸、超感纸	144
		牡丹江第二发电厂	发电	电能	21

注：45家沿江重点废水污染源企业中有4家企业由于搬迁、政策性原因等，目前处于关停状态，其年废水产生量以0计且不计入以下各年废水产生量的统计分析。

（1）行业年废水产生总量

据统计，以上沿江重点废水污染源企业的年废水产生总量为 12 066 万 t，以行业分类统计的各行业年废水产生总量如图 8-8 所示。沿江化工企业的年废水产生总量高达 7223 万 t，约占全部企业废水产生总量的五分之三；造纸（2310 万 t）和冶金（1460 万 t）行业的年废水产生总量也较高，分别占总量的 19.14% 和 12.10%；而动物加工、发电、制药及建材 4 个行业的年废水产生总量的占比均不到 1%。因此，松花江流域不同行业的总废水贡献率差异显著，化工行业是流域内废水产生的重点行业，造纸、冶金是废水产生的主要行业。

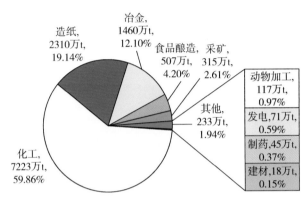

图 8-8　沿江重点废水污染源企业各行业年废水产生总量及占比

（2）企业平均年废水产生量

以行业分类统计的各行业平均年废水产生量如图 8-9 所示，而沿江重点废水污染源企业的总平均年废水产生量为 294.3 万 t。化工、造纸和冶金 3 个行业的平均年废水产生量均超过总平均值，其中造纸（770.0 万 t）和化工（656.6 万 t）行业的平均年废水产生量达到了总平均值的两倍以上。其余 6 个行业的平均年废水产生量较低，仅为总平均值的 5%~27%。因此，松花江流域不同行业类型的企业所产生的年废水量差异较为显著，造纸与化工行业的污染潜在风险都较其他行业大许多，其次为冶金行业。

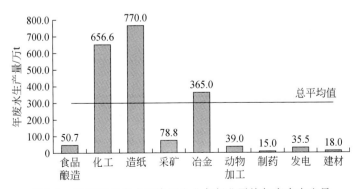

图 8-9　沿江重点废水污染源企业各行业平均年废水产生量

8.3.1.2 区域废水产生量

以区县为单位对沿江重点废水污染源企业所在的 22 个区域进行年废水产生总量的统计，以企业所处位置临近的水系在区域内的总长度进行河段长度的统计，并以此计算区域废水潜在污染负荷量，见表 8-6。

表 8-6 松花江流域沿江重点区域废水产生总量与潜在污染负荷量表

省	市（盟、州）	区（县）	废水产生总量/万 t	占比/%	河段长度/km	污染负荷/（t/km）
内蒙古	呼伦贝尔盟	扎兰屯市	6	0.05	107.33	559
	通辽市	霍林郭勒市	216	1.79	37.52	57 575
	兴安盟	突泉县	45	0.37	25.06	17 959
		乌兰浩特市	9	0.07	27.08	3 324
吉林	白城市	洮南市	26	0.22	215.23	1 208
	白山市	抚松县	93	0.77	490.66	1 895
	长春市	德惠市	70	0.58	121.63	5 755
		九台市	100	0.83	61.11	16 364
		宽城区	15	0.12	54.00	2 778
		农安县	120	0.99	163.23	7 352
	吉林市	市辖区	4 884	40.48	123.90	394 200
		舒兰市	20	0.17	116.32	1 719
	四平市	伊通满族自治县	9	0.07	68.22	1 319
	松原市	宁江区	0	0.00	353.00	0
	通化市	辉南县	40	0.33	68.17	5 868
		柳河县	17	0.14	78.32	2 171
	延边朝鲜族自治州	敦化市	13	0.11	206.03	631
黑龙江	牡丹江市	市辖区	715	5.93	18.81	380 101
	七台河市	市辖区	4 180	34.64	19.98	2 092 081
	齐齐哈尔市	讷河市	91	0.75	143.01	6 363
	双鸭山市	尖山区	116	0.96	21.17	54 806
	伊春市	市辖区	1 281	10.62	20.24	48 907

（1）区域年废水产生总量

松花江流域内沿江重点区域的年废水产生总量如图 8-10 所示，而以上区域的总平均年废水产生量为 548.5 万 t。吉林市辖区、七台河市辖区、伊春市辖区和牡丹江市辖区 4 个区域的年废水产生总量都超过总平均值，其中吉林市辖区（4884 万 t）和七台河市辖区（4180 万 t）的年废水产生总量分别占沿江重点区域废水产生总量的 40.5% 和

34.6%，即两者之和超过了总量的四分之三。除霍林郭勒市外，另外 17 个区县的年废水产生总量占比都未超过不足 1%。因此，松花江流域内沿江重点区域间的区域年废水产生总量的差异十分显著，吉林市辖区和七台河市辖区的污染潜在风险性远大于其他区域。

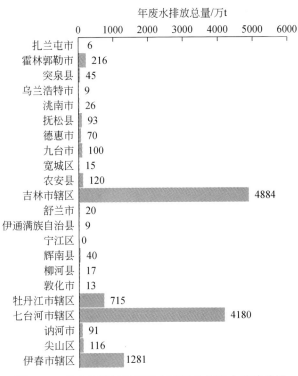

图 8-10　松花江流域沿江重点区域的年废水排放总量

(2) 区域单位河长废水产生量

松花江流域内 22 个沿江重点区域的单位河长废水产生量分布情况如图 8-11 所示。七台河市新兴区密集分布有多家煤化工企业，且该区域内水系分布较少，导致其单位河长废水产生量高达 209.2 万 t/km，远远超过其他沿江重点区域。此外，由于造纸、化工、冶金企业的分布，吉林市辖区的单位河长废水产生量达到了 39.4 万 t/km，牡丹江市辖区也达到了 38.0 万 t/km。这与之前 8.3.1.1 节企业废水产生量及 8.3.1.2 节的区域年废水产生量的分析结果相符。

从流域角度看，西流松花江子流域中游（牤牛河、鳌龙河、西流松花江部分河段）、松花江干流子流域下游（汤旺河、查巴旗河、倭肯河、安邦河部分河段）及霍林河、牡丹江部分河段的单位河长废水产生量较大，超过了流域 22 个重点区域的平均值 4.3 万 t/km。七台河市新兴区（倭肯河部分河段）、吉林市辖区（牤牛河、鳌龙河、西流松花江部分河段）、牡丹江市辖区（牡丹江部分河段）的潜在污染风险源大于其他区域。

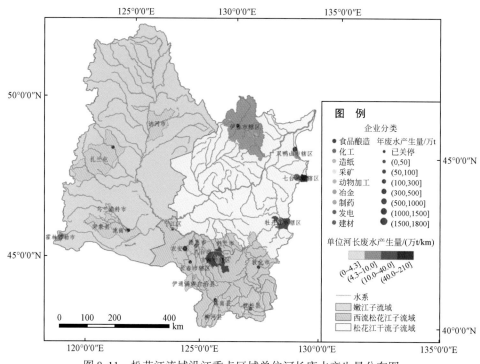

图 8-11　松花江流域沿江重点区域单位河长废水产生量分布图

8.3.2　水环境状况

水体具有自净能力，当污染物进入水体后，经过一系列的物理、化学、生物等方面的作用，污染的浓度会逐渐降低，经过一段时间后，水体往往能恢复到受污染前的状态。但是这种自我调节、净化的能力是有限度的。因此需要对松花江流域水环境污染潜在风险源周边的水环境状况进行评价，以评估流域水体对风险的缓冲能力。

8.3.2.1　本底水质

本节选取水质达到Ⅴ类及以上类别的河段作为本底污染超标河段。松花江流域主要水系水质及分布如图 8-12 所示。嫩江子流域的水质状况明显好于其他两个子流域，且流域内沿江重点废水污染源企业分布较少，各企业的年废水产生量较低，该区域的水体对潜在污染的缓冲能力较强。西流松花江子流域内，饮马河与伊通河的全部河段水质为劣Ⅴ类；松花江干流子流域内，梧桐河全部河段与牡丹江的上中游河段水质为劣Ⅴ类，松花江上下游河段、牡丹江中游河段和安邦河、海浪河及汤旺河的全部河段水质为Ⅴ类。以上本底污染超标河段所处区域内，沿江重点废水污染源企业分布较集中，且年废水产生量大的造纸、化工类企业分布较多。因此，这些超标水体对污染潜在风险的缓冲能力较低。

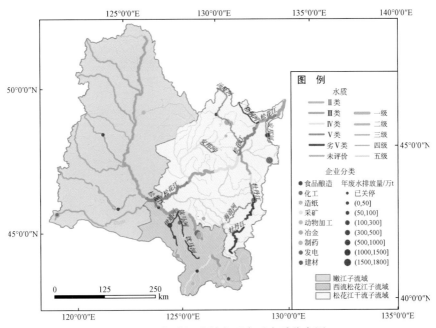

图 8-12　松花江流域主要水系水质分布图

8.3.2.2　超标污染物

水质指标涉及物理、化学、生物三方面的内容，这里主要对松花江流域超标水体的化学指标及沿江废水污染源企业所产生的潜在污染物进行分析（表 8-7）。水质化学指标包括化学需氧量（COD）、生物需氧量（BOD）、总有机氮、总有机碳、溶解氧（DO）、pH 等。

表 8-7　松花江流域超标水体及其沿江废水污染源企业的污染物分析表

区域	超标水体	水质现状	化学指标	水质目标	沿江企业	废水潜在污染物
松花江干流子流域	汤旺河	V 类	COD_{Mn}	IV 类	伊春市嘉禾农业科技发展有限公司	COD、BOD、总氮
					西林钢铁集团有限公司	COD、石油类、重金属（Fe）
					金林矿业有限公司	COD、硫化物、重金属（Pb、Zn）
					伊春永丰纸业有限公司	COD、BOD、硫化物、AOX
	安邦河	V 类	COD_{Mn}、BOD_5、氨氮	IV 类	克代尔双鸭山啤酒有限公司	COD、BOD、氨氮、总磷
	牡丹江（黑龙江）	劣 V 类	COD_{Mn}、BOD_5、氨氮	III 类	大宇制纸有限公司	COD、BOD、硫化物、AOX
					牡丹江第二发电厂	COD、石油类、硫化物
					中煤牡丹江焦化有限责任公司	COD、BOD、氨氮、石油类、氟化物、硫化物、挥发酚
	牡丹江（吉林）	劣 V 类	COD_{Mn}、氨氮	IV 类	延边敖东食品开发有限公司	COD、BOD、氨氮

区域	超标水体	水质现状	化学指标	水质目标	沿江企业	废水潜在污染物
西流松花江子流域	伊通河	劣V类	COD_{Mn}、氨氮、石油类	V类	农安县华润雪花啤酒（长春）有限公司	COD、BOD、氨氮、总磷
					长春市御泉豆类食品有限公司	COD、BOD、氨氮、总氮

松花江流域水体的超标大多是由于化学指标 COD、BOD 和氨氮的超标引起的，而此类水体沿江企业产生的废水中基本都含有上述污染物，因此，列表所示的 12 家沿江重点废水污染源企业所在的区域是水污染潜在风险的主要防治地区。特别需要关注的是，牡丹江各段的水质现状与目标差距较大，其沿江企业又多为造纸、化工等废水产生量大的工业企业，因此，牡丹江及周边地区是水污染潜在风险的重点防治地区。

8.3.3　复合生态系统影响

沿江企业可能导致的突发性水环境污染事故会妨碍一定范围内人们的生活、生产等社会经济活动，并对周边自然生态系统产生持久影响。本节从社会、经济与自然三方面进行综合分析，以全面评价松花江流域复合生态系统对沿江水环境潜在污染风险的敏感程度。

8.3.3.1　流域社会、经济生态系统的敏感程度

考虑水环境污染的迁移性与突发性污染的影响范围，本节选取沿江重点区域及其水系下游相邻区域（以下统称受影响区域）为对象，以区域总人口和第二产业产值为指标分别表征受影响区域社会与经济生态系统的敏感程度（图 8-13）。

分析可知，39 个受影响区域的总人口数为 2437.3 万人，讷河市、德惠市、农安县、九台市、长春市辖区、吉林市辖区、舒兰市、牡丹江市辖区、双鸭山市辖区、扶余县、五常市共 11 个区域的总人口数都超过了区域平均总人口数（62.5 万人）。其中，城区人口数在 100 万人以上的大城市有长春市辖区（362.6 万人）、吉林市辖区（183.5 万人）、农安县（110.5 万人）与五常市（100.1 万人），其总人口数达到了全部受影响区域总人口数的 31.0%。因此，长春市辖区、吉林市辖区、农安县及五常市的社会生态系统对沿江水环境潜在污染风险的敏感度较高。相应地，39 个受影响区域的第二产业总产值达到 4058.9 亿元，霍林郭勒市、松原市宁江区、长春市辖区、吉林市辖区、七台河市辖区共 5 个区域的第二产业产值超过了区域平均第二产业产值（104.1 亿元）。其中，长春市辖区（1377.2 亿元）与吉林市辖区（531.1 亿元）的第二产业产值之和超过了全部受影响区域第二产业总产值的 47%，其余 3 个区域的第二产业产值之和仅为全部受影响区域的 11.5%。因此，长春市辖区与吉林市辖区的经济生态系统对沿江水环境潜在污染风险的敏感度较高。综合而言，长春市辖区（伊通河部分河段）与吉林市辖区（西流松花江部分河段）的社会–经济生态系统对水环境潜在污染风险的敏感度最高。

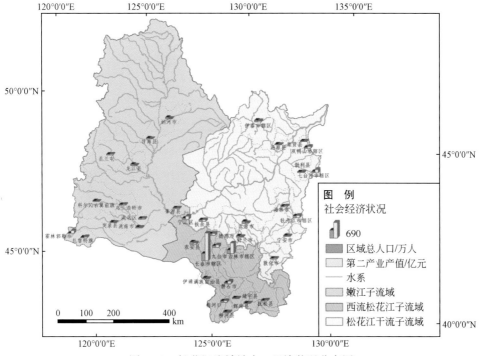

图 8-13　松花江流域社会、经济状况分布图

8.3.3.2　流域自然生态系统的敏感程度

为有效评价松花江流域生态环境对水污染潜在风险的敏感程度，本节引入了沿江重点废水污染源企业对野生生物物种的影响评价，分析了松花江流域极危物种的生存状况，并调查了珍稀濒危物种的分布情况。

依据《中国物种红色名录》《中国濒危动物红皮书》《中国植物红皮书：稀有濒危植物》等，筛选出松花江流域内属于极危种（CR）的物种 7 种、濒危种（EN）的物种 16 种及部分珍稀的易危种（VU）物种 25 种。以物种属性分，脊椎动物（以鸟类和兽类为主）24 种、鱼类 9 种、植物 15 种，共计 48 种，具体名录见表 8-8。

表 8-8　松花江流域珍稀濒危物种名录

脊椎动物	拉丁名	濒危等级	鱼类	拉丁名	濒危等级	植物	拉丁名	濒危等级
中华秋沙鸭	*Mergus squamatus*	VU	日本七鳃鳗	*Lampetra japonica*	VU	刺五加	*Eleutherococcus senticosus*	VU
大鸨	*Otis tarda*	VU	雷氏七鳃鳗	*Lampetra reissneri*	VU	草苁蓉	*Boschniakia rossica*	EN
黄爪隼	*Falco naumanni*	VU	施氏鲟	*Acipenser schrenckii*	EN	东北岩高兰	*Empetrum nigrum* var. *japonicum*	VU

脊椎动物	拉丁名	濒危等级	鱼类	拉丁名	濒危等级	植物	拉丁名	濒危等级
白枕鹤	Grus vipio	VU	鳇	Huso dauricus	EN	平贝母	Fritillaria ussuriensis	VU
白头鹤	Grus monacha	VU	哲罗鲑	Hucho taimen	VU	天麻	Gastrodia elata	VU
东方白鹳	Ciconia boyciana	EN	细鳞鱼	Brachymystax lenok	VU	天女木兰	Magnolia sieboldii	VU
丹顶鹤	Grus japonensis	EN	乌苏里白鲑	Coregonus ussuriensis	VU	山楂海棠	Malus komarovii	VU
白鹤	Grus leucogeranus	CR	怀头鲇	Silurus soldatovi	VU	人参	Panax ginseng	EN
白肩雕	Aquila heliaca	VU	黑龙江茴鱼	Thymallus arcticus grubei	VU	对开蕨	Phyllitis japonica	VU
玉带海雕	Haliaeetus leucoryphus	VU				松江柳	Salix sungkianica	CR
黑脸琵鹭	Platalea minor	EN				呼玛柳	Salix humaensis	CR
毛腿渔鸮	Ketupa blakistoni	EN				樟子松	Pinus sylvestris var. mongolica	VU
斑背大尾莺	Locustella pryeri	VU				杉松	Abies holophylla	CR
棕熊	Ursus arctos	VU				朝鲜崖柏	Thuja koraiensis	EN
豺	Cuon alpinus	EN				长白松	Pinus sylvestris var. sylvestriformis	EN
紫貂	Martes zibellina	EN						
虎	Panthera tigris	CR						
梅花鹿	Cervus nippon	EN						
豹	Panthera pardus	CR						
原麝	Moschus moschiferus	EN						
伶鼬	Mustela nivalis	VU						
狗獾	Meles leucurus	CR						
水獭	Lutra lutra	EN						
爪鲵	Onychodactylus fischeri	EN						

(1) 极危物种的分布状况

根据世界自然保护联盟（IUCN）制订的红色名录等级标准，"极危"表示该物种现在所面对的威胁及危机等级为最高，是仅次于"灭绝"及"野外灭绝"的评级。IUCN 的严格定义为"该物种的三个世代曾在过去，或将会下降 80% 或以上"。在本书所调查的 48 种珍稀濒危物种中含 7 种极危物种，分别是：白鹤、虎、豹、狗獾、松江柳、呼玛柳、杉松。由于该等级物种的分布区狭窄且种群数量持续衰退，对于水环境污染的敏感程度最高。

松花江流域极危物种在大兴安岭东南侧的内蒙古境内有零散分布（图 8-14），其中鄂伦春自治旗、牙克石市和科尔沁旗右翼前旗均有极危兽类出现。白鹤作为旅鸟，在东北平原北部的齐齐哈尔市也有栖息。大多数极危物种集中于长白山脉的张广才岭和老爷岭及其沿线的白城市、延边朝鲜族自治州、牡丹江市、哈尔滨市、双鸭山市、佳木斯市和鹤岗市的市辖县。在有极危物种分布的区域内，讷谟尔河（南北河）、双子河、汤旺河、查巴旗河、南岔河、那金河、洮儿河、牡丹江、溪浪河、辉发河（柳河）、一统河、松江河和汤河沿岸均有重点废水污染源企业分布，因此，以上河段及周围地区为松花江流域水环境污染潜在风险敏感区。

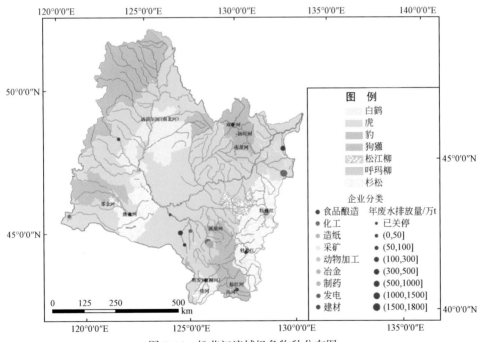

图 8-14 松花江流域极危物种分布图

(2) 珍稀濒危物种的分布

松花江流域内，珍稀濒危物种的分布较为分散，如图 8-15 所示。珍稀鱼类主要出现于嫩江干流、松花江干流子流域和西流松花江子流域的水系中，包括嫩江、松花江、牡丹江、洮儿河、努敏河、伊通河、雾开河、通肯河、双阳河、呼兰河、五里河、饮马河、汤旺河和蛟河等河流。珍稀鸟类和兽类等脊椎动物主要分布于嫩江干流东侧地区、东北平原中南部地区和长白山山脉的老爷岭、张广才岭等地区，包括内蒙古扎兰屯市、科尔沁右翼，吉林省吉林市、长春市、白城市、延边朝鲜族自治州和黑龙江哈尔滨市、齐齐哈尔市、伊春市、牡丹江市等县辖区。珍稀植物分布区较脊椎动物的更为局限，主要包括内蒙古牙克石市、科尔沁右翼，吉林省延边朝鲜族自治州和黑龙江哈尔滨市、伊春市等县辖区。以上地区基本都有沿江重点废水污染源企业分布，仅有内蒙古地区的少数几家企业位于珍稀濒危物种分布区以外。同时，年废水产生量大的沿江重点废水污染源企业均靠近珍稀鱼类出现的河段。因此，西流松花江子流域中下游和松花江干流子流域下游地区对水环境污染的潜在风险敏感程度较高。

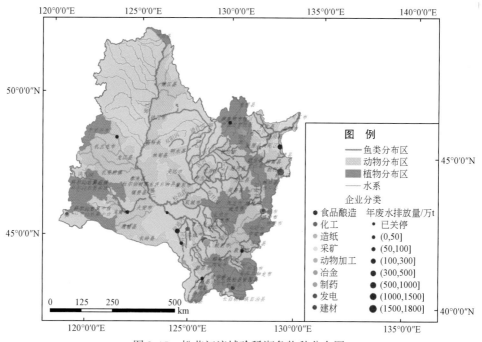

图 8-15　松花江流域珍稀濒危物种分布图

本节所获取的野生生物物种信息综合了动物、植物志及内蒙古自治区、黑龙江省、吉林省地区志等资料，但所摘录的内容在年代上不完全一致、在物种分布上也有所出入，因此只能对目前松花江流域的物种分布进行大致估计。且由于松花江地区的工业发展历史较为久远，流域内野生生物物种的实际生存状况可能更为严峻，则流域生态环境对水环境污染潜在风险的敏感程度也更高。

8.3.4　综合评价

在调查松花江流域内重点废水污染源企业基本情况的基础上，本节将位于沿干、支流（到二级支流）1km 范围内的 45 家重点废水污染源企业识别为松花江流域水环境污染潜在风险源。通过对沿江企业与重点区域的废水产生量的统计、对流域本底水质与超标污染物的分析以及对社会-经济-自然复合生态系统的影响，相应地评价了松花江流域水环境污染潜在风险源的潜在风险大小、流域水体对污染潜在风险的缓冲能力及复合生态系统对污染潜在风险的敏感程度，并得到以下结果。

1）松花江流域不同行业的总废水贡献率差异显著，化工行业是流域内废水产生的重点行业，造纸、冶金是废水产生的主要行业。

2）松花江流域不同类型的企业所产生的年废水量差异较为显著，造纸与化工企业的污染潜在风险都较其他企业大许多，其次为冶金企业。

3）松花江流域内沿江重点区域间的区域年废水产生总量的差异十分显著，吉林市辖区和七台河市辖区的污染潜在风险性远大于其他区域。

4）西流松花江子流域中游与松花江干流子流域下游重点区域的单位河长废水产生量较大，牡丹江与霍林河等部分河段的单位河长废水产生量也较大。

5）西流松花江子流域的饮马河与伊通河全部河段、松花江干流子流域的松花江上下游河段、牡丹江上中游河段和梧桐河、安邦河、海浪河及汤旺河的全部河段的水本底污染超标，这些超标水体对污染潜在风险的缓冲能力较低。

6）流域水质超标大多是由于化学指标 COD、BOD 和氨氮的超标引起的，12 家沿江重点废水污染源企业所在的区域，尤其是牡丹江各段，因其水质现状与目标差距较大，沿江企业又多为造纸、化工等废水产生量大的企业，是水污染潜在风险的重点防治地区。

7）长春市辖区（伊通河部分河段）与吉林市辖区（西流松花江部分河段）由于区域总人口与第二产业产值较高，其社会-经济生态系统对水污染潜在风险的敏感度最高。

8）年废水产生量大的沿江重点废水产生企业均靠近珍稀鱼类出现的河段，使得西流松花江子流域中下游和松花江干流子流域下游地区自然生态系统对水环境污染的潜在风险敏感程度较高。

9）讷漠尔河（南北河）、双子河、汤旺河、查巴旗河、南岔河、那金河、洮儿河、牡丹江、溪浪河、辉发河（柳河）、一统河、松江河和汤河河段及周围地区为松花江流域自然生态系统敏感区。

综上所述，如图 8-16 所示，牡丹江市辖区（牡丹江中游河段）因潜在污染风险源强、水体对潜在污染风险的缓冲能力低且自然生态系统对潜在污染风险的敏感程度高，是松花江流域受沿江企业产生的水环境潜在污染风险最严重的地区；水体缓冲能力低且社会-经济生态系统敏感程度高的长春市辖区（饮马河、伊通河部分河段），水体缓冲能力低且自然生态系统敏感程度高的伊春市辖区（汤旺河全部河段）与敦化市（海浪河全部河段、牡丹江部分河段），应分别侧重于社会经济和自然不同方面来加强水环境潜在污染风险的防治；污染风险源强的吉林市辖区（西流松花江部分河段）与七台河市辖区（倭肯河部分河段），尤其是社会-经济生态系统敏感程度也较高的吉林市，须提高该区域对潜在污染的风险管理能力以降低污染事故发生的可能性。此外，流域内其他潜在污染风险源强、水体缓冲能力低或敏感程度高的地区亦应受到关注。

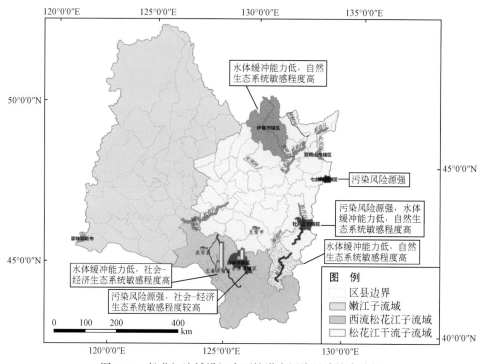

图 8-16　松花江流域沿江水环境潜在污染风险综合分析

8.4　流域风险防治

对单个项目的环境风险评价一般从风险识别、源项分析、后果计算、风险评价、风险管理这几方面展开，以使建设项目事故率、损失和环境影响达到可接受水平（国家环保总局监督管理司，2000）。同时，针对不同工业企业的环境风险分析也可通过构建指标体系来完成，包括企业特征（产品类型、生产规模）、污染源（排放量、风险性）、管理水平（事故率、安全投入）及公共应急预案等多个内容（贾倩等，2010；宋雅珊，2013）。但考虑获取企业数据存在一定阻力，本章从流域整体出发，从沿江重点企业与区域的废水产生量、流域各地区水环境状况及流域社会–经济–自然复合生态系统的敏感程度展开，分析比较重点区域间潜在污染风险的差异，是对流域水环境风险影响研究的一次有益尝试，也为沿江重点监控企业潜在污染风险评价提供实践指导。

为解决因松花江流域资源和经济结构特点决定的流域水环境潜在污染风险问题，本书建议：①重点排查松花江流域内沿江化工、造纸和冶金等高废水产生企业，相关环境保护部门必须对这三类企业的废水处理排放进行实时监测与总量控制；②西流松花江子流域中游与松花江干流子流域下游的沿江地区，应严格按照规定配备工业污水处理设施，或推行循环经济、清洁生产，以降低本地区的潜在污染负荷；③针对饮马河、伊通河、牡丹江等本底污染超标河段，须提高沿江区域的企业"环境保护准入门槛"，并逐步转变已有企业尤其是临近重点企业的生产模式，对技术落后企业实行强制淘汰制度；④对人口数量大、工业生产密集的大城市，如长春市、吉林市，政府部门及相关企业应努力提高自身对污染风险的管理能力，降低潜在污染事故对居民生活生产的可能影响；⑤各级部门应加强对流域内现有野生动植物保护区的管理，同时对有珍稀物种栖息、繁殖的敏感河段及地区进行工业结构调整，以减少沿江企业废水排放对鱼类、鸟类的潜在影响。总体而言，降低松花江流域沿江企业对水环境的潜在污染风险可分为短期与长期两个方面。从短期看，应加快污水处理的研究，改进现有的废水集中处理方法，推行污水循环利用与资源化；并对现有的污染治理经济手段进行评估，尝试经济手段的改革，如施行排污税、排污权交易等措施以提高企业的排污成本。从长期看，应加快产业布局，流域沿岸的重化工企业，如不能较好地解决污水处理问题，应考虑整体迁移，个别规模小效益差的企业应考虑关停；同时，完善污染防治立法，增强污染治理法律法规的可操作性，从制度上防治水环境污染风险（王威等，2013）。

松花江水环境污染风险防治的关键是减少工业污染源有机污染物对松花江的污染排放。大型污水处理厂二级生化处理对多环芳烃等多种难降解的有机污染物作用是很小的，但如果对每日数十万吨的污水进行更深度处理，也是与中国国情不相符合的。推行清洁生产、对有机污染物实行"岗位治理"，是治理和减少有机污染物排放的重要途径。采用清洁生产审计可以更好地完成以往进行的简单的污染源调查所完成不了的工作。推行清洁生产，从生产的全过程控制有机污染物的产生。对优先污染物在充分调查和审计的基础上实施"岗位治理"。其优点是针对性强，有机污染物去除率高，避免混入集中污水处理厂按常规生物处理工艺统一处理，克服了大型污水处理厂对其生化处理效率低的缺点（王东辉等，2007）。

另外，松花江流域沿江企业要抓住老工业基地振兴的机遇，推动循环经济的发展，将工业节水、城市污水资源化与区域经济结构调整相结合，以水定发展规模、定产业结构。坚决淘汰耗水大、污染重、效益差的落后企业和设施。企业要制定切实可行的节水规划，采用节水型新技术和新工艺，解决结构性污染问题，实现节水、增产、减污。城市规划也要考虑污水循环利用与资源化问题，改变传统的排水大截流、污水处理大集中的思维方式。污水处理厂的建设要集中与分散建设相结合，集中可以发挥规模效益，便于管理；分散便于污水的循环利用。分散建设的污水处理厂要靠近用户，新建企业能够使用污水的用户要相对集中安排，科学确立供求关系。城市污水处理厂的出水，在满足生态功能的前提下可以作为湿地的补充水，以缓解北方地区干旱，湿地退化问题，还可以利用湿地的进一步净化功能，降低对松花江的污染负荷。松嫩平原、三江平原现有大面积的可供利用的湿地，各地可根据情况，科学规划，合理利用。地方政府要建立有效的节水激励政策和监督机制，强化节水管理，用经济手段提高污水循环利用与资源化的水平（李平，2005）。

|第9章| 松花江流域城镇化动态分析

1990~2010 年松花江流域人口城镇化、经济城镇化和土地城镇化水平均呈现不同程度的提高，且区域间存在较大差异，尤其以土地城镇化为甚。三者的协调耦合度不高，主要是土地城镇化与另外两者的不协调发展引起的。

改革开放以来，伴随着工业化进程加速，我国城镇化经历了一个起点低、速度快的发展过程。1978~2013 年，城镇常住人口从 1.7 亿人增加到 7.3 亿人，城镇化率从 17.9% 提升到 53.7%，年均提高 1.02 个百分点；城市数量从 193 个增加到 658 个，建制镇数量从 2173 个增加到 20113 个。我国的城镇化是在人口多、资源相对短缺、生态环境比较脆弱、城乡区域发展不平衡的背景下推进的，且未来一段时间内我国仍将处于城镇化率 30~70% 的快速发展区间，但延续过去传统粗放的城镇化模式，会带来产业升级缓慢、资源环境恶化、社会矛盾增多等诸多风险（新华社，2014）。

松花江流域所在的东北地区作为新中国工业的摇篮，为我国形成独立、完整的工业体系和国民经济体系作出过重大贡献，其城镇化水平也曾一度领先于当时的其他地区。由于种种原因，随着改革开放的不断深入，老工业基地的体制性、结构性矛盾日益显现，进一步发展面临着许多困难和问题（新华网，2009）。在国家实施"振兴东北老工业基地"战略的背景下，特别是党的十八大明确"坚持走中国特色新型城镇化道路"后，松花江流域面临着新的发展机遇，城镇的扩张进一步加快，而城镇周边的生态环境也面临着更为严峻的挑战。从人口、经济、土地三方面分析研究松花江流域过去 20 年的城镇化动态发展情况并探讨引起变化的原因，对指导城市整体规划布局、优化产业结构转型、促进全流域的可持续发展都具有十分重要的意义。

9.1　城镇化概述

"urbanization"的概念最早是在 1876 年由西班牙工程师 A. Serda 在他的著作《城镇化基本理论》中提出的，被用于描述国外的乡村向城市演变的过程。"urban"包含城市（city）和镇（town），而许多西方国家镇的人口规模比较小，有的甚至没有镇的建制，因此国外的"urbanization"往往仅指人口向"city"的集聚和转移过程，故称"城市化"；中国设有镇的建制，其人口规模基本与国外的小城市相当，人口不仅向"city"集聚，而且向"town"转移（简新华和黄锟，2010）。因此许多学者认为将中国的"urbanization"译为"城镇化"更为准确（辜胜阻，1991；许学强等，1997），且官方的相关文件均采用了"城镇化"一词。

城镇化是指人口向城镇聚集、城镇规模扩大以及由此引起一系列经济社会变化的过程，其实质是社会结构、经济结构和空间结构的变迁。从社会结构看，城镇化是农村人口逐步转变为城镇人口以及城镇文化、生活方式和价值观念向农村扩散的过程；从经济结构变迁看，城镇化过程也就是农业活动逐步向非农业活动转化和产业结构升级的过程；从空间结构变迁看，城镇化是各种生产要素和产业活动向城镇地区聚集以及聚集后的再分散过程（魏后凯等，2013）。因此，城镇化是会对社会产生极为深远影响的综合性过程，而当前学者们关于城镇化的研究多是从单一的角度出发，不能充分体现城镇化的内涵。

对比各学科对城镇化内涵的不同理解，作者认为将其归纳为如下四个方面较为合理：①人口城镇化，是城镇化的核心，其实质应是人口经济活动的转移过程；②经济城镇化，是城镇化的动力，指整个社会经济中（GDP）城镇地域产出比重的上升状态，主要反映经济总量的提高和经济结构的非农化，其中工业化是直接推动因素，而第三产业的兴起与繁荣则是城镇化程度的表现；③土地城镇化，是城镇化的载体，主要表现为城镇建成区面积增加；④社会城镇化，伴随着经济、人口、土地的城镇化进程，人们的生产方式、行为习惯、社会组织关系乃至精神与价值观念都会发生转变，是城市文化、生活方式、价值观念等向乡村地域扩散的较为抽象的精神上的变化过程（曹文莉等，2012）。

本书中，以非农人口数占总人口的比重表征人口城镇化，以第二、第三产业产值占GDP的比重指示经济城镇化，以建成区面积占总面积的比重体现土地城镇化。没有单独对社会城镇化进行分析，原因是描述社会城镇化的指标较为抽象，数据获取与定量计算存在困难。此外，本书采用简单的指示性指标代替复杂的指标体系来表征城镇化的不同方面，以期用简明扼要的方法突出松花江流域的城镇化动态变化特征。本书将松花江全流域划分为嫩江、西流松花江、松花江干流三个子流域，并以县级行政区划单位为最小研究单元开展研究。全流域涉及吉林、黑龙江2省和内蒙古自治区东部的盟市，故统计数据均来自于《吉林统计年鉴》《黑龙江统计年鉴》和《内蒙古统计年鉴》，时间序列为1990年、1995年、2000年、2005年、2010年5个年份。

9.2 流域城镇化发展水平

9.2.1 近20年流域人口、经济与土地城镇化水平

从时间序列上看，1990~2010年松花江流域各地区的总人口数与非农业人口数稳步增加，但少数区域在20年间亦有所波动。1990~2005年松花江全流域人口城镇化率逐步提高，2005年后略有降低，但基本维持在44%以上（表9-1）。2000~2010年，各子流域人口城镇化发展趋势均有所不同。嫩江子流域在1990~1995年人口城镇化率有较快增长，之后在波动中缓慢提高；西流松花江子流域人口城镇化率在20年间始终保持增长，但增速逐渐减慢；松花江干流子流域人口城镇化发展趋势与全流域发展趋势一致，先提高后略有降低。从空间分布上看，松花江各子流域人口城镇化发展水平较不均衡。嫩江子流域的

人口城镇化率低于全流域平均值，西流松花江子流域与松花江干流子流域的城镇化率高于全流域平均值；20 年间，三者的增幅分别为 13.40%、19.36% 和 11.03%，可以看出西流松花江子流域人口城镇化发展较快。从各子流域内部分析，区域间人口城镇化发展水平差异更为显著。嫩江子流域上游地区的人口城镇化率高于全流域平均值，仅次于松花江干流子流域下游地区，但其中游地区的人口城镇化率为全流域各区域中最低，至 2010 年仍低于 30%；西流松花江子流域各区域的人口城镇化率（$S=5.55\%$）较另外两个子流域（$S=13.13\%$，$S=11.32\%$）均衡，同时，其下游地区的城镇化率的增幅为全流域各区域中最高，达到 28.36%；松花江干流子流域下游地区的人口城镇化率显著高于全流域其他地区，至 2010 年已超过了 65%，同时，其中游地区人口城镇化率的增幅为全流域各区域中最小，仅为 5.19%。总体而言，松花江流域人口城镇化水平在 20 年间有一定程度提高，松花江干流子流域的人口城镇化率较高，西流松花江子流域的人口城镇化发展较快。

表 9-1　松花江全流域及各子流域人口城镇化水平

年份	项目	全流域	嫩江子流域				西流松花江子流域				松花江干流子流域			
			全子流域	上游	中游	下游	全子流域	上游	中游	下游	全子流域	上游	中游	下游
1990	总人口/万人	5498.50	1540.87	96.05	152.65	1292.17	1464.59	470.69	283.87	710.03	2493.04	1098.63	831.71	562.70
	非农业人口/万人	2143.12	567.10	49.09	35.69	482.32	565.23	171.25	133.64	260.34	1010.79	397.36	301.28	312.15
	城镇化率/%	38.97	36.80	51.11	23.38	37.33	38.59	36.38	47.08	36.67	40.54	36.17	36.22	55.47
1995	总人口/万人	5633.53	1576.08	99.97	154.39	1321.72	1509.69	486.76	296.47	726.46	2547.76	1124.50	840.36	582.90
	非农业人口/万人	2349.53	625.42	55.66	38.27	531.49	638.49	190.59	146.26	301.64	1085.62	427.06	318.06	340.50
	城镇化率/%	41.70	39.68	55.68	24.79	40.21	42.29	39.15	49.33	41.52	42.61	37.98	37.85	58.41
2000	总人口/万人	5810.29	1626.99	100.74	171.80	1354.45	1552.76	481.58	303.23	767.95	2630.54	1168.34	866.51	595.69
	非农业人口/万人	2473.48	644.33	54.64	48.58	541.11	686.02	189.52	151.18	345.32	1143.13	453.20	332.58	357.35
	城镇化率/%	42.57	39.60	54.24	28.28	39.95	44.18	39.35	49.86	44.97	43.46	38.79	38.38	59.99
2005	总人口/万人	5918.78	1647.74	102.69	172.89	1372.16	1580.08	478.24	294.56	807.28	2690.96	1217.82	874.63	598.51
	非农业人口/万人	2645.81	688.31	63.60	51.11	573.60	721.18	192.51	153.97	374.70	1236.32	505.14	340.04	391.14
	城镇化率/%	44.70	41.77	61.94	29.56	41.80	45.64	40.25	52.27	46.42	45.94	41.18	38.88	65.35
2010	总人口/万人	6056.02	1680.61	103.14	176.95	1400.52	1618.55	478.96	293.93	845.66	2756.86	1257.25	891.84	607.77
	非农业人口/万人	2687.60	701.24	64.91	52.84	583.49	745.56	191.48	156.00	398.08	1240.80	503.58	339.78	397.44
	城镇化率/%	44.38	41.73	62.94	29.86	41.66	46.06	39.98	53.07	47.07	45.01	40.05	38.10	65.39

从时间序列上看，1990～2010 年松花江流域全流域及各子流域的三次产业产值都得到了大幅提升，其中第三产业的发展尤为显著（表 9-2）。松花江全流域 20 年间经济城镇化

率保持增长趋势，增幅为 21.09%，其中 1995~2000 年经济城镇化发展最快，增幅超过 12.77%。各子流域 20 年间经济城镇化发展趋势与全流域一致。从空间分布上看，松花江各子流域经济城镇化发展水平有所差异。嫩江子流域与西流松花江子流域的经济城镇化率高于全流域平均值，松花江干流子流域的城镇化率低于全流域平均值；20 年间，三者的增幅分别为 18.02%、26.38% 和 18.77%，可以看出西流松花江子流域经济城镇化发展较快。从各子流域内部分析，区域间经济城镇化发展水平差异更为显著。嫩江子流域上游地区的经济城镇化率在前 10 年逐步提高而在后 10 年又逐渐降低，至 2010 年比 1990 年低 3.66%；其中游地区的经济城镇化率为全流域各区域中最低，至 2010 年仍未达到 58.01%，但增幅为全流域各区域中最高，达到了 54.25%；其下游地区的经济城镇化率高于全流域平均值。西流松花江子流域中游地区的经济城镇化率显著高于全流域其他地区，至 2010 年已超过了 93%，但其上游地区的经济城镇化率仍低于全流域平均值。松花江干流子流域各区域的经济城镇化率（$S = 6.73\%$）较另外两个子流域（$S = 17.01\%$，10.33%）均衡，但 20 年间没有城镇化率始终高于全流域平均值的地区，同时，其下游地区经济城镇化率的增幅为全流域各区域中最小，仅为 2.82%。总体而言，松花江流域经济城镇化水平在 20 年间有大幅提高，且已达到较高水平，但区域发展不均衡问题较为突出。

表 9-2　松花江全流域及各子流域经济城镇化水平

年份	项目	全流域	嫩江子流域				西流松花江子流域				松花江干流子流域			
			全子流域	上游	中游	下游	全子流域	上游	中游	下游	全子流域	上游	中游	下游
1990	第一产业/亿元	283.86	85.80	5.76	9.24	70.80	73.76	24.76	10.43	38.57	124.30	57.88	42.20	24.22
	第二产业/亿元	480.16	189.47	3.84	2.06	183.57	125.34	30.65	41.94	52.75	165.35	73.48	41.03	50.84
	第三产业/亿元	221.47	50.05	4.16	3.50	42.39	58.35	16.17	15.79	26.39	113.07	63.51	24.70	24.86
	城镇化率/%	71.14	73.63	58.14	37.61	76.14	71.35	65.41	84.69	67.23	69.13	70.30	60.90	75.76
1995	第一产业/亿元	702.86	187.92	13.68	24.28	149.96	169.61	51.57	20.80	97.24	345.33	171.95	114.48	58.90
	第二产业/亿元	1186.43	485.91	10.29	4.89	470.73	314.79	56.71	103.33	154.75	385.73	183.02	106.40	96.31
	第三产业/亿元	815.85	149.82	12.72	11.49	125.61	236.27	50.79	63.67	121.81	429.76	257.77	91.77	80.22
	城镇化率/%	73.13	77.18	62.71	40.28	79.90	76.46	67.58	88.93	73.99	70.25	71.94	63.38	74.98
2000	第一产业/亿元	887.75	203.66	13.82	36.90	152.94	243.73	81.41	27.52	134.80	440.36	206.68	152.08	81.60
	第二产业/亿元	2427.74	1086.82	11.75	10.76	1064.31	628.81	84.82	123.84	420.15	712.11	371.66	201.91	138.53
	第三产业/亿元	1746.91	302.12	14.80	24.96	262.36	593.61	97.31	125.99	370.31	851.18	510.49	200.28	140.41
	城镇化率/%	82.46	87.21	65.76	49.18	89.66	83.38	69.11	90.08	85.43	78.02	81.02	72.56	77.37
2005	第一产业/亿元	1464.56	361.09	31.49	67.37	262.23	379.96	126.04	42.32	211.60	723.51	370.15	218.05	135.31
	第二产业/亿元	3879.21	1497.87	13.73	29.96	1454.18	1231.49	154.88	223.78	852.83	1149.85	703.65	223.84	222.36
	第三产业/亿元	3078.65	585.00	39.65	47.08	498.27	992.19	155.75	197.14	639.30	1501.46	955.66	292.17	253.63
	城镇化率/%	82.61	85.23	62.89	53.35	88.16	85.41	71.14	90.86	87.58	78.56	81.76	70.30	77.87

年份	项目	全流域	嫩江子流域				西流松花江子流域				松花江干流子流域			
			全子流域	上游	中游	下游	全子流域	上游	中游	下游	全子流域	上游	中游	下游
2010	第一产业/亿元	2703.81	733.62	76.12	116.12	541.38	634.93	224.83	82.92	327.18	1335.26	577.76	437.81	319.69
	第二产业/亿元	9622.37	3490.09	26.93	79.03	3384.13	3274.18	590.85	681.84	2001.49	2858.10	1661.02	552.01	645.07
	第三产业/亿元	7194.72	1375.98	64.15	81.37	1230.46	2549.58	450.16	586.23	1513.19	3269.16	2124.18	663.56	481.42
	城镇化率/%	86.15	86.90	54.48	58.01	89.50	90.17	82.24	93.86	91.48	82.11	86.76	73.52	77.89

从时间序列上看，1990~2010年松花江流域全流域及各子流域的建成区面积都在迅速扩张，行政区面积因行政区划的改变也有所波动（表9-3）。松花江全流域20年间土地城镇化率保持增长趋势，相比于1990年，2010年的城镇化率增加了79.51%，且增速在20年间不断加快。各子流域20年间土地城镇化发展趋势与全流域一致。从空间分布上看，松花江各子流域土地城镇化发展水平差异显著。嫩江子流域的土地城镇化率低于全流域平均值，西流松花江子流域与松花江干流子流域的土地城镇化率高于全流域平均值；20年间，三者的增幅分别为73.31%、119.05%和62.04%，可以看出西流松花江子流域土地城镇化发展迅速。从各子流域内部分析，区域间土地城镇化发展水平差异更为显著。嫩江子流域各区域的土地城镇化率（$S=0.20\%$）较另外两个子流域（$S=1.19\%$，0.69%）均衡，但城镇化率均明显低于全流域平均值，其中游地区的土地城镇化率为全流域各区域中最低，但增幅为全流域各区域中最大，从1990年的0.03%增长至2010年的0.10%，增加了234%；西流松花江子流域中游地区的土地城镇化率在1990~2005年显著高于全流域其他地区，但到2010年被其下游地区反超，同时，中游地区土地城镇化率的增幅为全流域各区域中最小，仅为6.47%；松花江干流子流域上、下游地区的土地城镇化率高于全流域平均值，而中游地区则明显低于全流域平均值。总体而言，松花江流域土地城镇化水平在20年间有较快发展，且增速仍在不断加快，但地区间土地城镇化发展速度存在较大差异。

表9-3　松花江全流域及各子流域土地城镇化水平

年份	项目	全流域	嫩江子流域				西流松花江子流域				松花江干流子流域			
			全子流域	上游	中游	下游	全子流域	上游	中游	下游	全子流域	上游	中游	下游
1990	建成区面积/km²	1412	333	9	5	319	404	101	116	187	730	249	134	347
	行政区面积/km²	286708	116911	14432	16494	85985	49603	29140	4313	16150	125924	18326	63087	44511
	城镇化率/%	0.49	0.28	0.06	0.03	0.37	0.81	0.35	2.69	1.16	0.58	1.36	0.21	0.78

续表

年份	项目	全流域	嫩江子流域				西流松花江子流域				松花江干流子流域			
			全子流域	上游	中游	下游	全子流域	上游	中游	下游	全子流域	上游	中游	下游
1995	建成区面积/km²	1 615	374.9	21	12.6	341.3	395	75	123	197	845.1	268.9	183.2	393
	行政区面积/km²	289 658	116 166	14 448	16 494	85 224	45 138	23 818	4 848	16 472	128 354	20 302	63 405	44 647
	城镇化率/%	0.56	0.32	0.15	0.08	0.40	0.88	0.31	2.54	1.20	0.66	1.32	0.29	0.88
2000	建成区面积/km²	1 785.96	440.72	20.8	14.5	405.42	422.66	65.1	125.06	232.5	922.58	267.9	183.68	471
	行政区面积/km²	283 216	116 119	14 443	16 494	85 182	41 155	23 940	5 095	12 120	125 942	18 939	62 948	44 055
	城镇化率/%	0.63	0.38	0.14	0.09	0.48	1.03	0.27	2.45	1.92	0.73	1.41	0.29	1.07
2005	建成区面积/km²	2 136.38	526.88	18.5	14.5	493.88	566.42	68.68	182.23	315.51	1 043.08	422.21	181	439.87
	行政区面积/km²	289 498	116 802	14 443	16 494	85 865	43 736	23 970	6 692	13 074	128 960	21 540	63 365	44 055
	城镇化率/%	0.74	0.45	0.13	0.09	0.58	1.30	0.29	2.72	2.41	0.81	1.96	0.29	1.00
2010	建成区面积/km²	2 558.35	586.52	20	16.7	549.82	780.29	89.17	191.63	499.49	1 191.54	510.06	235.95	445.53
	行政区面积/km²	289 391	118 813	14 443	16 494	87 876	43 736	23 970	6 692	13 074	126 842	19 342	63 453	44 047
	城镇化率/%	0.88	0.49	0.14	0.10	0.63	1.78	0.37	2.86	3.82	0.94	2.64	0.37	1.01

9.2.2 近20年流域人口、经济与土地城镇化水平及发展增速对比分析

对比松花江全流域1990~2010年的人口、经济与土地城镇化率（图9-1）可以明显看出：经济城镇化率>人口城镇化率>土地城镇化率。人口与经济城镇化率的差距从1990年的32.17%波动增长到2010年的41.77%；人口与土地城镇化的差距从38.48%增加到2005年的43.96%，后又减少到2010年的43.5%；经济与土地城镇化率的差距从1990年的70.65%增加到2010年的85.27%。总体而言，松花江全流域的经济城镇化水平最高，其次为人口城镇化水平，而土地城镇化水平最低，同时，三者的差距十分显著，其中经济与土地的城镇化水平差距最大，人口与土地的差距次之，而经济与人口的城镇化水平差距略小，且20年间全流域人口、经济与土地城镇化水平的差距整体呈逐渐增大趋势。

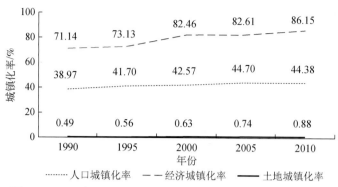

图 9-1　近 20 年松花江全流域人口、经济与土地城镇化率对比

1990~2010 年四个阶段，松花江全流域人口、经济与土地城镇化率增速具有不同的特征（表 9-4）。1990~1995 年，全流域城镇化率增速：土地>人口>经济，该阶段人口城镇化率增长速度为四个阶段中最高，土地城镇化率为四个阶段中较低，而经济城镇化率增速也不高，表明该阶段是以人口城镇化加速发展为主导的城镇化过程；1995~2000 年，全流域城镇化率增速：土地>经济>人口，该阶段经济城镇化率增长速度为四个阶段中最高，土地城镇化率增速维持稳定，而人口城镇化率增速逐渐放慢，表明该阶段是以经济城镇化加速发展为主导的城镇化过程；2000~2005 年，全流域城镇化率增速：土地>人口>经济，该阶段人口城镇化率增长速度有所回升，土地城镇化率增速提高，而经济城镇化率增长速度极低，表明该阶段是由土地城镇化主导、人口城镇化推动的城镇化发展过程；2005~2010 年，全流域城镇化率增速：土地>经济>人口，该阶段人口城镇化率增速出现负值，而土地城镇化率为四个阶段中最高，经济城镇化率增速有所回升，表明该阶段是由土地城镇化主导、经济城镇化推动的城镇化发展过程。1990~2010 年，全流域人口城镇化率与经济城镇化率增速均呈波动变化，但两者的波动幅度存在差异，且时间上出现交替；土地城镇化率则呈现出增速较大且进一步加快的变化趋势。此外，20 年间，全流域土地城镇化率增速始终高于人口和经济城镇化率，且彼此间的差距也有加大的趋势，因此，松花江全流域的人口、经济、土地城镇化总体发展不同步，而发展最快的土地城镇化并未显现出对流域人口与经济城镇化发展的推动或抑制作用。

表 9-4　松花江流域人口、经济与土地城镇化率增速对比

阶段	城镇化类别	全流域	嫩江子流域				西流松花江子流域				松花江干流子流域			
			全子流域	上游	中游	下游	全子流域	上游	中游	下游	全子流域	上游	中游	下游
1990-1995 年增速/%	人口	7.01	7.83	8.94	6.03	7.71	9.59	7.61	4.78	13.23	5.11	5.00	4.50	5.30
	经济	2.79	4.83	7.86	7.13	4.94	7.17	3.31	5.00	10.05	1.62	2.33	4.08	-1.03
	土地	13.21	13.30	133.07	152.00	7.95	7.44	-9.15	-5.67	3.29	13.58	-2.52	36.03	12.91

续表

阶段	城镇化类别	全流域	嫩江子流域				西流松花江子流域				松花江干流子流域			
			全子流域	上游	中游	下游	全子流域	上游	中游	下游	全子流域	上游	中游	下游
1995～2000 年增速/%	人口	2.09	-0.20	-2.59	14.08	-0.65	4.47	0.51	1.07	8.31	1.99	2.13	1.40	2.71
	经济	12.77	13.00	4.86	22.09	12.21	9.04	2.26	1.30	15.47	11.06	12.62	14.48	3.18
	土地	13.10	17.60	-0.92	15.08	18.85	17.36	-13.64	-3.25	60.40	11.26	6.80	0.99	21.46
2000～2005 年增速/%	人口	5.00	5.48	14.20	4.53	4.63	3.30	2.29	4.83	3.22	5.71	6.16	1.30	8.93
	经济	0.18	-2.28	-4.36	8.46	-1.68	2.44	2.93	0.87	2.52	0.69	0.92	-3.12	0.64
	土地	17.03	18.85	-11.06	0.00	20.85	26.10	5.37	10.94	25.80	10.42	38.57	-2.11	-6.61
2005～2010 年增速/%	人口	-0.72	-0.10	1.61	1.01	-0.33	0.92	-0.67	1.53	1.40	-2.02	-2.74	-2.01	0.06
	经济	4.28	1.96	-13.39	8.73	1.52	5.58	15.61	3.30	4.46	4.51	6.11	4.59	0.04
	土地	19.80	9.44	8.11	15.17	8.78	37.76	29.83	5.16	58.31	16.14	34.54	30.18	1.31

1990～2010 年，松花江各子流域的人口、经济与土地城镇化率增长速度变化情况各有特点。1990～2010 年四个阶段，嫩江子流域与松花江干流子流域的人口城镇化率增速呈现出与全流域一致的变化趋势，即"高—低—高—低"的波动变化，而西流松花江子流域的人口城镇化率增速则呈现出逐渐放慢的趋势；三个子流域的经济城镇化率增速也呈现出与全流域一致的变化趋势，即"低—高—低—高"的波动变化；嫩江子流域的土地城镇化率增速在前三个阶段逐渐增大而后减小，西流松花江子流域的土地城镇化率增速始终保持增大趋势，松花江干流子流域的土地城镇化率增速在前三阶段逐渐减小而后增大。除 1990～1995 年西流松花江子流域外，各子流域各阶段土地城镇化率增速均高于人口和经济城镇化率增速。由此可以看出，各子流域的城镇化发展中土地城镇化是最为活跃的一方面，但因与人口、经济城镇化率增速差距较大，可能导致子流域各方面城镇化的协调发展存在问题。同时，各子流域内部不同区域的人口、经济与土地城镇化率增速变化情况与其全子流域的大体吻合，但由于资源禀赋与外部条件的差异，区域性特征也较为突出。

9.3　流域城镇化发展区域差异

为进一步深入分析松花江流域城镇化的空间分异，采用泰尔（Theil）指数衡量松花江流域城镇化水平的区域差异及变化。泰尔指数又称泰尔熵、泰尔系数，它是运用信息理论推出的一个可以按加法分解的不平等指数，其优点在于可以把总体的差异分解为组内差异与组间差异（Theil，1976；魏后凯，1997）。

1990～2010 年，松花江流域的人口城镇化水平差异明显大于经济城镇化，而土地城镇化水平差异远大于前两者（图 9-2）。1990 年，人口城镇化水平差异约为经济城镇化的 2 倍，土地城镇化水平差异是人口城镇化的 4 倍多；到 2010 年，人口城镇化水平差异是经济城镇化的 5 倍多，而土地城镇化水平差异约为人口城镇化的 6 倍。可见，松花江流域人口、经济与土地城镇化水平差异间有十分显著的差距，且彼此间的差距在 20 年间进一步加大。从城镇化水平差异的变动过程分析，1990～2000 年松花江流域的人口、经济与土地城镇化水平总体差异略有下降，而 2000～2010 年城镇化水平总体差异呈上升趋势，且其差异程度明显高于最初，说明 20 年间流域的城镇化水平总体差异整体上是扩大的。其中，松花江流域人口与经济城镇化水平差异在 20 年间呈缩小趋势，且以经济城镇化的缩小较为明显，但土地城镇化水平差异在此期间明显扩大，表明流域土地城镇化水平差异的扩大是导致城镇化水平总体差异扩大的原因。综合而言，松花江流域土地城镇化水平差异在流域总体差异中处于比较显著的地位，且在总体差异中的作用进一步加强，因此，遏制流域土地城镇化水平差异的进一步扩大，并尽量消除土地城镇化水平差异，有助于从整体上缩小松花江流域城镇化发展的总体差异，促进流域城镇化均衡发展。

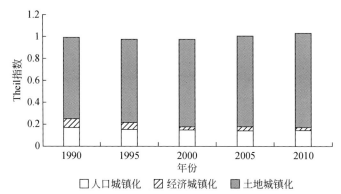

图 9-2　1990～2010 年松花江流域人口、经济与土地城镇化水平差异比较

松花江流域人口城镇化水平差异 1990～2005 年呈下降趋势，2010 年有略微回升，但其差异程度仍明显低于最初，说明流域的人口城镇化水平差异整体上是缩小的（表 9-5）。20 年间，三个子流域的人口城镇化水平组内与组间差异也在波动中呈缩小趋势，反映出松花江流域人口城镇化水平缓慢趋于一致的过程。20 年间，松花江流域人口城镇化总体差异的构成中，子流域组间差异平均只占总体差异的 0.10%，三个子流域组内差异最小的西流松花江子流域也仅占总体的 16.29%，而差异较大的嫩江子流域、松花江干流子流域组内差异平均分别占 41.66% 和 41.95%。由此可见，嫩江子流域和松花江干流子流域组内差异在总体差异中处于比较显著的地位，消除子流域内部的人口城镇化水平差异十分重要。

表 9-5　1990～2010 年松花江流域人口城镇化水平差异的 Theil 指数

年份	Theil 指数	嫩江子流域		西流松花江子流域		松花江干流子流域		子流域组间	
		Theil 指数	比例/%	Theil 指数	比例/%	Theil 指数	比例/%	Theil 指数	比例/%
1990	0.169 765	0.068 265	40.21	0.030 058	17.71	0.071 193	41.94	0.000 248	0.15
1995	0.150 395	0.060 815	40.44	0.027 517	18.30	0.061 669	41.00	0.000 395	0.26
2000	0.148 020	0.063 778	43.09	0.023 912	16.15	0.060 255	40.71	0.000 075	0.05
2005	0.143 128	0.059 109	41.30	0.021 643	15.12	0.062 333	43.55	0.000 044	0.03
2010	0.144 230	0.062 408	43.27	0.020 448	14.18	0.061 358	42.54	0.000 015	0.01

从子流域组间差异变动过程分析，1990 年组间差异的贡献仅为 0.15%，到 2010 年更下降为 0.01%，20 年间下降幅度较大，且在总体差异中的作用愈加微弱，说明三个子流域组间的人口城镇化水平差异不是构成总体差异的主要原因，人口城镇化水平的区域间差异不显著（图 9-3）。从子流域组内差异变动过程分析，松花江干流子流域对人口城镇化水平总体差异的贡献最大，嫩江子流域次之，1990 年两者之和占总体差异的 82.15%，到 2010 年该比例上升为 85.81%，其中以嫩江子流域的上升较为明显。西流松花江子流域的贡献则由 17.71% 逐渐下降为 14.18%。可见，促进嫩江子流域和松花江干流子流域人口城镇化的区域平衡将有助于从整体上缩小松花江流域人口城镇化发展的总体差异。

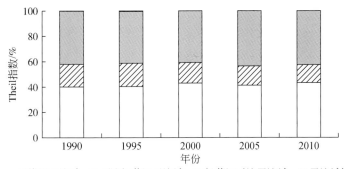

图 9-3　1990～2010 年松花江流域人口城镇化水平差异的构成

1990～2010 年松花江流域经济城镇化的 Theil 指数显著下降，说明流域的经济城镇化水平差异整体缩小（表 9-6）。20 年间，三个子流域的经济城镇化水平组内差异也呈缩小趋势，反映出三个子流域内部各城市经济城镇化水平趋于一致，与此同时，子流域组间差异却在波动中有明显扩大，表明区域间经济城镇化不均衡发展使得子流域间的差异呈扩大趋势。20 年间，松花江流域经济城镇化总体差异的构成中，子流域组间差异平均只占总体差异的 7.19%，三个子流域组内差异最小的西流松花江子流域也仅占总体的 13.36%，而差异较大的嫩江子流域、松花江干流子流域组内差异平均分别占 36.79% 和 42.65%。由此可见，嫩江子流域和松花江干流子流域组内差异在总体差异中处于较显著的地位，消除子流域内部的经济城镇化水平差异十分重要。

表 9-6　1990～2010 年松花江流域经济城镇化水平差异的 Theil 指数

年份	Theil 指数	嫩江子流域		西流松花江子流域		松花江干流子流域		子流域组间	
		Theil 指数	比例/%	Theil 指数	比例/%	Theil 指数	比例/%	Theil 指数	比例/%
1990	0.080 772	0.030 157	37.34	0.015 249	18.88	0.032 454	40.18	0.002 911	3.60
1995	0.064 284	0.026 885	41.82	0.010 624	16.53	0.022 891	35.61	0.003 883	6.04
2000	0.031 015	0.012 928	41.68	0.004 655	15.01	0.011 790	38.01	0.001 643	5.30
2005	0.033 418	0.011 351	33.97	0.004 262	12.75	0.015 869	47.49	0.001 936	5.79
2010	0.027 996	0.008 162	29.15	0.001 022	3.65	0.014 549	51.97	0.004 262	15.23

从子流域组间差异变动过程分析，1990 年组间差异的贡献仅为 3.60%，至 2010 年波动增加到 15.23%，20 年间增长幅度非常明显，说明子流域组间的经济城镇化水平差异虽不是构成总体差异的主要原因，但在总体差异中的作用正逐渐显现（图 9-4）。从子流域组内差异变动过程分析，松花江干流子流域对经济城镇化水平总体差异的贡献最大，且 20 年间呈"先下降后上升"趋势；而嫩江子流域相反，呈现"先上升后下降"的趋势；西流松花江子流域的贡献则由 18.88% 逐渐下降为 3.65%。可见，促进松花江干流子流域和嫩江子流域经济城镇化的区域平衡，同时遏制子流域间差异水平的扩大，将有助于从整体上缩小松花江流域经济城镇化发展的总体差异。

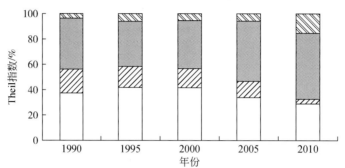

图 9-4　1990～2010 年松花江流域经济城镇化水平差异的构成

1990～2010 年松花江流域土地城镇化的 Theil 指数逐步上升，说明流域的土地城镇化水平差异整体上是扩大的（表 9-7）。20 年间，嫩江子流域与松花江干流子流域的土地城镇化水平组内差异也呈扩大趋势，表明这两个子流域内各城市土地城镇化不均衡发展使得组内差异扩大，但同时西流松花江子流域的组内差异与三个子流域的组间差异却在波动中有所缩小，反映出西流松花江子流域各城市间及三个子流域间的土地城镇化水平趋于一致。20 年间，松花江流域土地城镇化总体差异的构成中，子流域组间差异平均只占总体差异的 3.83%，三个子流域组内差异最小的嫩江子流域平均占总体的 14.57%，差异稍大的西流松花江子流域也仅占 22.87%，而差异最大的松花江干流子流域组内差异平均占总体的 58.73%。由此可见，松花江干流子流域组内差异在总体差异中处于比较显著的地位，消除其区域内各城市的土地城镇化水平差异十分重要。

表 9-7　1990～2010 年松花江流域土地城镇化水平差异的 Theil 指数

年份	Theil 指数	嫩江子流域		西流松花江子流域		松花江干流子流域		子流域组间	
		Theil 指数	比例/%	Theil 指数	比例/%	Theil 指数	比例/%	Theil 指数	比例/%
1990	0.742 794	0.087 107	11.73	0.242 593	32.66	0.371 437	50.01	0.041 657	5.61
1995	0.766 482	0.084 685	11.05	0.197 394	25.75	0.465 418	60.72	0.018 985	2.48
2000	0.794 615	0.119 118	14.99	0.165 152	20.78	0.474 931	59.77	0.035 414	4.46
2005	0.830 693	0.150 640	18.13	0.129 526	15.59	0.527 911	63.55	0.022 616	2.72
2010	0.861 624	0.146 021	16.95	0.168 700	19.58	0.513 650	59.61	0.033 252	3.86

从子流域组间差异变动过程分析，组间差异对总体差异的贡献从 1990 年的 5.61% 波动减小到 2010 年的 3.86%，说明三个子流域组间的土地城镇化水平差异不是构成总体差异的主要原因，且在总体差异中的作用逐渐减弱（图 9-5）。从子流域组内差异变动过程分析，嫩江子流域与松花江干流子流域组内差异的贡献均呈增加趋势，1990 年两者之和占总体差异的 61.74%，到 2010 年该比例上升为 76.56%，其中以松花江干流子流域的上升较为明显。西流松花江子流域的贡献则由 32.66% 下降为 19.58%，下降幅度明显。可见，促进松花江干流子流域土地城镇化的区域平衡，同时遏制嫩江子流域内差异水平的扩大，将有助于从整体上缩小松花江流域土地城镇化发展的总体差异。

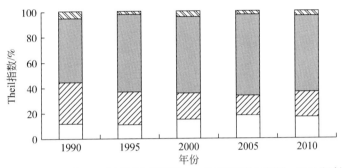

图 9-5　1990 ~ 2010 年松花江流域土地城镇化水平差异的构成

9.4 流域城镇化发展协调程度

耦合原本作为物理学概念，是指两个（或两个以上）系统或运动形式通过各种相互作用而彼此影响的现象。耦合度就是描述系统或要素相互影响的程度。从协同学的角度看，耦合作用及其协调程度决定了系统在达到临界区域时走向何种序与结构，即决定了系统由无序走向有序的趋势。系统在相变点处的内部变量可分为快、慢弛豫变量两类，慢弛豫变量是决定系统相变进程的根本变量，即系统的序参量。系统由无序走向有序机理的关键在于系统内部序参量之间的协同作用，它左右着系统相变的特征与规律，耦合度正是反映这种协同作用的度量（刘耀彬等，2005）。协调是指为实现系统总体演进的目标，各子系统或各元素之间相互协作、相互配合、相互促进，所形成的一种良性循环态势。协调除了强调整体的和谐，还要求各子系统、各元素之间相互适应、相互促进。城镇化系统要协调发展，要在保持其各自内部协调的基础上，在整体上形成良性互动。由此，可以把人口、经济与土地城镇化三个系统通过各自的耦合元素产生相互彼此影响的程度定义为城镇化发展耦合协调度，其大小反映了对区域人口–经济–土地城镇化系统的作用强度和贡献程度（沈孝强等，2014）。此外，耦合协调度不仅能区别出由于城镇化各部分偏小带来协调度高的伪协调，而且能评判不同区域人口、经济与土地城镇化交互耦合的协调程度，反映出三者发展水平的相对高低（蒋敏，2008）。

（1）功效函数

本节都是正向指标，只建立正向指标的功效函数对不同指标进行无量纲化处理，公式为

$$x_{ij}^* = (x_{ij} - x_{ij\min}) / (x_{ij\max} - x_{ij\min}) \tag{9-1}$$

式中，x_{ij}^* 表示处理后的指标值，反映满意程度，其值在 $0 \sim 1$，越接近 1 表明满意度越高；x_{ij} 为指标 i 的第 j 个实际观测值；$x_{ij\max}$ 和 $x_{ij\min}$ 分别表示指标 i 的最大值和最小值。

（2）协调耦合函数

$$C = 2 \left\{ (u_1 \times u_2 \times u_3) / [(u_1 \times u_2)(u_1 \times u_3)(u_2 \times u_3)] \right\}^{1/3} \tag{9-2}$$

$$T = aU_1 + bU_2 + cU_3 \tag{9-3}$$

$$D = (C \times T)^{1/2} \tag{9-4}$$

式中，$0 \leqslant C \leqslant 1$，$C$ 为耦合度系数；u_1、u_2、u_3 分别指人口、经济和土地子系统对整体耦合度的贡献值。本节中每个子系统下仅有一个指标，即非农人口占地区总人口比重，第二、第三产业产值占 GDP 比重和城市建成区面积占土地总面积比重，所以贡献值实际上就是标准化处理后的相应指标值。

耦合度对各系统的相互作用具有一定指示作用，但一些情况下不能反映系统的整体协整性，在进行区域对比时容易产生误导作用，这里选择协调耦合度作为主要参考指标。a、b、c 对应人口、经济和土地的待定系数，为使 $T \in [0, 1]$，定 a、b、c 之和为 1，这里各取 1/3。因此，耦合协调度 D 也在 $0 \sim 1$。其值越大，各系统的协调耦合度越高，说明越能相互促进，良性发展。本节将协调耦合度分为以下 10 个等级：① $D \in (0, 0.10]$ 时，为极度失调；② $D \in (0.10, 0.20]$ 时，为严重失调；③ $D \in (0.20, 0.30]$ 时，为中度失调；④ $D \in (0.30, 0.40]$ 时，为轻度失调；⑤ $D \in (0.40, 0.50]$ 时，为濒临失调；⑥ $D \in (0.50, 0.60]$ 时，为勉强协调；⑦ $D \in (0.60, 0.70]$ 时，为初级协调；⑧ $D \in (0.70, 0.80]$ 时，为中级协调；⑨ $D \in (0.80, 0.90]$ 时，为良好协调；⑩ $D \in (0.90, 1]$ 时，为优质协调。

从时间序列上看，1990 ~ 2005 年松花江全流域人口、经济与土地城镇化的协调耦合度由 0.49 上升到 0.57（表9-8），从濒临失调发展为勉强协调，而 2005 年后全流域三者的协调耦合度又回落到 0.52，虽然仍处于勉强协调水平，但是出现倒退现象，反映了松花江全流域人口、经济与土地城镇化在进一步协调发展过程中存在无序性问题，结合上文分析可知，这主要是土地城镇化与另外两者的不协调发展引起的。各子流域在 20 年间的人口、经济与土地城镇化的协调耦合度发展趋势与全流域的基本相似。从空间上看，各子流域的协调耦合度间存在差异。1990 ~ 2010 年，全嫩江子流域人口、经济与土地城镇化的协调耦合度始终低于全流域，大部分地区的协调耦合度均处于失调水平，其中游地区的协调耦合度为全流域最低，处于中度失调水平，说明该子流域的人口、经济与土地城镇化发展仍处于磨合甚至颉颃期。20 年间，全西流松花江子流域人口、经济与土地城镇化的协调耦合度均明显高于全流域，其中游区的协调耦合度为全流域最高，达到中级协调水平，但其上游地区的协调耦合度仍低于全流域，处于轻度失调水平，表明该子流域的人口、经济与土地城镇化发展虽已渡过磨合期，但仍存在空间发展不均衡问题。20 年间，全松花江干流子流域人口、经济与土地城镇化的协调耦合度略高于全流域，各区域间的协调耦合度差异

也为全流域最小，体现了该子流域的人口、经济与土地城镇化发展已渡过磨合期，且空间发展较为均衡。总体而言，松花江流域人口、经济与土地城镇化的协调耦合度不高，在进一步协调发展中存在障碍。

表9-8 松花江流域各地区人口、经济与土地城镇化的协调耦合度

地区		1990 年	1995 年	2000 年	2005 年	2010 年
嫩江子流域	上游	0.31	0.39	0.38	0.38	0.33
	中游	0.00	0.23	0.26	0.26	0.26
	下游	0.47	0.48	0.51	0.55	0.49
	全子流域	0.45	0.46	0.48	0.52	0.47
西流松花江子流域	上游	0.40	0.44	0.41	0.44	0.43
	中游	0.69	0.70	0.68	0.74	0.66
	下游	0.55	0.57	0.64	0.70	0.68
	全子流域	0.53	0.55	0.57	0.63	0.60
松花江干流子流域	上游	0.57	0.57	0.58	0.65	0.61
	中游	0.40	0.42	0.43	0.44	0.41
	下游	0.57	0.58	0.59	0.63	0.55
	全子流域	0.50	0.51	0.53	0.57	0.52
全流域		0.49	0.50	0.52	0.57	0.52

注：1990 年嫩江子流域中游地区协调耦合度为 0，是由于功效函数对原始数据标准化处理引起的，对原始数据进行对比分析，得出 1990 年该地区人口、经济与土地城镇化的协调耦合度在 0.19 ~ 0.21。

从松花江全流域角度分析，1990 ~ 2010 年人口、经济与土地城镇化协调发展的区域逐渐增多（图9-6），由 35 个（32.1%）增加到 48 个（44.0%），其中三者协调程度在濒临失调水平以上的区域从 1990 年的 20 个（18.3%）上升到 2010 年的 32 个（29.3%）。1990 ~ 2005 年区域的人口、经济与土地城镇化的协调耦合度在缓慢提升，但与全流域的发展趋势相似，2005 年后各区域的协调水平出现不同程度的倒退现象，三者协调程度在良好协调水平以上的区域从 2005 年的 11 个（10.1%）下降到 2010 年的 2 个（1.8%）。对各重点区域的人口、经济与土地城镇化发展协调程度分析可知，20 年间流域内地级市市辖区的协调耦合度高于其他重点区域，其中，哈尔滨市辖区保持在优质协调水平，长春市辖区也始终处于良好协调水平，体现出中心城市人口、经济与土地城镇化是相互促进的良性发展，在全流域具有先导性。流域中南部区域人口、经济与土地城镇化的协调发展较快，虽然大部分区域仍处于城镇化协调发展磨合期，但至 2010 年已形成连片的具有一定耦合度的大区域，这也是促成西流松花江子流域协调耦合度高于全流域的直接原因；相反地，位于流域西北部的嫩江子流域内城镇化协调发展的区域数量较少，且已有的区域协调耦合度低，使得该子流域人口、经济与土地城镇化的协调耦合度低于全流域。2005 ~ 2010 年，重点地区人口、经济与土地城镇化的协调耦合水平处于停滞状态的区域有 18 个，发生降级的区域有 19 个，说明重点地区人口、经济与土地城镇化的进一步协调发展遇到较大障

碍。总体而言，20年间松花江流域人口、经济与土地城镇化的协调耦合度有所提高，但城镇化发展不协调的区域仍占多数，且2005年后三者的协调耦合水平倒退现象值得关注。

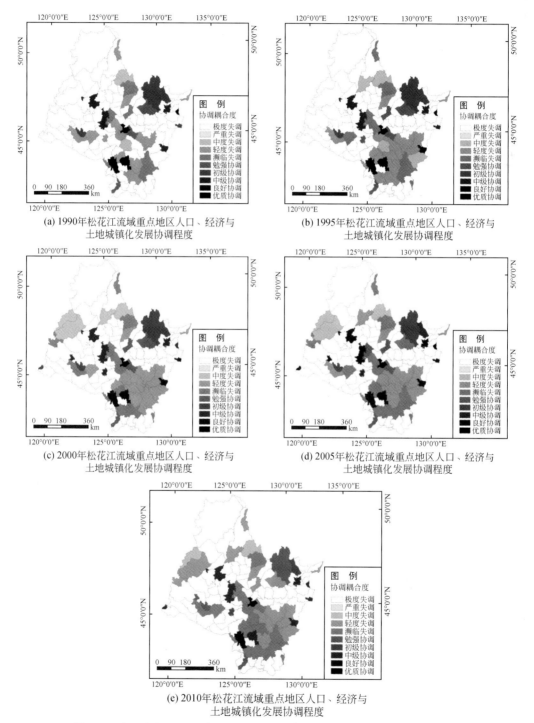

(a) 1990年松花江流域重点地区人口、经济与土地城镇化发展协调程度

(b) 1995年松花江流域重点地区人口、经济与土地城镇化发展协调程度

(c) 2000年松花江流域重点地区人口、经济与土地城镇化发展协调程度

(d) 2005年松花江流域重点地区人口、经济与土地城镇化发展协调程度

(e) 2010年松花江流域重点地区人口、经济与土地城镇化发展协调程度

图9-6 近20年松花江流域重点区域人口、经济与土地城镇化发展协调程度

9.5 流域城镇化发展空间格局

从松花江全流域角度分析，人口城镇化发展水平在1990~2010年整体稳步提升（图9-7），人口城镇化率低于20%的区域从1990年的28个（25.7%）下降到2010年的17个（15.6%），而人口城镇化率高于60%的区域从1990年的18个（16.5%）上升到2010年的25个（22.9%）；流域人口城镇化发展水平存在空间差异，但整体发展格局变化不显著；到2010年，松花江流域已形成由中心城市向周边区域人口城镇化水平逐渐降低的辐射条带状发展格局。对流域内各地区人口城镇化发展格局分析可知，位于松花江流域西北部边缘，隶属于内蒙古自治区的海拉尔市鄂伦春自治旗、牙克石市、阿尔山市和霍林郭勒市的人口城镇化水平较高，但其优势地位在2000~2010年有所弱化；由黑龙江省伊春市向东南方向延伸至吉林省江源县的条带状人口城镇化格局在近20年间得到巩固，同时，流域东北部边缘位于黑龙江省境内的条带状人口城镇化格局业已初具规模；位于流域中下部东北平原的齐齐哈尔市、大庆市、哈尔滨市、白城市洮北区、松原市宁江区、长春市与吉林市的人口城镇化水平较高，其中，大庆市辖区的人口城镇化发展优势得到强化，逐步追赶高城镇化水平的哈尔滨市辖区，而吉林市辖区则在2000~2010年间逐渐弱化，其余市辖区保持不变。

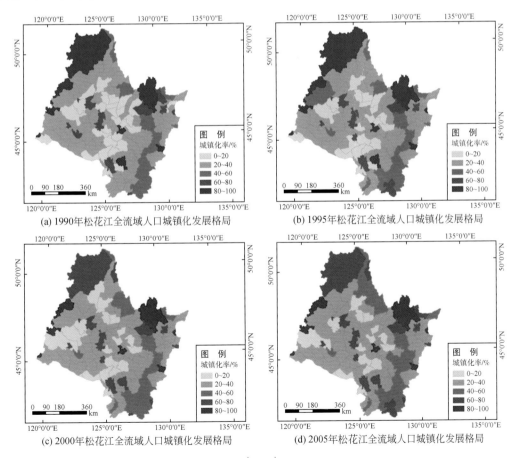

(a) 1990年松花江全流域人口城镇化发展格局   (b) 1995年松花江全流域人口城镇化发展格局

(c) 2000年松花江全流域人口城镇化发展格局   (d) 2005年松花江全流域人口城镇化发展格局

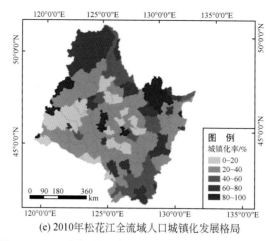

(e) 2010年松花江全流域人口城镇化发展格局

图 9-7　近 20 年松花江全流域人口城镇化发展空间格局

　　从松花江全流域角度分析,经济城镇化水平在 1990~2010 年得到长足的发展（图 9-8）,经济城镇化率低于 45% 的区域从 1990 年的 53 个（48.6%）下降到 2010 年的 8 个（7.3%）,而经济城镇化率高于 85% 的区域从 1990 年的 12 个（11.0%）上升到 2010 年的 23 个（21.1%）;同时,各区域经济城镇化发展水平存在一定的空间差异且发展速度亦存在差距。从时间序列上分析,1990~2000 年,流域经济城镇化发展速度较快,各地区发展水平得到大幅提高,并由东北向南部形成条带状经济城镇化水平较高区域;2000~2005 年北部地区经济城镇化发展放缓而南部地区依旧活跃,从而形成"南高北低"的不平衡格局;到 2010 年,南部地区经济城镇化发展优势进一步强化,已形成团块状的经济城镇化高水平（城镇化率>85%）区域,同时北部地区经济城镇化发展也稳步推进,形成连片状的较高水平区域。对流域内各地区经济城镇化发展格局分析可知,流域内各城市市辖区在 20 年间始终保持高水平经济城镇化发展,包括白城市、长春市、吉林市、牡丹江市、大庆市、齐齐哈尔市、伊春市、双鸭山市、七台河市、鹤岗市、哈尔滨市和佳木斯市,并由这些城市市辖区带动周边区域（如与长春市、吉林市临近的九台市、永吉县、磐石市、桦甸市等）向高水平发展,到 2010 年松花江流域已初步形成经济城镇化水平较高的团聚式连片状发展格局。

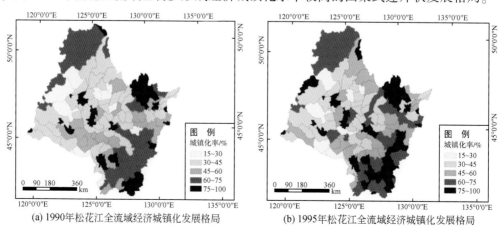

(a) 1990年松花江全流域经济城镇化发展格局　　　　(b) 1995年松花江全流域经济城镇化发展格局

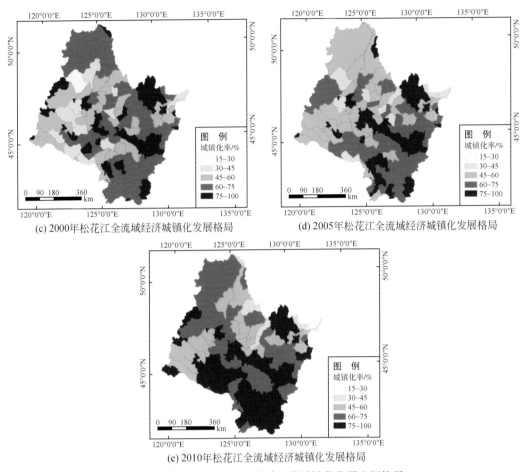

(c) 2000年松花江全流域经济城镇化发展格局　　　　(d) 2005年松花江全流域经济城镇化发展格局

(e) 2010年松花江全流域经济城镇化发展格局

图9-8　近20年松花江全流域经济城镇化发展空间格局

从松花江全流域角度分析，土地城镇化发展水平在1990～2010年略有提升（图9-9），有土地城镇化活动的区域从1990年的35个（32.1%）上升到2010年的48个（44.0%），其中，土地城镇化率高于3%的区域从1990年的4个（3.7%）上升到2010年的11个（10.1%）；流域土地城镇化发展较为局限，以城市市辖区为发展核心的土地城镇化格局明显；土地城镇化因其发展活动不具有流动性而在空间上变化不大。从时间序列上分析，1990～1995年土地城镇化发展主要集中于流域南部地区，1995～2000年则主要集中于流域西部边缘隶属于内蒙古自治区的区县；2000～2010年，城市市辖区的土地城镇化水平进一步提高，而土地城镇化发展的范围基本保持不变。对流域内各地区土地城镇化发展格局分析可知，呈散点状分布的霍林郭勒市、松原市、长春市、吉林市、齐齐哈尔市、大庆市、哈尔滨市、佳木斯市、牡丹江市、双鸭山市、七台河市等市辖区具有较高的土地城镇化水平且这一趋势在20年间得到强化；到2010年，流域南部地区的土地城镇化发展连片状格局已初具规模。

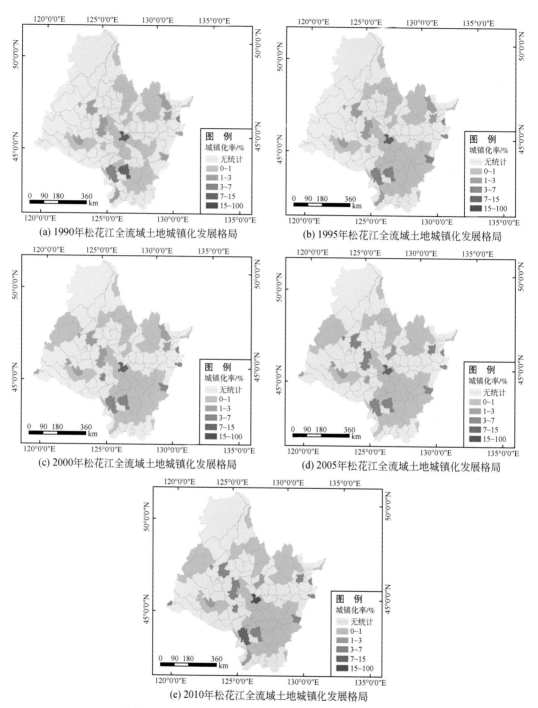

(a) 1990年松花江全流域土地城镇化发展格局

(b) 1995年松花江全流域土地城镇化发展格局

(c) 2000年松花江全流域土地城镇化发展格局

(d) 2005年松花江全流域土地城镇化发展格局

(e) 2010年松花江全流域土地城镇化发展格局

图9-9 近20年松花江全流域土地城镇化发展空间格局

9.6 流域城镇化重心轨迹

重心的概念源于力学，指物体各部分所受重力产生合力的作用点，该作用点运用于空间数理统计时称为"几何重心"（对于规则多边形则称"几何中心"）。当某一空间现象的空间均值显著区别于区域几何重心，便指示了这一空间现象的不均衡分布，或称"重心偏离"。偏离的方向指示了空间现象的"高密度"部位，偏离的距离则指示了不均衡程度。

对一个拥有若干个次一级行政单位的区域来说，计算某种属性的"重心"通常是借助各次级行政区的某种属性和地理坐标来表达。假设一个区域由 n 个次级区域（或称为质点）构成，第 i 个次区域的几何重心坐标为 (x_i, y_i)，P_i 为该次区域的某种属性的量值（或称为质量），则该区域某种属性重心的地理坐标为

$$\overline{x} = \frac{\sum_{i=1}^{n} P_i x_i}{\sum_{i=1}^{n} P_i}, \quad \overline{y} = \frac{\sum_{n=1}^{i} P_i y_i}{\sum_{n=1}^{i} P_i} \tag{9-5}$$

显然，若属性取次区域的面积，重心坐标就是区域的几何重心位置。从计算方法看，决定重心的因素只有两个方面：各地的地理位置和属性量值。在研究中假设各次行政区几何重心的地理位置不变，那么重心的变化就反映了所代表的属性的变化。由于各地区人口、经济、土地城镇化发展的速度与水平均不相同，且存在着较大的年际差异，任何一个市县的城镇化发展变化都会影响到城镇化重心的位置，即人口、经济、土地城镇化重心处于一种动态变化过程中，而从时间序列上就会形成一条具有特定指示意义的重心移动轨迹（冯宗宪和黄建，2005）。

本节利用 GIS 平台 ArcGIS 10.2，采用地理坐标系统 CGCS2000，提取各最小研究单元的几何重心坐标，结合由统计数据计算出的松花江流域各县市的人口、经济、土地城镇化率，并与地理信息相整合后，得到嫩江子流域、西流松花江子流域、松花江干流子流域及全流域的人口、经济、土地城镇化重心轨迹，从重心位置、偏心距离、重心移动方向与重心移动距离四个方面对重心轨迹的演变展开分析（王伟，2009）。

9.6.1 各子流域城镇化重心轨迹对比及其对全流域城镇化重心轨迹的影响

对比嫩江子流域、西流松花江子流域、松花江干流子流域的城镇化重心轨迹，并分析三者对松花江全流域人口、经济、土地城镇化重心轨迹的影响。

9.6.1.1 重心位置

嫩江子流域的人口城镇化重心位于其几何重心的正南偏西，西流松花江子流域的位于其几何重心的东南方，而松花江干流子流域的位于其几何重心的东北方，三者人口城镇化

重心相较于几何重心的位置都不相同；嫩江子流域和西流松花江子流域的经济城镇化重心位置均分布在各自几何重心的南部，而松花江干流子流域的位于其几何重心的东偏北；嫩江子流域和松花江干流子流域的土地城镇化重心均分布在其几何重心的南部，而西流松花江子流域的位于其几何重心的西北方（图9-10）。全流域的人口、经济、土地城镇化重心都位于其几何重心的东南方，说明位于全流域几何重心东、南部的松花江干流与西流松花江子流域对全流域的城镇化重心有较强影响，它们的整体城镇化水平高于西北部的嫩江子流域。

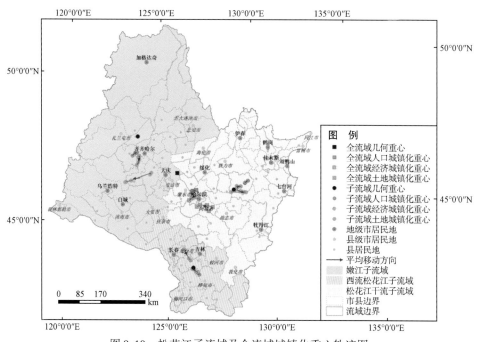

图 9-10　松花江子流域及全流域城镇化重心轨迹图

9.6.1.2　偏心距离

整体上分析，人口城镇化重心的平均偏心距离与经济城镇化的相当（图9-11），均明显小于土地城镇化重心平均偏心距离，说明在研究期限内松花江流域的城市土地扩张加快从而导致各区域间土地城镇化发展水平的差异更为显著。分区域分析，嫩江子流域的城镇化重心平均偏心距离明显大于西流松花江和松花江干流子流域的，而后两者的距离大小相近，但全流域的城镇化重心平均偏心距离比三个子流域的都大。这表明嫩江子流域各地区间的城镇化发展不均衡程度高于另外两个子流域，而在此基础上各子流域间的城镇化水平的明显差异使得全流域城镇化发展不均衡程度处于较高水平。

9.6.1.3　重心移动方向

松花江流域各子流域及全流域城镇化重心平均移动方向朝西方向的明显多于朝东的，朝北方向的略多于朝南的（图9-12）。从城镇化的不同方面看，人口城镇化重心主要向东

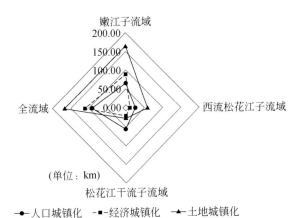

图 9-11　松花江流域城镇化重心平均偏心距离对比图

北方移动，经济城镇化重心主要向西南方移动，土地城镇化重心主要向南移动，三者的移动方向均不相同；值得注意的是，人口城镇化的重心移动方向与经济、土地的存在明显的背离倾向。从不同区域看，嫩江子流域与松花江干流子流域的城镇化重心移动方向都较为分散，而西流松花江子流域的则比较集中，均向西北方向移动；同时，全流域的城镇化重心移动方向虽然也表现出分散的特点，但与子流域的人口、经济、土地城镇化重心移动主流方向相一致。

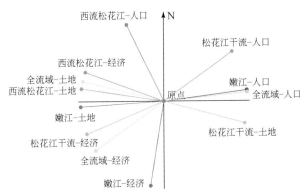

图 9-12　松花江流域城镇化重心平均移动方向示意图

9.6.1.4　重心移动距离

对比各区域发现，城镇化重心累积移动距离：嫩江子流域>松花江干流子流域>西流松花江子流域，且各部分值与总值均符合上述规律（图9-13）。反映出嫩江子流域在近二十年城镇化发展中最为活跃，而西流松花江子流域则最为平稳，且形成基本稳定的城镇化重心格局；全流域的城镇化重心累积移动距离稍低于松花江干流子流域，即通过各子流域的均衡后，松花江全流域的整体城镇化发展处于匀速上升期。比较城镇化的三个方面可以明显看出，重心累积移动距离：人口城镇化<经济城镇化<土地城镇化，且各子流域与全流域均符合上述规律，说明松花江各区域的人口城镇化水平较高并已达到稳定阶段，经济城镇

化发展次之；而土地城镇化进程仍处于活跃阶段，各城市的城镇土地扩张活动较为突出，地区间的发展水平差异依然显著。

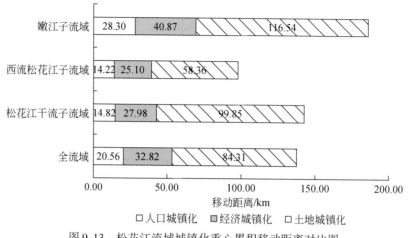

图 9-13　松花江流域城镇化重心累积移动距离对比图

9.6.2　松花江流域城镇重心轨迹演变特征分析

嫩江子流域整体城镇化水平处于南强北弱的不均衡态势。在 1990～2010 年，人口城镇化水平在东西方向上趋于平衡，在南北方向上的差距逐渐缩小。由于 2003 年中央"振兴东北老工业基地战略"的启动拉动了嫩江子流域南部老工业城市的经济发展，并促进了子流域西部矿产资源较丰富地区的工业生产，从而导致了经济城镇化重心向西南部转移。国家从 2000 年开始实施的"西部大开发战略"，有效推动了内蒙古自治区的人口和产业结构调整，进一步刺激了城市土地的扩张，打破了嫩江子流域的土地城镇化格局，使得土地城镇化重心大幅向西部偏移。

虽然西流松花江子流域东南部地区的人口、经济城镇化水平较高，但西北部地区是近二十年来该子流域城镇化发展的重点地区。整体上看，子流域人口城镇化重心格局稳定，各地区经济城镇化发展基本达到平衡；而西北部地区城市用地扩张活动十分频繁，且与东南部地区间土地城镇化水平差异明显。分析原因是，西北部地区凭借其平坦的地势与久远的城市发展历史而具有较高的土地城镇化水平本底值，同时，1990～2010 年多次行政单位变化都又促进了该地区非城镇用地向城镇建设用地的转化。

松花江干流子流域整体城镇化水平处于东强西弱的不均衡态势。人口城镇化地区间差距较大，且差距仍在扩大；相反地，经济城镇化地区间差距较小，且差距逐步缩小。土地城镇化重心始终保持在高位移动，反映出东、西部地区城镇建设用地扩张速度的较量。在 2003 年中央启动"振兴东北老工业基地战略"并在 2005 年出台"振兴东北老工业基地公路水路交通发展规划纲要"后，西部特大型城市哈尔滨作为重要枢纽展现了对子流域土地城镇化重心的强大控制力，使后者在 2005～2010 年向正西方向移动了 58.40 km（张新乐等，2007）。

松花江全流域东、南部的松花江干流与西流松花江子流域对全流域的城镇化重心有较强影响，它们的整体城镇化水平高于西北部的嫩江子流域。嫩江子流域各地区间的城镇化发展不均衡程度高于另外两个子流域，而在此基础上各子流域间的城镇化水平的明显差异使得全流域城镇化发展不均衡程度处于较高水平。全流域整体城镇化发展处于匀速上升期，其中，嫩江子流域在近 20 年城镇化发展中最为活跃，而西流松花江子流域则最为平稳，且形成基本稳定的城镇化重心格局。松花江各区域的人口城镇化水平较高并已达到稳定阶段，经济城镇化发展次之；而土地城镇化进程仍处于活跃阶段，各城市的城镇土地扩张活动较为突出，地区间的发展水平差异依然显著。

纵观松花江流域城镇化发展整体情况，子流域内部及各子流域间的发展差异仍较为明显，人口、经济、土地城镇化发展亦存在差距，为更好地对全流域进行产业结构调整、优化城市布局、实现社会、经济和自然的可持续发展，应着力于以下几个方面。

（1）全流域统筹发展

只有各区域统筹发展，人口、经济、土地城镇化达到基本均衡，才有利于全面建设小康社会。因此，嫩江子流域作为城镇化水平稍落后地区，将成为松花江流域未来城镇化发展的战略要地。同时，也要避免"冒进式"发展模式，对土地城镇化速度进行合理控制，在确保国家粮食安全和生态安全的基础上，进行城市建设用地的规划。

（2）充分利用区位优势

根据各区域的资源环境承载能力、要素禀赋和比较优势，培育发展各具特色的城市产业体系。如松花江干流子流域可以凭借哈尔滨市重要的交通枢纽优势，大力发展高新技术产业，并带动周边地区的开发建设，完成从资源型产业到非资源型产业的过渡，同时，推进物流、仓储等服务性行业的发展，实现第三产业的新跨越。

（3）适度加强政策引导

政策的颁布、战略决策的实施对各地区的发展方向有指导作用，顺应政策并利用其引导作用对区域发展十分重要。"振兴东北老工业基地战略""西部大开发战略"等国家层面的战略决策，对松花江流域城镇化发展的影响是显而易见的。同时，各省、自治区以及各市县也应行使各自权利，合理调控区域内的资源分配，促进城镇化水平的全面提高。

9.7 流域城镇化发展的生态环境效应

9.7.1 流域工业"三废"排放与经济发展

近年来，松花江流域在国家政策的推动下经济增长速度明显加快。在振兴流域经济的同时，政府职能部门也逐步认识到环境保护的重要性，实施了一系列环境保护措施。但是，据统计数据显示，松花江流域目前的环境污染形势依然非常严峻，2000～2010 年，工业废水的排放量虽然总体上下降了 1.2%，但是 2005 年高峰时总量曾超过 7 亿 t；而废气排放量和固体废物产生量总体上分别增加了 93.6% 和 86.1%。为了研究流域经济增长与工业"三废"排放量的关系,寻找可以使经济增长与环境保护达到双赢的途径,本节借助环境库兹涅茨模型以及 SPSS 系统软件对 2000~2010 年松花江流域每年的工业废水排放量、废气排放量、固体废物产生量及其人均 GDP 的统计数据,进行回归分析,具体数据见表9-9。

表9-9　松花江流域 2000~2010 年人均 GDP 与工业"三废"排放量

年份	年末人口 /万人	GDP /万元	人均 GDP / (元·人)	工业废水排放量 /万 t	工业废气排放量 /亿 m³	工业固体废物 产生量/万 t
2000	5 810.3	5 148.4	8 860.9	63 710.4	4 573.2	2 461.8
2001	5 835.2	5 672.3	9 720.8	62 342.2	5 687.0	3 012.6
2002	5 862.2	6 111.6	10 425.4	67 273.4	6 253.8	3 410.5
2003	5 872.1	7 095.7	12 083.6	66 771.8	6 760.4	3 454.0
2004	5 899.4	8 011.0	13 579.3	69 065.7	6 919.4	3 694.5
2005	5 917.0	8 427.3	14 242.7	70 706.7	7 921.4	3 942.5
2006	5 957.8	9 588.7	16 094.5	69 925.6	8 159.1	4 699.5
2007	6 001.0	11 654.1	19 420.2	64 884.9	10 074.9	5 213.3
2008	6 025.7	14 122.0	23 436.4	65 380.0	10 581.4	5 460.8
2009	6 048.6	15 949.5	26 369.0	62 121.7	11 858.3	6 410.9
2010	6 055.4	19 459.4	32 135.9	62 906.4	13 429.9	7043.8

9.7.1.1　环境经济计量模型的构建及分析

本节分别构建以工业废水排放量、工业废气排放量以及工业固体废物(简称工业固废)产生量作为解释变量,以人均 GDP 及其二次项、三次项作为因变量的三次多项回归模型,即环境经济计量模型(赵卫亚等,2008;司昱,2010)。具体模型形式如下:

$$y=\beta_0+\beta_1 x+\beta_2 x^2+\beta_3 x^3+\varepsilon \tag{9-6}$$

式中,自变量 x 为人均 GDP; y 为工业"三废"排放量; β_0 为待估参数, β_1、β_2、β_3 为模型参数, ε 为随机扰动。

9.7.1.2　回归分析

根据松花江流域 2000~2010 年人均 GDP 与工业"三废"排放量的统计数据,以人均 GDP 为自变量,工业"三废"排量为因变量,进行曲线拟合,得到了松花江流域环境经济计量模型的估计结果,见表9-10及图9-14~图9-16。

表9-10　松花江流域环境经济计量模型的估计结果

因变量	模型检验		参数估计			
	R^2	F	常数 $\beta_0+\varepsilon$	β_1	β_2	β_3
工业废水排放量/万 t	0.781 9	6.075 4	19 552	7.954 8	−0.000 4	6×10^{-9}
工业废气排放量/亿 m²	0.986 5	7.452 7	−2 006.4	1.003 1	$−3\times10^{-5}$	4×10^{-10}
工业固体废物产生量/万 t	0.980 5	26.981 8	−737.14	0.476 6	$−1\times10^{-5}$	1×10^{-10}

从松花江流域环境计量模型的估计结果来看，三条曲线拟合度 R^2 均较高，且 F 检验达到了双尾检验 1% 的置信区间，即极显著水平，说明工业废水排放量、废气排放量、固体废物产生量与人均 GDP 的相关程度和曲线的拟合程度都较好。

工业废水排放量与人均 GDP 的拟合曲线模型为：$y = 6 \times 10^{-9} x3 - 0.000\,4 x^2 + 7.954\,8 x + 19\,552$。

在 2000～2010 年间松花江流域工业废水排放量与人均 GDP 之间呈现出一条"N 形"曲线（图 9-14），也可以看做是先"倒 U 形"后"U 形"的曲线。说明在人均 GDP 不断增长的过程中，工业废水的排放量出现了先增加再减少，而后又增加的情况。其中，第一个拐点（高点）出现在人均 GDP 达到 15 000 元左右，第二个拐点（低点）出现在人均 GDP 达到 28 000 元左右。2000～2009 年，流域的工业废水排放量与经济增长呈现出发达工业国家所经历的环境库兹涅茨曲线，即环境污染水平起初随着经济发展和国民收入的增加而上升，当经济发展到一定程度，环境污染水平又会随着收入的上升而下降。值得注意的是，自 2010 年起工业废水排放量又出现反弹的迹象，这对流域水体生态系统的安全产生威胁。

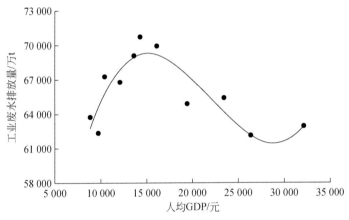

图 9-14　工业废水排放量与人均 GDP 的拟合模型

工业废气排放量与人均 GDP 的拟合曲线模型为：$y = 4 \times 10^{-10} x^3 - 3 \times 10^{-5} x^2 + 1.0031 x - 2006.4$。

在 2000～2010 年松花江流域工业废气排放量与人均 GDP 之间呈现出一条递增的直线（$\beta_2 \approx 0$），图 9-15 中也没有出现拐点的迹象。这表明流域的工业废气排放量曲线形状近似于"倒 U 形"曲线的左半侧，处于继续上升的阶段，工业废气排放量随着人均 GDP 的增长而增加，尚未到达转折点，这对流域大气环境的保护与空气污染的治理是十分不利的。

工业固体废物产生量与人均 GDP 的拟合曲线模型为：$y = 1 \times 10^{-10} x^3 - 1 \times 10^{-5} x^2 + 0.4766 x - 737.14$。

在 2000～2010 年松花江流域工业固体废物产生量与人均 GDP 之间呈现出一条递增的直线（$\beta_2 \approx 0$），图 9-16 中也没有出现拐点的迹象。这表明流域的工业固体废物产生量曲线仍处于环境库兹涅茨曲线工业化初期阶段，还未到达转折点。此外，我国对工业固体废物产生量的限制较少，使得工业固体废物排放量随着人均 GDP 的增长而增加的趋势尚未改变。

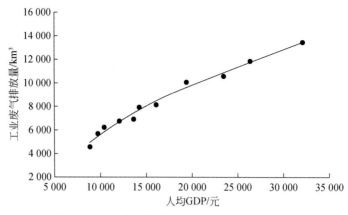

图 9-15　工业废气排放量与人均 GDP 的拟合模型

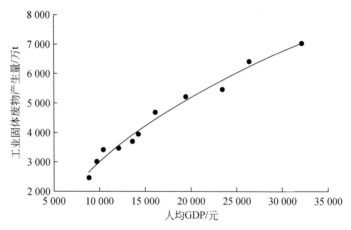

图 9-16　工业固体废物产生量与人均 GDP 的拟合模型

9.7.2　流域工业污染重心变化及驱动分析

9.7.2.1　工业污染重心变化

（1）移动轨迹

根据 2000～2010 年工业废水、废气与固废重心地理坐标及其动态演变轨迹的测算（图 9-17），松花江流域的工业污染重心均位于流域几何重心的东南方向，主要分布在哈尔滨市辖区及其所辖的双城市、五常市与宾县，且位置依次朝离心方向偏移，说明松花江流域东南部区域工业污染排放较为严重。同时表明，流域南部、东部地区的长春、吉林、哈尔滨、牡丹江等东北老工业基地城市在流域的工业污染排放中仍占有主导地位。

松花江流域工业废水重心偏心距离在 2000～2010 年整体上是先大幅增加后小幅减小的过程（图 9-18），即工业废水重心移动主要呈离心趋势，体现流域工业废水排放的不均

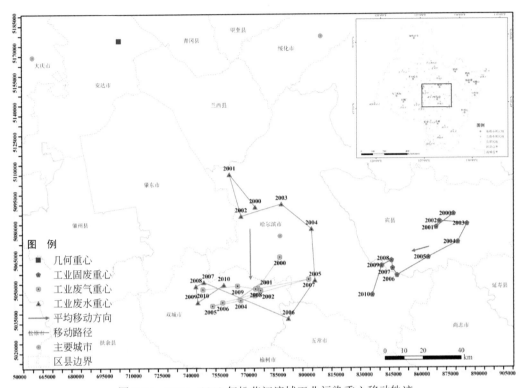

图 9-17　2000～2010 年松花江流域工业污染重心移动轨迹

衡程度加剧；工业废气重心偏心距离在 10 年间仅有小幅波动，大体保持稳定，说明流域工业废气排放的空间格局较为稳定；工业固废重心偏心距离自 2000 年起在波动中有所减小，即工业固废重心主要呈向心移动趋势，反映出流域工业固废排放的不均衡程度有所降低。工业废水重心偏心距离整体上略小于工业废气，而工业固废重心偏心距离明显大于前两者。总体而言，松花江流域内，工业废水排放空间差异较小，但 10 年间其差异呈扩大趋势，而空间差异较大的工业固废，其差异在 10 年间得到缓和。

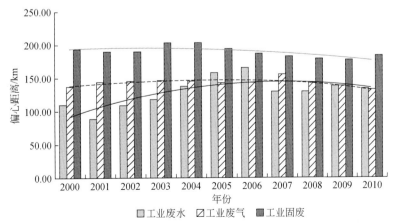

图 9-18　松花江流域工业污染重心偏心距离统计图

（2）工业污染重心经纬度分析

根据经度方向上的移动轨迹与距离变化，2000～2010年工业废水、废气、固废重心经度均有所减少（表9-11），即污染重心有向黑龙江西部及内蒙古自治区偏移的态势。工业废水重心总体向西移动0.23°，虽然2000～2005年向东移动0.37°，但2005～2010年则朝黑龙江西部、内蒙古自治区移动较大，为0.60°；工业废气重心10年间在纬度方向移动较为剧烈，总体向西移动0.51°，2000～2005年持续向西移动0.45°，而2005～2010年先向东移动0.64°后向西移动0.70°；工业固废重心总体向西移动0.57°，虽然2000～2003年向东移动了0.09°，但2003年后重心向西移动速度加快，共移动0.66°，表明未来工业固废重心呈现向黑龙江西部、内蒙古自治区等西部地区偏移的趋势在加强。

表 9-11　2000～2010 年松花江流域工业污染重心移动方向和距离

年份	工业废水				工业废气				工业固废			
	经度/（°）	纬度/（°）	方向/（°）	距离/km	经度/（°）	纬度/（°）	方向/（°）	距离/km	经度/（°）	纬度/（°）	方向/（°）	距离/km
2000	126.49	45.88	—	—	126.63	45.65	—	—	127.81	45.80	—	—
2001	126.32	46.03	-46.72	21.23	126.48	45.51	-131.43	19.39	127.69	45.74	-114.09	11.36
2002	126.39	45.84	161.31	21.90	126.50	45.50	119.52	1.88	127.71	45.77	42.86	3.47
2003	126.66	45.89	80.29	21.76	126.46	45.48	-119.23	3.96	127.90	45.75	96.22	14.56
2004	126.85	45.77	121.58	19.97	126.36	45.46	-101.49	7.76	127.83	45.67	-138.90	10.33
2005	126.86	45.53	178.85	26.05	126.18	45.44	-95.94	14.81	127.62	45.61	-106.62	17.35
2006	126.67	45.37	-131.92	23.72	126.24	45.45	78.47	5.43	127.41	45.54	-108.58	18.79
2007	126.13	45.55	-71.55	47.39	126.82	45.54	81.33	46.11	127.38	45.57	-39.18	4.29
2008	126.07	45.53	-107.62	4.76	126.47	45.51	-95.20	27.80	127.37	45.60	-6.97	4.04
2009	126.08	45.46	172.63	8.21	126.35	45.52	-82.07	9.62	127.31	45.58	-107.80	5.79
2010	126.26	45.53	66.90	16.14	126.12	45.51	-92.33	17.98	127.24	45.45	-150.99	15.37
累积移动	0.23	0.35	-177.06	211.13	0.51	0.14	-112.98	154.75	0.57	0.35	-97.91	105.34

根据纬度方向上的移动轨迹与距离变化，2000～2010年工业废水、废气、固废重心纬度均有所减少（表9-11），即污染重心有向南部的吉林地区偏移的态势。工业废水重心总体向南移动了0.35°，2000～2005年向南移动了0.35°，2005～2010年在南北方向上徘徊但并未改变纬度大小；工业废气重心10年间在纬度方向移动较为平稳，总体向南移动0.14°，2000～2005年持续向南移动了0.21°，而2005～2010年又向北移回了0.07°；工业固废重心总体向南移动了0.35°，2000～2005年向南移动0.19°，2005～2010年移动速度略有降低，向南移动0.16°。

通过计算松花江工业污染重心在经度和纬度上的相关系数可知（表9-12），工业废水重心与工业固废重心在经度与纬度空间联系上均呈现正相关关系，其中在纬度空间达到极显著相关（0.865），表明工业废水与工业固废的重心移动在空间上具有显著的一致性；而工业废水与工业废气、工业废气与工业固废的重心经纬度相关性并不显著。

表9-12　松花江流域工业污染重心在经纬度上的相关性

经度	工业废水	工业废气	工业固废	纬度	工业废水	工业废气	工业固废
工业废水	1			工业废水	1		
工业废气	−0.367	1		工业废气	0.283	1	
工业固废	0.641*	0.252	1	工业固废	0.865**	0.317	1

注：＊＊、＊分别表示1%、5%的显著性水平。

9.7.2.2　工业污染重心轨迹演变驱动分析

空间位置和属性值是决定重心的关键因素，由于城市空间位置的固定不变，因而重心的变化取决于属性值的变化，而污染属性值的变化又受到区域内部发展与外部政策等方面的影响。如上述分析可知，近10年来松花江流域工业污染重心总体朝西南部偏移。在此，试图从经济发展、产业转型、污染治理、清洁化生产、环境管理制度以及宏观区域政策因素对流域工业污染重心的移动进行深入剖析。

（1）工业经济发展

松花江流域所在的东北地区是我国重要的工业基地，20世纪90年代以来，由于体制性和结构性矛盾日趋显现，东北老工业基地企业设备和技术老化，竞争力下降，就业矛盾突出，资源性城市主导产业衰退，经济发展步伐相对缓慢。自2000年国家实施西部大开发战略以来，受惠于国家政策支持的内蒙古自治区东部地区工业经济进入了快速发展阶段，松花江流域西部受辖于内蒙古自治区的12个旗与县级市的第二产业总产值由2000年36.45亿元增长至2010年的436.06亿元，年均增长率达28.17%，高出松花江流域年均增长率13.41%。相比其他产业，工业发展带来的环境污染影响较为显著，其中工业增加值比重每增加1个百分点，相对污染密度就会增加0.847个百分点（赵海霞，2009）。同时，相关性分析表明，松花江流域第二产业产值与工业污染排放呈现极显著的正相关关系（表9-13），且十年间各相关系数均有所增加，第二产业的发展对工业废气排放的增加产生的影响最为显著。因此，流域西部区域工业经济的快速发展是工业污染重心移动的重要驱动力。以工业为主的第二产业重心在2000~2010年向西南方向共移动27.90 km，工业经济发展促使流域工业污染中逐步向流域西南部地区转移。

表9-13　松花江流域工业污染排放与第二产业产值的相关性

	2000年	2005年	2010年
工业废水	0.392***	0.446***	0.569***
工业废气	0.700***	0.796***	0.729***
工业固废	0.315**	0.350***	0.370***

注：＊＊＊、＊＊分别表示0.1%、1%的显著性水平。

（2）污染产业转移

松花江流域内部区域之间因经济基础、生产要素禀赋、产业分工等存在差异，区域间竞争与合作的过程中必然面临产业的梯度转移。随着2003年国家提出并实施振兴东北老工业基地战略后，东北地区加快了发展步伐，松花江流域产业结构也逐步得到优化与调整，老工业城市科技含量高、附加值高的新兴产业逐渐增加，而外围欠发达地区则承接污染环境高、低附加值的夕阳产业，"东移西进"的高污染产业转移模式使得工业污染逐步朝相对欠发达区域蔓延。此外，从环境保护部发布的《2011 年国家重点监控企业名单》可以看出，吉林省单位面积上废水、废气国家重点监控企业分别为 4.9 家和 5.3 家，明显高于黑龙江省的 2.7 家和 3.1 家。位于松花江流域南部的吉林省在推进产业转型的过程中面临许多问题。据调查，因缺乏转型升级的内部动力与外部助力，吉林省 2/3 的中小企业既无愿望又无能力通过转型升级得到进一步发展。同时，吉林省高技术产业发展不平衡，以吉林市为例，医药制造业和医疗设备及仪器仪表制造业两个行业企业数占全市高技术企业的比重达到 77.5%，而医药制造业是重污染行业，仍无法改变传统产业造成的高污染局面。

（3）环境治理力度

环境污染治理投资是用于环境资源的恢复和增值、保护和治理的费用，代表一个地区的环境治理力度。随着经济的增长，各城市的环境污染治理投资不断增加，对控制环境污染起到一定作用。但根据发达国家经验，要使环境质量有明显改善，环保投资占 GDP 的比例应达到 1.5%。虽然 2007 年松花江流域的环境污染治理投资占 GDP 的比重比 2002 年整体提高了 0.02%，但仍仅有 1.25%，低于全国当年的平均水平 1.36%，总体上距离 1.5% 目标还有一定差距。不仅如此，流域内各城市环保投资占比存在很大的区域差异，比重最高的通化市达到 2.34%，而比重最低的海拉尔市只有 0.05%。环境污染治理投资比重降低的地区都主要集中在流域的南部和西部地区，其中以西南部的白城市（-2.41%）下降尤为显著（图 9-19）。全流域中环境污染治理投资比例有所提高的地区主要有吉林省通化市、吉林市与黑龙江省绥化市、伊春市、大庆市等，其中以流域东北部的绥化市（2.05%）增加最为显著。环境污染治理投资比重高的东北部地区有利于缓解和遏制工业污染的排放，而西南部地区较低的环境污染治理投资不利于工业污染的治理，一定程度地促进了工业污染重心朝流域西南方向移动。

（4）清洁化生产

清洁生产是一种新的污染防治策略，是将整体预防的环境战略持续应用于生产过程、产品和服务中，以增加生态效率并减少人类及环境的风险。通过清洁生产转变为资源低消耗、环境轻污染为特征的集约型经营和通过内涵增长追求企业效益的发展战略，是今后抑制和缓解环境污染的一种有效措施。2010 年内蒙古自治区的工业企业为 3977 家，其中实施清洁生产审核并通过评估验收的重点企业为 103 家，清洁生产比例为 2.59%，而位于松花江流域西部的内蒙古东部区域，其清洁生产比例仅有 0.39%；流域南部的吉林省工业企业数最多，达到 5700 家，其中实施清洁生产审核并通过评估验收的重点企业为 159 家，清洁生产比例为 2.79%；流域东北部的黑龙江省清洁生产比例最高，达到 2.86%，4565 家工业企业中实施清洁生产审核并通过评估验收的重点企业有 129 家。同时也可以发现，吉林省的工业企业密度最大，平均有 304.1 家/万 km²，是黑龙江省（96.5 家/万 km²）的 3 倍多，因此在吉林省加大实施清洁生产的力度尤为必要。从全流域角度来看，东北部地

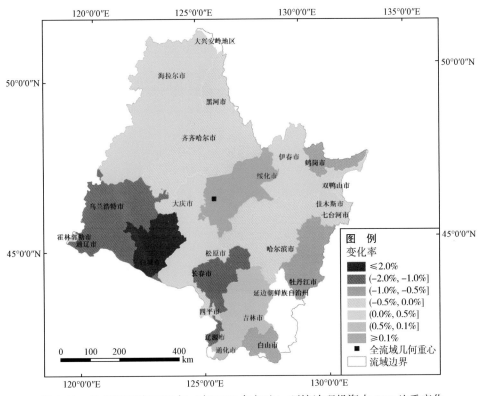

图9-19　松花江流域2007年（与2002年相比）环境治理投资占GDP比重变化

区清洁生产企业的大规模建设与运行有利于降低工业污染的排放，而西南部地区还有待加强。

（5）环境管理制度

环境管理制度的完善对有效防治与控制工业污染起到较为积极的作用，环境管理人员是环境管理的实施主体，其人员数量可以从一定程度上反映出某一地区对环境保护的重视程度。根据松花江流域各地区2003年与2010年水利、环境和公共设施管理业从业人员数的对比发现，全流域从2003年的13.82万人增长到2010年的18.02万人，平均增长幅度为30.39%。同期，黑龙江省的人员增长幅度超过全流域平均值，达到35.26%；而吉林省的增长幅度次于黑龙江省，为26.02%；内蒙古东部地区的增长最小，仅有22.55%。另有一点值得注意的是，松花江流域西南部的吉林市与辽源市在2003~2010年期间环境管理人员数量不升反降，其中辽源市的下降幅度更高达26.92%，而人员数量的减少对环境保护工作的展开是十分不利的。环境管理人员队伍的建设有利于增强公共环保意识、加快环保制度创新，也是减少和控制环境污染排放的有效途径。目前看来，流域东北部黑龙江省的环境管理工作得到较好的开展，而流域西南部的吉林省与内蒙古东部地区则相对落后，这加剧了工业污染重心朝西南部地区的移动。

（6）宏观区域政策

宏观区域政策是影响区域污染转移的决定性因素之一。在国家宏观政策相同的状态下，区域产业转移可以从产业发展高梯度地区向低梯度地区转移，从而引起污染重心的偏移。但是，当区域间宏观政策存在较大差异时，即使有较好的地理位置、较高的人员素质与较廉价的原材料资源，外部政策环境较差的区域也不会成为大多数企业迁移所选择的理想区位。近年来，随着松花江流域各城市间的一体化发展，宏观区域政策不断创新，黑龙江省在政策环境利好的前提下，振兴本地区经济发展的同时对产业发展类型要求逐渐严格，促使流域东北部地区的污染排放得到有效控制；吉林省在激发老工业基地的发展活力并推进传统产业转型时，仍不能避免高污染产业的引入，且环保投资不够、清洁生产不力，使得南部地区的污染排放居高不下；而内蒙古自治区在西部大开发的区域政策大背景下，以推动地区经济与工业产业发展为目标，甚至以较为宽松的产业政策吸引周边产业的转移，结果使西部地区不可避免地转入污染密集型产业，最终导致污染排放的增加。

第10章 结论与建议

在流域尺度内调查评估 2000~2010 年松花江流域生态环境状况及其变化，将有助于分析识别松花江流域内生态环境问题。本章将在总结主要结论的基础上，提出针对松花江流域生态系统的管理对策。

10.1 主 要 结 论

本书针对松花江流域突出的生态环境问题，揭示了 2000~2010 年松花江流域生态系统类型、格局及其变化、生态系统服务及其变化、地表径流变化特征、地表水环境及农田氮素平衡变化特征、地下水演变特征及调控策略。分析得出如下主要结论。

1) 2000~2010 年，松花江流域的社会经济持续发展。松花江流域人口数量增长较平缓，在空间上聚集于三个子流域汇合的平原区，尤以城市市区为中心呈聚集分布。松花江流域的城镇化发展整体不及全国平均发展速度。流域受义务教育者数量明显下降，各地区受教育水平差异显著，三个子流域交汇区域是在校学生的主要集中区域。松花江流域整体经济获得长足发展，并以大型城市市辖区为中心带动周边地区经济发展。"以工业生产为主，以服务业为辅"的产业结构得到进一步强化。

2) 2000~2010 年，流域生态系统变化的主要特点为湿地面积持续萎缩，耕地面积扩张，人工表面面积持续增加，林地面积稳中略升。嫩江子流域生态系统的所有不利变化主要表现在上游和中游，且上游后期变化比前期有加强趋势；西流松花江子流域人工表面的增加也主要体现在上游和中游，这可能会对整个流域的生态造成较大的不利影响。

3) 流域内湿地—耕地相互转化、耕地—人工表面的转化较为剧烈，有 2577 km² 的湿地转化为耕地，960 km² 耕地转化为湿地，950 km² 的耕地转化为人工表面。草地转化为耕地的面积为 894 km²。湿地萎缩主要是草本湿地向旱田转化。人工表面增加则主要是旱田转化为居住地和交通用地。其主要驱动因素包括人口增长、社会经济发展、快速工业化与城镇化、政策及经济利益的导向。

4) 松花江流域生态系统质量总体处于低质量水平。从整个流域来看，生态系统质量不高，且不稳定，年际变化逐渐加大。从生态系统类型来看，除总面积较小的灌木生态系统维持较好的生态系统质量，森林、草地、湿地、农田与荒漠的生态系统质量都不高。2000~2010 年，森林与灌木生态系统的质量有所提高，而草地、湿地、农田与荒漠生态系统质量均发生退化。

5) 总体上，2000~2010 年松花江流域土壤保持和涵养水源等生态系统服务变化不大，但个别区域，尤其是嫩江子流域，由于耕地增加和湿地萎缩导致流域生态系统服务下降，特别是在土壤保持方面。松花江流域食物生产服务整体呈大幅增加的趋势，且空间差异明显，大部分区域增幅在5%以下，个别区域食物生产服务增幅超过30%。

6）松花江流域2000~2010年平均水资源总量为780.8亿 m³，年际间差异较大。以2010年流域总人口计，流域人均水资源量1 834 m³，低于全国人均水平。松花江流域2000~2010年平均地下水资源量为183.36亿 m³，但在2003年急剧下降，并持续维持较低的水平。

7）流域化肥、农药施用总量大，有效利用率低，大量残留的化肥农药污染地表水及地下水。大部分规模化畜禽养殖场的粪便尚未得到有效处理处置，对水体水质影响较大。松花江流域分布多个国家粮食基地，粮食增产任务重，大型灌区农田退水污染问题突出，农业面源污染有加重趋势。

8）尽管大部分水体的水质呈现改善的趋势，但部分水域及城市水体污染依然严重，尤其是河口区域，多个断面多年一直为劣V类。

9）松花江流域的水旱灾害发生频率高、影响范围广，对当地的经济发展和人民生命财产安全构成极大威胁。且灾害发生的频率和强度在空间上差异明显，应根据区域的具体情况采取有效措施予以防范和补救。

10）松花江流域的湿地面积持续减少，十年间，湿地总面积减少近2000 km²，且几乎均来源于草本湿地的减少。嫩江下游区湿地面积减少722 km²，嫩江中游区减少532 km²，嫩江上游区减少229 km²。农田开垦是导致湿地退化的主要原因，而开垦农田则是由人口增长以及保障粮食生产驱动的。

11）松花江流域沿江企业的水环境污染潜在风险存在区域差异。其中牡丹江市辖区（牡丹江中游河段）因潜在污染风险源强、水体对潜在污染风险的缓冲能力低且自然生态系统对潜在污染风险的敏感程度高，是松花江流域受沿江企业产生的水环境潜在污染风险最严重的地区。不同区域间水体缓冲能力和所敏感的生态系统差异较大，应采取不同的管理和控制手段。

12）1990~2010年松花江流域人口城镇化、经济城镇化和土地城镇化水平均呈现不同程度的提高，且区域间存在较大差异，尤其以土地城镇化为甚。三者的协调耦合度不高，在进一步协调发展过程中存在无序性问题，主要是土地城镇化与另外两者的不协调发展引起的。

13）2000~2010年，松花江流域不同工业污染物与人均GDP之间的关系表现出不同的特征，工业废水排放量随GDP呈先增加后下降趋势。工业废气排放量、工业固体废物产生量随人均GDP递增。松花江流域工业污染重心因高污染产业的引进和发展总体朝西南部偏移。

10.2 主要建议

针对松花江流域人类干扰加剧、湿地退化、水资源短缺、水污染严重等一系列突出问题，迫切需要采取有效措施，提升流域科学管理水平，改善流域生态环境，恢复生态系统服务，保障松花江流域的可持续发展。结合上述研究结论，针对性提出如下管理建议。

1）加强流域生态系统的科学管理和合理调控，注重不同类型的数量、质量及其空间搭配，形成合理的流域生态系统格局。稳定耕地数量，恢复嫩江流域的湿地，并提高西流松花江子流域上、中游森林数量和质量是工作重点。

2）西流松花江上游、嫩江中下游部分区域及松花江干流东部山区森林、草地植被数量或质量的下降严重限制其水源涵养及水土保持功能，建议减少或停止重点区域尤其是保护区周边的森林采伐，防止保护区成为"孤岛"，加强森林管理与抚育。

3）实施湿地补水工程，恢复湿地生境和功能。调整和改造原有的排水工程，根据河流中下游地区的具体情况，实施对下游河道的补水，重建河流纵向的生态廊道。

4）大力开展节约用水，调整和完善水资源总量和分区控制管理机制，确定区域地下水允许开采量和削减量。对流域地下水取水量高的农区，应调整农业种植结构，发展特色农业以减少农作物用水量，节约农业用水。对严重超采区应利用调水等工程措施，进行地下水人工回灌。

5）发展生态安全型农业，合理使用农药化肥，提高有效利用率。根据当地的纳污能力，合理规划禽畜养殖规模，适当开发行业新技术和产品减少污染排放，并实行农牧结合，资源化利用禽畜粪便。在适当位置建立深沟等工程措施防止大型灌区农田退水造成水土流失和水体污染。

6）因地制宜地采取有效措施对水旱等在内的自然灾害予以防范和补救，争取把损失降到最低。通过科学手段和技术进行生态恢复，改善区域生态环境。对于水灾害，可通过事前建设水利工程加以防范，并加强其日常管护；对于旱灾，可建设农田灌溉工程加以补救。同时要辅以科学合理的管理措施积极应对自然灾害。

7）针对松花江流域工业企业特点，引进重要污染行业的污水处理先进技术，并注重清洁生产技术，提高污染减排能力，降低污染排放量。注重生活污水收集管网建设和污水处理工程以及工业污水的分散治理。加大环境治理投入，提升水体的污染治理技术，修复已被破坏的水体环境。

8）注重水污染的风险管理与应急机制建设。建立污染风险监测等级制度，对潜在污染风险敏感程度较高的区域进行重点监测，并制订应急预案，确保落实。

9）全流域统筹发展，并充分利用区位优势培育发展各具特色的城市产业体系。合理调控区域内的资源分配，促进城镇化水平的全面提高。

10）完善流域管理体制，建立健全流域综合管理的相关制度，并制定运作细则，明确责任、义务和权利范围。完善区域和部门协调制度，明确群体和个人权责，强化环境保护主管部门的执法手段。综合运用各种行政处罚手段，加大违法成本。加大宣传和教育力度，提高全民水资源及水环境保护意识，促进流域健康发展。

参 考 文 献

安娜, 高乃云, 刘长娥. 2008. 中国湿地的退化原因、评价及保护. 生态学杂志, 05: 821-828.

白军红, 邓伟, 严登华, 等. 2003. 霍林河流域湿地土地利用/土地覆被类型的转换过程. 水土保持学报, 17 (3): 112-114.

包存宽, 张敏, 尚金城. 2000. 流域水污染物排放总量控制研究——以吉林省松花江流域为例. 地理科学, 20 (1): 61-64.

曹蕾. 2007. 协调土地利用与生态环境关系研究——以上海市为例. 上海: 华东师范大学硕士学位论文.

曹文莉, 张小林, 潘义勇, 等. 2012. 发达地区人口、土地与经济城镇化协调发展度研究. 中国人口·资源与环境, 22 (2): 141-146.

陈春桥, 汤小华, 罗坤. 2009. 松花江水资源可持续利用浅析. 牡丹江师范学院学报 (自然科学版), (1): 40-43.

陈友超. 2002. 河流水质预测模型的应用研究. 中国环境监测, 18 (5): 52-55.

陈志恺. 2003. 中国水资源的可持续利用问题. 水文, 23 (1): 1-5.

崔保山, 杨志峰. 2001. 湿地生态系统健康研究进展. 生态学杂志, 20 (3): 31-36.

崔瀚文. 2010. 30 年来东北地区湿地变化及其影响因素分析. 长春: 吉林大学硕士学位论文.

崔玉范. 2009. 赫哲族传统文化与民族文化旅游可持续发展研究——以同江市民族文化旅游为例. 济南: 山东大学硕士学位论文.

邓广慧. 2002. 水环境污染与防治——哈尔滨市排污现状分析与对策初探. 黑龙江水利科技, (2): 44-45.

丁焕峰, 李佩仪. 2009. 中国区域污染重心与经济重心的演变对比分析. 经济地理, 29 (10): 1629-1633.

丁文喜. 2011. 中国水资源可持续发展的对策与建议. 中国农学通报, 27 (14): 221-226.

董李勤. 2013. 气候变化对嫩江流域湿地水文水资源的影响及适应对策. 长春: 中国科学院研究生院 (东北地理与农业生态研究所) 博士学位论文.

董仁才. 2006. 区域生态系统变化的空间特征研究. 北京: 中国科学院生态环境研究中心博士学位论文.

杜霞, 彭文启. 2004. 我国城市供水水源地水质状况分析及其保护对策. 水利技术监督, (3): 50-52.

范立君. 2013. 近代松花江流域经济开发与生态环境变迁. 北京: 中国社会科学出版社.

方红松, 刘云旭. 2002. 关于中国的水安全问题及其对策探讨. 中国安全科学学报, 12 (1): 38-41.

冯金鹏, 吴洪寿, 赵帆. 2004. 水环境污染总量控制回顾、现状及发展探讨. 南水北调与水利科技, 2 (1): 45-47, 44.

冯宗宪, 黄建. 2005. 重心研究方法在中国产业与经济空间演变及特征中的实证应用. 社会科学家, 2: 77-80.

高志强, 刘纪远, 庄大方. 1998. 我国耕地面积重心及耕地生态背景质量的动态变化. 自然资源学报, 13 (1): 92-96.

辜胜阻. 1991. 非农化与城镇化研究. 杭州: 浙江人民出版社.

管云江, 贾生元, 管红梅. 1997. 嫩江水系水文环境现状及可持续利用的对策. 黑龙江环境通讯, 21 (4): 31-34.

管正信, 李明芹, 刘振东, 等. 1995. 松花江地区志. 北京: 中国统计出版社.

国家环保总局监督管理司. 2000. 中国环境影响评价培训教材. 北京: 化学工业出版社.

郭萧, 叶许春, 赵安娜, 等. 2010. 梯级河滩湿地模型对受污染河水氮磷和 $CODCr$ 的净化效果. 生态环境学报, 19 (7): 1710-1714.

郭跃东, 何岩, 张明祥, 等. 2004. 洮儿河中下游流域湿地景观演变及驱动力分析. 水土保持学报, 18 (2): 118-121.

郭永龙, 武强, 王焰新, 等. 2004. 中国的水安全及其对策探讨. 安全与环境工程, 11 (1): 42-46.

韩大勇, 杨永兴, 杨杨, 等. 2012. 湿地退化研究进展. 生态学报, 04: 289-303.

韩晓刚. 2011. 城市水源水质风险评价及应急处理方法研究. 西安: 西安建筑科技大学博士学位论文.

韩玉婷, 班婕, 翁素云, 等. 2013. 我国环境污染事故源解析研究. 环境保护科学, 39 (2): 56-60.

郝弟, 张淑荣, 丁爱中, 等. 2012. 河流生态系统服务功能研究进展. 南水北调与水利科技, 01: 106-111.

贺伟, 布仁仓, 熊在平, 等. 2013. 1961～2005 年东北地区气温和降水变化趋势. 生态学报, 33 (2): 519-531.

侯景新. 2007. 论城市重心转移规律——以北京市为例. 北京社会科学, 5: 46-53.

环境保护部办公厅. 2011a. 2012 年国家重点监控企业筛选原则和办法. 北京: 中华人民共和国环境保护部.

环境保护部办公厅. 2011b. 2012 年国家重点监控企业名单. 北京: 中华人民共和国环境保护部.

黄从红, 杨军, 张文娟. 2013. 生态系统服务功能评估模型研究进展. 生态学杂志, 12: 3360-3367.

黄廷林, 卢金锁, 韩宏大, 等. 2004. 地表水源水质预测方法研究. 西安建筑科技大学学报 (自然科学版), 36 (2): 134-137.

贾倩, 黄蕾, 袁增伟, 等. 2010. 石化企业突发环境风险评价与分级方法研究. 环境科学学报, 30 (7): 1510-1517.

简新华, 黄锟. 2010. 中国城镇化水平和速度的实证分析与前景预测. 经济研究, 45 (3): 28-39.

蒋敏. 2008. 中国省域交通与城市化的耦合度分析. 新疆社会科学, (5): 19-24.

蒋耀新. 2003. 水环境现状及水污染防治. 甘肃环境研究与监测, 16 (4): 454-456, 460.

姜琦刚, 崔瀚文, 李远华. 2009. 东北三江平原湿地动态变化研究. 吉林大学学报, 39 (6): 1127-1133.

姜文来. 2001. 中国 21 世纪水资源安全对策研究. 水科学进展, 12 (1): 66-71.

金春久, 赵峰, 孟庆红, 等. 1999. 湿地在松花江流域防洪抗旱中的作用及保护措施初探. 水资源保护, 58 (4): 3-4.

李昌峰, 高俊峰, 曹慧. 2002. 土地利用变化对水资源影响研究的现状和趋势. 土壤, 34 (4): 191-196.

李丹. 2007. 东北地区工业支柱产业发展问题研究. 大连: 东北财经大学硕士学位论文.

李凤娟. 2010. 东北地区沼泽湿地空间分布格局及其影响因素分析. 东北林业大学学报, 02: 33-34.

李鹤, 张平宇. 2012. 1990 年以来东北地区工业结构演变特征及驱动因素. 干旱区地理, 35 (5): 829-837.

李晶, 王凤鹭, 迟晓德. 2013. 浅谈松花江流域氨氮减排对策. 环境保护与循环经济, 33 (10): 59-61.

李琦珂. 2014. 松花江流域农业结构的演化规律及调整策略. 长白学刊, 02: 6-83.

李平. 2005. 松花江水环境问题剖析与污染防治对策研究. 环境科学与管理, 30 (3): 5-8.

李文华, 张彪, 谢高地. 2009. 中国生态系统服务研究的回顾与展望. 自然资源学报, 24 (1): 1-10.

李晓铃, 袁野, 姚建. 2011. 我国河流生态系统服务研究进展. 国土资源科技管理, 02: 124-130.

梁云凯. 2013. 松花江流域水污染防治策略. 河南科技, 11: 175.

刘宝林. 2013. 松花江流域 (吉林省部分) 水环境持久性污染物的环境特征. 长春: 吉林大学博士学位论文.

刘德钦, 刘宇, 薛新玉. 2002. 中国人口分布及空间相关分析. 遥感信息, 6 (2): 2-6.

刘桂友, 徐琳瑜, 李巍. 2007. 环境风险评价研究进展. 环境科学与管理, 32 (2): 114-118.

刘红玉, 李兆富. 2006. 流域湿地景观空间梯度格局及其影响因素分析. 生态学报, 26 (1): 213-220.

刘家宏, 胡剑, 褚俊英, 等. 2012. 缺资料地区河流突发性水污染多尺度风险评价. 清华大学学报（自然科学版）, 52（6）: 830-835.

刘纪远, 张增祥, 徐新良, 等. 2009. 21 世纪初中国土地利用变化的空间格局与驱动力分析. 地理学报, 64（12）1411-1420.

刘清仁, 朱翠莲, 李小聪. 1999. 1998 年嫩江松花江洪水预报及成因分析. 东北水利水电, 4: 1-4.

刘士奇. 2012. 松花江流域（黑龙江省）水环境现状与预测. 哈尔滨: 哈尔滨师范大学硕士学位论文.

刘文哲, 马欢. 2005. 哈尔滨市区集中式饮用水水源地水质现状分析及对策建议. 黑龙江环境通报, 29（2）: 14-15.

刘晓曼, 蒋卫国, 王文杰, 等. 2004. 东北地区湿地资源动态分析. 资源科学, 05: 105-110.

刘兴土. 2007. 我国湿地的主要生态问题及治理对策. 湿地科学与管理, 01: 18-22.

刘艳芳. 2013. 松花江沿岸生态环境整治分析. 黑龙江水利科技, 41（1）: 1-3.

刘耀彬, 李仁东, 宋学锋. 2005. 中国城市化与生态环境耦合度分析. 自然资源学报, 20（1）: 105-112.

刘颖. 松花江干流突发性跨界环境污染事故风险评价研究. 哈尔滨: 哈尔滨工业大学硕士学位论文.

刘兆德, 虞孝感, 王志宪. 2003. 太湖流域水环境污染现状与治理的新建议. 自然资源学报, 18（4）: 467-474.

刘正茂. 2006. 三江平原湿地自然保护区管理能力建设研究. 环境保护, 02: 52-56.

陆雍森. 1999. 环境评价. 上海: 同济大学出版社.

卢娜, 曲福田, 冯淑怡. 2011. 中国农田生态系统碳净吸收重心移动及其原因. 中国人口·资源与环境, 21（5）: 119-125.

卢时雨, 鞠晓伟. 2007. 产业集群对振兴"东北老工业基地"的作用机理及对策研究. 现代情报, 27（3）: 74-177, 180.

栾建国, 陈文祥. 2004. 河流生态系统的典型特征和服务功能. 人民长江, 09: 41-43.

马广文, 王业耀, 香宝, 等. 2011. 松花江流域非点源氮磷负荷及其差异特征. 农业工程学报, 27（增刊2）: 163-169.

毛德华. 2014. 定量评价人类活动对东北地区沼泽湿地植被 NPP 的影响. 长春: 中国科学院研究生院（东北地理与农业生态研究所）博士学位论文.

孟宪民, 崔保山, 邓伟, 等. 1999. 松嫩流域特大洪灾的醒示: 湿地功能的再认识. 自然资源学报, 14（1）: 14-21.

闵庆文, 成升魁. 2002. 全球化背景下的中国水资源安全与对策. 资源科学, 24（4）: 49-55.

聂海峰, 赵传冬, 刘应汉, 等. 2012. 松花江流域河流沉积物中多氯联苯的分布、来源及风险评价. 环境科学, 33（3）: 3434-3442.

牛振国, 张海英, 王显威, 等. 2012. 1978 ~ 2008 年中国湿地类型变化. 科学通报, 16: 1400-1411.

欧阳志云, 王如松, 赵景柱. 1999. 生态系统服务功能及其生态经济价值评价. 应用生态学报, 05: 635-640.

彭竞. 2013. 城市水源地突发性水污染风险评价方法研究. 河南科技, （10）: 191-192.

钱家忠, 李如忠, 汪家权, 等. 2004. 城市供水水源地水质健康风险评价. 水利学报, 35（8）: 90-93.

乔恒, 张传俊, 吴志刚. 2006. 吉林省湿地资源保护与恢复. 湿地科学与管理, 1（1）: 40-43.

乔家君, 李小建. 2005. 近 50 年来中国经济重心移动路径分析. 地域研究与开发, 24（1）: 12-16.

邱德华. 2005. 区域水安全战略的研究进展. 水科学进展, 16（2）: 305-312.

邵景安, 李阳兵, 魏朝富, 等. 2007. 区域土地利用变化驱动力研究前景展望. 地球科学进展, 22（8）: 798-809.

邵荃, 翁文国, 袁宏永. 2010. 突发事件模型库中模型的动态网络组合方法. 清华大学学报（自然科学版）, 50（2）：170-173.

申献辰, 杜霞, 邹晓雯. 2000. 水源地水质评价指数系统的研究. 水科学进展, 11（3）：260-265.

沈孝强, 吴次芳, 方明. 2014. 浙江省产业、人口与土地非农化的协调性分析. 中国人口·资源与环境, 24（9）：129-134.

史正涛, 黄英, 刘新有. 2008. 水安全及城市水安全研究进展与趋势. 中国安全科学学报, 18（4）：20-27.

司昱. 2010. 我国工业"三废"的环境库兹涅茨曲线实证研究. 环境保护科学, 36（6）：60-63.

水利部松辽水利委员会. 2004. 松花江志（第一卷）. 长春：吉林人民出版社.

宋雅珊. 2013. 松花江流域佳木斯段水环境风险源评价. 哈尔滨：黑龙江大学硕士学位论文.

苏伟, 刘景双, 李方. 2006. 第二松花江干流重金属污染物健康风险评价. 农业环境科学学报, 25（6）：1611-1615.

孙倩, 塔西甫拉提·特依拜, 张飞, 等. 2012. 渭干河—库车河三角洲绿洲土地利用/覆被时空变化遥感研究. 生态学报, 32（10）：3252-3265.

孙清芳, 冯玉杰, 高鹏, 等. 2010. 松花江水中多环芳烃（PAHs）的环境风险评价. 哈尔滨工业大学学报, 42（4）：565-572.

孙亚男, 谢永刚. 2008. 松花江流域重大水污染灾害的补偿机制探讨. 黑龙江水专学报, 35（3）：99-102.

孙莹. 2012. 近代松花江流域渔业资源开发研究. 四平：吉林师范大学硕士学位论文.

覃雪波, 马立新, 孙海彬. 2007. 松花江水污染及其防治对策. 农业环境与发展, 3：76-79.

佟才. 2004. 松花江流域水生态系统价值及其可持续利用的研究. 长春：东北师范大学硕士学位论文.

王博, 杨志强, 李慧颖, 等. 2008. 基于模糊数学和GIS的松花江流域水环境质量评价研究. 环境科学研究, 21（6）：124-129.

王东辉, 王禹, 林志华. 2007. 松花江水环境污染特征及防治措施. 环境科学与管理, 32（6）：67-69.

王海燕. 2013. 松花江水环境特征与水污染控制总体方案研究. 中国科技成果, （15）：20-22.

王继富, 刘兴土, 陈建军. 2005. 大庆市湿地退化的生态表征与保护对策研究. 湿地科学, 02：143-148.

王立群, 陈敏建, 戴向前, 等. 2008. 松辽流域湿地生态水文结构与需水分析. 生态学报, 28（6）：2894-2899.

王思远, 刘纪远, 张增祥. 2002. 近10年中国土地利用格局及其演变. 地理学报, 57（5）：523-530.

王伟. 2009. 中国三大城市群经济空间重心轨迹特征比较. 城市规划学刊, 3：20-28.

王威, 王金生, 滕彦国, 等. 2013. 国内外针对突发性水污染事故的立法经验比较. 环境污染与防治, 35（6）：83-86.

王颖. 2005. 松花江水污染状况与对策. 黑龙江水专学报, 3：81-82.

魏国良, 崔保山, 董世魁, 等. 2008. 水电开发对河流生态系统服务功能的影响——以澜沧江漫湾水电工程为例. 环境科学学报, 02：235-242.

魏后凯. 1997. 中国地区发展——经济增长、制度变迁与地区差异. 北京：经济管理出版社.

魏后凯, 王业强, 苏红键, 等. 2013. 中国城镇化质量综合评价报告. 经济研究参考, 31：3-32.

文敏. 2008. 我国民族区域自治制度的实践研究. 重庆：西南大学硕士学位论文.

新华网. 2009. 2003年：振兴东北老工业基地. http://news.xinhuanet.com/politics/2009-10/10/content_12203805.htm [2014-10-20].

新华社. 2014. 国家新型城镇化规划（2014-2020年）. http://www.gov.cn/zhengce/2014-03/16/content_2640075.htm [2014-10-15].

熊正为. 2004. 水资源污染与水安全问题探讨. 中国安全科学学报, (5): 39-43.

王士君, 王丹, 宋飔. 2008. 东北老工业基地城市群组结构和功能优化的初步研究. 地理科学, 28 (1): 15-21.

吴季松. 2000. 水资源及其管理的研究与应用: 以水资源的可持续利用保障可持续发展. 北京: 中国水利水电出版社.

吴哲, 陈歆, 刘贝贝, 等. 2013. InVEST 模型及其应用的研究进展. 热带农业科学, 04: 58-62.

肖建红, 施国庆, 毛春梅, 等. 2007. 水坝对河流生态系统服务功能影响评价. 生态学报, 02: 526-537.

谢高地, 肖玉, 甄霖, 等. 2005. 我国粮食生产的生态服务价值研究. 中国生态农业学报, 03: 10-13.

谢高地, 甄霖, 鲁春霞, 等. 2008. 一个基于专家知识的生态系统服务价值化方法. 自然资源学报, 23 (5): 911-919.

徐建华, 岳文泽. 2001. 近 20 年来中国人口重心与经济重心的演变及其对比分析. 地理科学, 21 (5): 385-389.

徐敏, 曾光明, 苏小康. 2004. 混沌理论在水质预测中的应用初探. 环境科学与技术, 27 (1): 51-54, 113.

许林书, 姜明. 2003. 扎龙保护区湿地扰动因子及其影响研究. 地理科学, 06: 692-698.

许琳娟, 褚俊英, 周祖昊, 等. 2012. 松花江流域水环境质量特征分析. 水资源保护, 28 (6): 55-58.

许学强, 周一星, 宁越敏. 1997. 城市地理学. 北京: 高等教育出版社.

严登华, 王浩, 何岩, 等. 2006. 中国东北区沼泽湿地景观的动态变化. 生态学杂志, 03: 249-254.

杨光梅, 李文华, 闵庆文. 2006. 生态系统服务价值评估研究进展. 生态学报, 26 (1): 205-212.

杨桂山. 2002. 长江三角洲耕地数量变化趋势及总量动态平衡前景分析. 自然资源学报, 17 (5): 525-532.

于兴修, 杨桂山. 2002. 中国土地利用/覆被变化研究的现状与问题. 地理科学进展, 21 (1): 51-57.

章光新, 尹雄锐, 冯夏清. 2008. 湿地水文研究的若干热点问题. 湿地科学, 6 (2): 105-115.

张德刚, 汤利, 陈永川, 等. 2008. 滇池流域典型城郊村镇排放污水 CODCr, TSS 特征分析. 农业环境科学学报, 4: 1446-1449.

张凤英, 阎百兴, 路永正, 等. 2008. 松花江沉积物中 Pb As Cr 的分布及生态风险评价. 农业环境科学学报, 27 (2): 726-730.

张建云, 王国庆, 杨扬, 等. 2008. 气候变化对中国水安全的影响研究. 气候变化研究进展, 4 (5): 290-295.

张俊艳, 韩文秀. 2005. 城市水安全问题及其对策探讨. 北京科技大学学报 (社会科学版), 21 (2): 78-81.

张利平, 夏军, 胡志芳. 2009. 中国水资源状况与水资源安全问题分析. 长江流域资源与环境, 18 (2): 116-120.

张铃松, 王业耀, 孟凡生, 等. 2013. 松花江流域氨氮污染特征研究. 环境科学与技术, 36 (10): 43-48, 77.

张树清, 张柏, 汪爱华. 2001. 三江平原湿地消长与区域气候变化关系研究. 地球科学进展, 06: 836-841.

张新乐, 张树文, 李颖, 等. 2007. 近 30 年哈尔滨城市土地利用空间扩张及其驱动力分析. 资源科学, 29 (5): 157-163.

张妍. 2011. 第二松花江干流区域水环境生态风险研究. 长春: 东北师范大学硕士学位论文.

张羽. 2006. 城市水源地突发性水污染事件风险评价体系及方法的实证研究. 上海: 华东师范大学硕士学位论文.

张宇羽. 2002. 水质预测与评价管理决策支持系统研究. 广州：广东工业大学硕士学位论文.

张振明, 刘俊国, 申碧峰, 等. 2011. 永定河（北京段）河流生态系统服务价值评估. 环境科学学报, 09：1851-1857.

赵海霞. 2009. 经济发展、制度安排与环境效应. 北京：中国环境科学出版社.

赵卫亚, 彭寿康, 朱晋. 2008. 计量经济学. 北京：机械工业出版社.

赵文喜, 陈素宁. 2009. 突发性环境污染事故的环境风险评价与应急监测. 安全与环境工程, 16（4）：14-17.

郑通汉. 2003. 论水资源安全与水资源安全预警. 中国水利, (6)：19-22.

中华人民共和国环境保护部. 2013. 2012 年全国水环境质量状况. http：//wfs. mep. gov. cn/swrkz/shzl/201308/t20130823_ 258623. htm［2014-4-28］.

中华人民共和国水利部. 2013. 松花江流域综合规划. http：//www. mwr. gov. cn/ztpd/2013ztbd/2013kqjhkfzlbhxpz/lyxj/shjly/［2014-4-16］.

中华人民共和国交通运输部. 2007. 振兴东北老工业基地公路水路交通发展规划纲要. http：//www. moc. gov. cn/ zhuzhan/jiaotongguihua/quyuguihua/200709/t20070927_ 420894. html［2014-8-17］.

周大杰, 董文娟, 孙丽英, 等. 2005. 流域水资源管理中的生态补偿问题研究. 北京师范大学学报（社会科学版）, (4)：131-135.

朱会义, 李秀彬. 2003. 关于区域土地利用变化指数模型方法的讨论. 地理学报, 58（5）：643-650.

左其亭, 陈曦. 2003. 面向可持续发展的水资源规划与管理. 北京：中国水利水电出版社.

Abdalla A A F, McNabb C D. 1999. Acute and sublethal growth effects of un-ionized ammonia to Nile tilapia Oreochromisniloticus// Randall D J, Mackinlay D D. Nitrogen Production and Excretion in Fish. Baltimore：Department of Fisheries and Oceans, Vancouver, B C, Canada and Towson University：35-48.

Abell J M, 8 13Kundakci D, Hamilton D P, et al. 2011. Relationships between land use and nitrogen and phosphorus in New Zealand lakes. Marine and Freshwater Research, 62（2）：162-175.

Assessment M E. 2005. Ecosystems and human well-being（Vol. 5）. Washington, D C：Island Press.

Barona E, Ramankutty N, Hyman G, et al. 2010. The role of pasture and soybean in deforestation of the Brazilian Amazon. Environmental Research Letters, 5（2）：275-295.

Boyle J, Scott J. 1984. The role of benthic films in the oxygen balance in an East Devon river. Water Research, 18（9）：1089-1099.

Brown R M, McClelland N I, Deininger R A, et al. 1970. A water quality index-do we dare? Water Sewage Works, 117：339-343.

Budyko M I. 1974. Climate and life. New York：Academic Press.

Costanza R. 1991. Ecological economics：the science and management of sustainability. New York：Columbia University Press.

Costanza R, d'Arge R, Groot R d, et al. 1997. The value of the world's ecosystem services and natural capital. Nature, 387：253-260.

Dahm V, Hering D, Nemitz D, et al. 2013. Effects of physico-chemistry, land use and hydromorphology on three riverine organism groups：A comparative analysis with monitoring data from Germany and Austria. Hydrobiologia, 704（1）：389-415.

Daily G. 1997. Nature's Services：Societal Dependence on Natural Ecosystems. Washington, D C：Island Press.

Daly H E. 1994. For the Common Good：Redirecting the Economy Toward Community, the Environment, and a

Sustainable Future . Boston: Beacon Press.

Didonato G T, Stewart J R, Sanger D M, et al. 2009. Effects of changing land use on the microbial water quality of tidal creeks . Marine Pollution Bulletin, 58 (1): 97-106.

Donohue R J, Roderick M L, McVicar T R. 2012. Roots, storms and soil pores: Incorporating key ecohydrological processes into Budyko's hydrological model . Journal of Hydrology, 436: 35-50.

Ehrlich P R. , Ehrlich A H. 1992. The Value of Biodiversity . Sweden: Ambio.

Gustafsson B. 1998. Scope and limits of the market mechanism in environmental management . Ecological Economics, 24 (2): 259-274.

Hamel P B, Dawson D K, Keyser P D. 2004. How we can learn more about the Cerulean Warbler (Dendroicacerulea) . The Auk, 121 (1): 7-14.

Holdren J P, Ehrlich P R. 1974. Human population and the global environment: Population growth, rising per capita material consumption, and disruptive technologies have made civilization a global ecological force . American Scientist, 62: 282-292.

Horton R K. 1965. An index number system for rating water quality . Journal of Water Pollution Control Federation, 37 (3): 300-306.

Howarth R B, Farber S. 2002. Accounting for the value of ecosystem services . Ecological Economics, 41 (3): 421-429.

IPCC. 2000. LandUse, Land-Use Change, and Forestry: ASpecial Report of the Intergovernmental Panel on Climate Change . Cambridge: Cambridge University Press.

IPOC. 2006. IPCC Guidelines for National Greenhouse Gas Inventories . Hayama : Institute for Global Environmental Strategies.

Kok K. 2004. The role of population in understanding Honduran land use patterns . Journal of Environmental Management, 72 (1): 73-89.

Kuemmerle T, Müller D, Griffiths P, et al. 2009. Land use change in Southern Romania after the collapse of socialism . Regional Environmental Change, 9 (1): 1-12.

Lambin E F, Turner B L, Geist H J, et al. 2001. The causes of land-use and land-cover change: Moving beyond the myths . Global Environmental Change, 11 (4): 261-269.

Lambin E F, Meyfroidt P. 2011. Global land use change, economic globalization, and the looming land scarcity . Proceedings of the National Academy of Sciences, 108 (9): 3465-3472.

Lennox S, Foy R, Smith R, et al. 1998. A comparison of agricultural water pollution incidents in Northern Ireland with those in England and Wales . Water Research, 32 (3): 649-656.

Li Y, Zhu X, Sun X, et al. 2010. Landscape effects of environmental impact on bay-area wetlands under rapid urban expansion and development policy: A case study of Lianyungang, China . Landscape and Urban Planning, 94 (3): 218-227.

Long H, Tang G, Li X, et al. 2007. Socio-economic driving forces of land-use change in Kunshan, the Yangtze River Delta economic area of China . Journal of Environmental Management, 83 (3): 351-364.

Mao D, Cherkauer K A. 2009. Impacts of land-use change on hydrologic responses in the Great Lakes region . Journal of Hydrology, 374 (1): 71-82.

McCool D K, Foster G R, Mutchler C K, et al. 1989.

Murray R. 2004. Water and homeland security: An introduction . Journal of Contemporary Water Research & Education, 129 (1): 1-2.

Nemerow N L. 1974. Scientific Stream Pollution Analysis. New York: McGraw-Hill.

Ningal T, Hartemink A E, Bregt A K. 2008. Land use change and population growth in the Morobe Province of Papua New Guinea between 1975 and 2000. Journal of Environmental Management, 87 (1): 117-124.

O'neill R V, Krummel J R, Gardner R H, et al. 1988. Indices of landscape pattern. Landscape Ecology, 1 (3): 153-162.

Overton E, Mascarella S, McFall J, et al. 1980. Organics in the water column and air-water interface samples of Mississippi river water. Chemosphere, 9 (10): 629-633.

Revised slope length factor for the Univesal Soil Loss Equation. Trans ASAE, 32: 1571-1576.

Ross S. 1977. An index system for classifying river water quality. Water Pollution Control, 76 (1): 113-122.

Sarikaya H, Sevimli M, Citil E. 1999. Region-wide assessment of the land-based sources of pollution of the black sea. Water Science and Technology, 39 (8): 193-200.

Serra P, Pons X, Sauri D. 2008. Land-cover and land-use change in a Mediterranean landscape: A spatial analysis of driving forces integrating biophysical and human factors. Applied Geography, 28 (3): 189-209.

Theil H. 1976. Economics and Information Theory. Amsterdam: North Holland.

Tran C P, Bode R W, Smith A J, et al. 2010. Land-use proximity as a basis for assessing stream water quality in New York State (USA). Ecological Indicators, 10 (3): 727-733.

Ward C. 2003. First responders: problems and solutions: Water supplies. Technology in Society, 25 (4): 535-537.

Westman W E. 1977. How much are nature's services worth? Science, 197 (4307): 960-964.

Wilson C L, Matthews W. 1970. Man's impact on the global environment. Assessment and Recommendations for Action, (3): 260-261.

Zhang L, Dawes W R, Walker G R. 2001. Response of mean annual evapotranspiration to vegetation changes at catchmentscale. Water Resources Research, 37: 701-708.

索　引